海河流域河流生态系统健康研究

孙然好　武大勇　陈利顶　主编

科学出版社

北　京

内 容 简 介

本书以海河流域为例介绍了河流生态系统健康评估的基本内涵、调查方法、评估指标、结果应用等。全书共分6章。第1章通过综述国内外研究进展，提出了构建河流生态系统健康评估指标体系的原则和方法；第2章分析了海河流域自然和社会背景及其对河流生态系统的影响；第3章阐述了海河流域水质、底泥、藻类、底栖动物、鱼类等河流生态系统因子调查方法和主要特征；第4章介绍了海河流域河流生态系统健康评估指标体系及其阈值，评估了流域健康状况及其季节动态；第5章从水生态功能区的角度，评价了不同等级分区的河流生态系统健康特征和时空格局；第6章论述了河流生态系统健康与鱼类保护的关系，并筛选了优先保护物种和优先保护区域。

本书适合生态学、环境科学、地理学、生物学等专业的科研和教学人员阅读，也可为流域生态环境管理人员提供参考。

图书在版编目(CIP)数据

海河流域河流生态系统健康研究／孙然好，武大勇，陈利顶主编．—北京：科学出版社，2020.5

ISBN 978-7-03-064832-7

Ⅰ.①海… Ⅱ.①孙… ②武… ③陈… Ⅲ.①海河–流域–河流–生态系统–研究 Ⅳ. X321.221

中国版本图书馆 CIP 数据核字（2020）第 062398 号

责任编辑：刘 超／责任校对：樊雅琼
责任印制：吴兆东／封面设计：无极书装

科学出版社 出版

北京东黄城根北街 16 号
邮政编码：100717
http://www.sciencep.com

北京虎彩文化传播有限公司 印刷
科学出版社发行 各地新华书店经销

*

2020 年 5 月第 一 版 开本：787×1092 1/16
2020 年 5 月第一次印刷 印张：15
字数：350 000

定价：168.00 元
（如有印装质量问题，我社负责调换）

前　　言

　　世界文明多数发源于大江和大河。河流生态系统对人类社会的发源、发展起到巨大的支撑作用。工业革命以来，人类活动通过改变土地利用、变化城市形态、建设水利工程等，直接影响到河流生态系统的结构和功能，造成河流生态系统健康恶化、功能和服务丧失等。保护和修复河流生态系统已成为流域可持续管理的重要策略。河流生态系统健康的提出既是为了衡量河流生态系统服务的健康基准，也是为了协调人与河流的可持续关系。为了维持健康、可持续的河流生态系统，我们需要回答以下几个问题：河流生态系统健康的内涵和标准是什么？河流生态系统健康受到哪些因素影响，哪些是直接因素，哪些是间接因素？如何选择科学、合理、可行的指标对其进行定量刻画？这些问题一直困扰着河流生态系统健康研究以及相应的流域管理实践。

　　河流生态系统健康是一个相对较新的概念。20世纪70年代末国际上开始提出"生态系统健康"（ecosystem health）概念，此后河流生态系统健康慢慢受到关注。由于研究者视角的不同以及河流生态系统自身的复杂性，国内外学者至今对河流健康的概念仍有不同的认识，包括遵循河流自身生态完整性、关注河流对人类的服务价值、强调河流可持续管理目标等。这些认识差异即来自于流域本身特征，也受制于国家和地方社会经济水平。但现在普遍认为健康的河流不仅为人类提供生态系统服务，也要为水生生物提供健康栖息环境，既要满足当代人生产生活需求，也要考虑子孙后代的可持续发展需要。

　　河流生态系统健康的评价标准和指标具有地域性和尺度性。地形、气候等自然环境差异决定了评价标准的地域性，同样的评价指标在不同自然环境背景下，其参考值和阈值都有差异，不存在放之四海而皆准的评价指标。此外，不同空间尺度流域的陆地景观格局和生态过程具有差异，河流生态系统健康的主控要素也会不同，在设立评价标准和指标时也需要针对性考虑。正因为河流生态系统健康评价存在这些困难，评价结果在应用于流域生态管理时，通常面临很大挑战。

　　海河流域是河流生态系统健康研究和实践的理想区域。海河流域面积近32万 km²，河流水系众多且分散，地表水文过程复杂。流域从沿海到内陆跨越不同的地貌形态和水热过程，陆地和河流生态系统的空间差异巨大。作为我国政治文化中心和快速城镇化地区，海河流域人类活动产生的大量污染物质远远超过了水环境承载能力，导致了一系列环境问题。"有河皆干、有水皆污"，曾经成为海河流域的真实写照。而且流域人均水资源量只有全国人均的15%，以不足全国1.3%的水资源量，承担着10%的人口、11%的耕地、13%的GDP，属于典型的资源性缺水地区。此外，海河流域还存在行政区划多、社会经济发展差异大等方面的难题。尽管流域生态治理和修复方面作了大量工作和努力，但效果十分有限，其根本原因就是现有许多措施均是"头痛医头、脚痛医脚"，未能从河流生态系统健康角度出发，从流域陆地–河流生态系统耦合的角度寻找解决途径。因此，将海河流域自然环境的多样性、人类活动的复杂性、生态问题的紧迫性进行剖析，量化河流生态系统健康的时空规律，将有助于流域生态系统评估和修复实践，也为类似流域的可持续管理提供技术参考。

从 2008 年以来已有 10 余年时间，我们在海河流域进行了大量的资料收集和样品采集。这些工作也存在很多定性理解、局地认识等不完整的地方，通过前期生态系统调查、水生态功能分区，到现在的河流生态系统健康评估，逐步提高研究工作的集成性和完整性，逐步实现研究成果在流域生态管理和区域生态安全保障方面的支撑作用。本书在综述河流生态系统健康国内外进展基础上，提出了评价标准和指标的构建原则，进一步介绍了海河流域河流生态系统调查和分析方法，重点阐述了河流水质、藻类、底栖动物、鱼类等水生态系统健康特征及季节动态，并且将健康评估结果应用水生态功能分区的不同等级单元，最后介绍了河流生态系统健康评估结果与鱼类保护目标的关联，从而进一步提高了科学研究服务流域生态系统管理的支撑作用。

本书第 1 章由孙然好、魏琳源、张海萍、陈利顶撰稿，第 2 章由程先、孔佩儒撰稿，第 3 章由武大勇、程先、李思思撰稿，第 4 章由孙然好、程先、王瑞霖撰稿，第 5 章由孙然好、陈利顶、程先撰稿，第 6 章由武大勇、李峰、石宗琳撰稿，全书由孙然好和武大勇统稿。本书工作涉及了大量的野外调查和实验分析，课题组相关老师和研究生也做出了巨大努力，在此一并表示诚挚感谢！海河流域河流生态系统健康作为一个案例研究，我们尝试提炼出其中的共性问题和技术解决方案，将陆地生态系统格局与河流生态系统健康有机联系起来，但限于作者水平和时间，本书难免出错，不足之处敬请读者批评赐教。

作 者

2020 年 1 月

目 录

|第 1 章|　　河流生态系统健康研究进展

河流是人类及其他生物赖以生存的自然生态系统，提供了诸多生态系统服务功能（Bilby and Naiman，1998），同时也是受到人类活动和气候变化影响最为剧烈的生态系统（Olson et al.，2002）。纵观人类文明史，河流生态系统对人类社会的发源、发展起到巨大的支撑作用，世界文明多发源于大江和大河。因此，河流生态系统与人类社会系统相互交融、相互影响；尤其是近代工业革命以来，人类活动极大地改变了土地利用、城市外貌，并建设了大量水利工程等，从而也直接影响到河流生态系统的结构和功能，造成河流生态系统健康恶化、服务功能丧失等。为了维持健康、可持续的河流生态系统，首先必须回答：河流生态系统健康的标准和阈值是什么？利用哪些指标对其进行定量刻画？河流生态系统健康受到哪些因素影响，哪些是直接因素，哪些是间接因素？此外，要认识到健康的河流生态系统不是完全杜绝人类活动的参与，两者之间不是零和博弈，需要关注河流健康程度和阈值变化，从而指导流域管理者对河流生态系统进行保护和修复（Gleick，2003）。本章将从河流生态系统健康的内涵和发展、主要影响因素和评价方法等方面进行介绍，从而提出关于河流生态系统健康的普适性原则和针对性措施。

1.1　河流生态系统健康的内涵和发展

1.1.1　基本内涵

随着生态学的持续发展，20 世纪 70 年代末国际上出现了"生态系统健康"（eocsystem health）的概念。生态系统健康是新兴的环境管理和生态系统管理目标，逐渐成为国内外研究热点。河流生态系统健康也在此期间慢慢受到重视，但由于河流空间尺度大、时间动态强等特点，将其作为一个生态系统进行研究直到近期才得到广泛认可（傅伯杰等，2001）。河流生态系统健康的内涵是什么？学者存在不同的观点。由于研究者不同的视角以及河流生态系统自身的复杂性，国内外学者至今对河流健康的概念都没有形成统一的认识（Norris and Thoms，1999；Karr，1999；董哲仁，2005）。一些学者认为，河流健康并不是河流生态系统固有的特性，所以河流健康无法用科学意义上的技术方法进行度量；另一些学者则赞同河流健康概念，多将其作为河流管理的一种工具，强调河流生态系统自然属性的健康，并从生态系统角度讨论河流健康，认为健康的生态系统应该是稳定的和可持续的。

综合国内外学者的研究成果，河流生态系统健康的概念主要集中在三个方面：①从河流的自身角度出发，健康河流的重要特征之一就是生态系统结构的完整与稳定（Bain et al.，2000；Costanza and Mageau，1999；Scrimgeour and Wicklum，1996）。例如，Karr（1999）将河流生态完整性当作河流生态系统健康；Simpson 等（1999）认为河流生态系统健康是指河流生态系统支持与维护其主要生态过程，以及具有一定种类组成、多样性和功能组织的生物群落，尽可能接近未受干扰前状态的能力；Schofield 和 Davies（1996）认为河流生态系统健康是指河流生态系统未受到破坏的状态，尤其是在生物多样性和生态功能方面；杨文慧和杨宇（2006）认为河流生态系统健康指河流系统的结构和各项功能都处于良好状态，保证河流可持续开发利用目标的实现。②强调对人类的利用价值，认为健康的河流不仅仅是生态系统的完整性，还应关注其对人类服务功能的发挥（Johnson et al.，2003；Fairweather，1999；Boulton，1999）。例如，Norris 和 Thoms（1999）认为河流生态系统健康依赖于社会系统的判断，应考虑人类社会的福利需求；Meyer（1997）认为健康的河流生态系统不但要维持生态系统结构和功能，而且应包括其人类与社会价值。③从河流管理的角度出发，强调健康的河流就是河流管理达到某种特定的目标（张朝，2012；Rogers and Biggs，1999）。近年来，从河流管理角度进行的河流生态系统健康研究受到较大重视，国内外流域管理机构做出了各自的阐述。美国《清洁水法案》（*Clean Water Act*）规定恢复和维持美国水体的化学、物理和生物完整性的目标，水生态功能分区是开展河流健康评价的基本单元，它将河流生态系统划分为不同的功能区，以此反映河流生态系统健康状况及其所面临潜在压力的地区差异，并针对不同河流系统特点，分别制定相应的保护恢复措施和可持续的资源利用规划方案。《欧盟水框架指令》（*The EU Water Framework Directive*）提出了更加清洁、更加完整和健康的河流的管理目标，并期望 2015 年实现良好的河流状态，指出未来的河流管理将从调整河流满足人类需求，转向调整人类利用满足河流生态系统健康。

长期以来，我国对于河流的保护工作都处于水质改善阶段，缺乏对河流生态系统的关注，也没有建立从河流生态系统安全的角度进行水环境管理的意识，因此在河流健康评价领域起步较晚。自 20 世纪 90 年代，我国开始注重河流的保护和恢复，唐涛等（2000）较早地将河流生态系统健康的概念在国内应用，并详细介绍了国外河流生态系统健康的评价方法。国内对河流生态系统健康的理解主要侧重于河流生态系统的完整性和可持续性，首先认为健康的河流应该是自然状态稳定、生态环境较好，其次强调河流生态系统可持续发展，最重要的是可以维持良好的社会服务功能（韩春，2015）。水利部门在全国河流健康评估中认为，健康的河流是指河流具有良好的自然生态状况，同时具有可持续的社会服务功能；其中，自然生态状况包括河流的物理、化学和生态三个方面，用完整性来表述其良好的自然生态状况，可持续的社会服务功能是指河流可以持续为人类社会提供服务的能力。此外，还有学者将河流健康概念定义为河流健康生命或河流生命健康，认为河流健康是在河流生命存在的前提下，人们对其生命存在状态的描述（高凡等，2017）。李国英（2004）指出维持黄河健康生命就是要维护黄河的生命功能；蔡其华（2005）阐述了长江健康生命的概念，以河流为定义主体，强调河流生命的健康及河流功能的健康。

综上所述，河流生态系统是一个社会-经济-自然复合生态系统，河流生态系统健康管理目标是为了维持流域可持续发展，具有空间和时间异质性。因此，河流生态系统健康是一个相对概念，不具有绝对的标准，需要针对不同的区域和流域背景设置对应目标，同时考虑不同流域背景对河流生态系统的支撑和胁迫作用，尤其是对水文、水质、河流物理生境和水生生物的直接和间接影响。

1.1.2 应用和发展

随着国际上对河流生态系统健康研究的日趋重视，河流生态系统健康概念也在不断被应用以及持续发展（Dinerstein et al.，2017）。水环境健康评价的本质是将水环境现状与自然状态的水环境或者人为设定的健康标准进行对比，从而评判水环境的受损程度（Norris，1999）。近年来，很多国家已先后开展河流健康状况评价，并分别提出了不同的河流健康状况评价内容及评价指标，主要代表国家有美国、澳大利亚、英国、南非等。美国国家环境保护局（USEPA）于1989年发展了快速生物评价协议（RBPs），经过10年的发展与完善，于1999年推出新版RBPs，提供了河流着生藻类、大型无脊椎动物、鱼类的监测及评价标准（Barbour et al.，1999）。英国在20世纪90年代建立了河流保护评价系统（SERCON）（Boon，1997）和以RIVPACS①为基础的河流生物监测系统（Wright et al.，2000），用于评价河流的生物、栖息地属性以及河流的自然保护价值；同一时期，还发展了河流栖息地调查（river habit survey，RHS）（Raven et al.，1998），该方法为英国提供了一个河流分类和未来栖息地评价的标准方法。澳大利亚在英国RIVPACS的基础上，基于自身河流的特点，建立了适合本国特点的澳大利亚河流评价计划（AUSRIVAS）（Parsons et al.，2004；Liu，2002），并于1993年根据建立的河流评价计划，对全国范围内的河流进行了河流健康评估，为河流管理者提供了较为全面的生态学和水文学基础资料。南非于1994年以鱼类、大型底栖动物以及河流生境的完整性作为河流健康评估指标，开展了河流健康计划（RHP），同时提出了河口栖息地完整性指数，用来分析影响栖息地的主要因素，拓展了河流健康评估的范围（Roux，2001）。日本于20世纪90年代初期，实施了创造多自然型河川计划，利用生态工程等方法进行河道整治、水质保护，维护生态系统多样性和稳定。在Web of Science"所有数据库"下检索"river-health"，发现近20年来（2000～2019年）有关河流健康的中文和英文文献都逐渐增多（图1-1），英文文献主要集中分布在中国、澳大利亚和美国（图1-2）。

我国近年来才开始从河流健康视角关注河流生态系统，并在河流健康评估指标、评估方法、指标体系的构建以及河流健康评估理论实践等方面展开了一定的工作。在理论探讨和方法构建方面，唐涛等（2002）概括了河流生态系统健康的含义，并对河流生态系统健康评估方法进行了探讨；董哲仁（2005）探讨了河流健康的概念以及河流健康概念在我国河流管理中如何应用；吴阿娜（2005）对河流健康状况理论及方法体系进行了深入研究，并探讨了其在河流管理中的应用；赵彦伟和杨志峰（2005）对河流健康的内涵、河流健康

---

① RIVPACS：river invertebrate prediction and classification system，即河流无脊椎动物预测和分类系统。

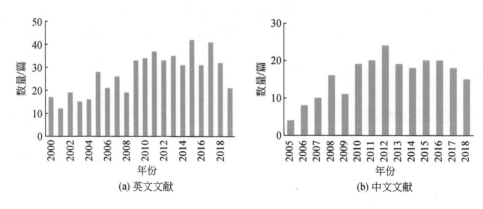

(a) 英文文献　　　　　　　　　(b) 中文文献

图 1-1 "河流健康"文献数量变化

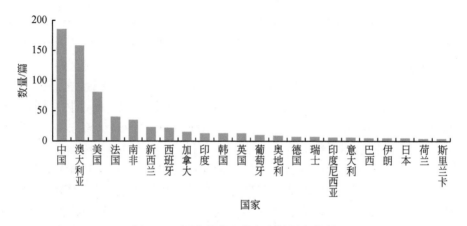

图 1-2 "河流健康"英文文献国家分布

评估的方法以及发展方向进行了研究；卞锦宇等（2010）在河流健康内涵分析的基础上，构建了河流健康指标评估体系；张晶等（2010）从河流生态系统要素和社会服务功能要素出发，构建了全国尺度河流健康评估指标体系；刘晓燕等（2006）根据河流健康的内涵，构建了黄河健康指标评价体系。在应用实践方面，张远（2006）、赵彦伟和杨志峰（2005）等，也提出了自己的河流健康评估体系，对宁波、深圳河流进行了健康评估；吴阿娜等（2006）针对城市河流建立了健康评估指标体系，并对上海市河流健康状况进行了评估；王备新等（2006）介绍了生物完整性指数在河流生态系统健康评价中的应用，并对安徽黄山地区的间江河水系和大北河进行了健康评估。2007 年，《水科学进展》杂志社邀请相关专家就河流健康问题进行了探讨，河流的健康问题受到了高度关注。之后，有关黄河、长江、珠江、太湖等河湖的健康评估体系开始出现，水利部黄河水利委员会提出了低限流量、河道最大排洪能力、水生生物等 8 项指标作为健康黄河的标志（崔树彬等，2006）；水利部长江水利委员会从社会服务功能和生态功能的角度出发，提出了由目标层、系统层、状态层和指标层构建的长江健康评估指标体系；水利部珠江水利委员会提出了由社会指标属性和自然指标属性构建的珠江健康评估指标体系（邓晓军等，2014；毛建忠等, 2013; 王宏伟等, 2011; 高学平等, 2009; 王东胜和谭红武, 2004)。总结我国不同机构和学者对河流生态系统健康的探讨和研究工作, 可以看出, 由于我国流域保护工作总体上还处于水质恢复阶段, 在水质评价方面已做了大量的工作, 相对来讲, 河流生态系统健康评估尚处在发展阶段, 评价体系也从单一的水质、水量评价, 逐步转向水质、水量、水生生物综合评价。

总之, 河流生态系统健康的概念在不断发展, 近年来不时有新的概念提出, 如"生态势"(ecological potential)和"健康工作河流"(health working river)等。河流生态系统健康的概念虽然比较多样化, 但是其应用也越来越广泛, 全球尺度的河流生态系统健康研究也有较大发展(Vörösmarty et al., 2010; Abell et al., 2008)。中国不断发展的经济对生态文明的需求越来越高, 河流生态系统健康受到政府、公众和学者的普遍关注, 未来将会为管理者和决策者提供更多科学依据, 这也是河流生态系统健康发展的重要趋势之一。

1.2 河流生态系统健康的影响因素

河流生态系统健康受到很多因素的影响, 包括直接影响和间接影响。直接影响因素主要指河道内的水质、水量和物理结构状况等, 这些影响因素不仅能直接反映河流生态系统的水资源、水环境状况, 并且可以直接作用于水生生物, 影响水生生物的群落结构和空间分布。间接影响因素主要指其他可以作用于直接影响因素进而反映河流生态系统健康状况的因素, 主要是流域背景和人类活动, 通常以流域土地利用强度表示。

1.2.1 水量和水质

河流水量和水质能直接影响水生生物种类和群落特征。河流水量是河流生态系统的基本保证, 能够为大型底栖动物、藻类、植物和鱼类等提供生境支持。水量的大小也影响污染物浓度和扩散条件, 因此与水质密切相关。现有的研究多关注水质的变化对水生生物的影响, 尤其是影响指示物种的变化。例如, 水体中污染物浓度会对底栖动物群落组成产生较大影响, 襀翅目(Plecoptera)、毛翅目(Trichoptera)、蜉蝣目(Ephemeroptera)的昆虫稚虫通常出现在比较清洁的水体中, 而在受到严重污染的河流中, 底栖动物中的耐污种类会急剧升高, 组成以颤蚓、红摇蚊等为主。

河流水量和水质也会影响水生生物数量的变化。工业、生活污水的排放造成了河流水体的富营养化, 使浮游生物种类简单化, 底栖动物和鱼类多样性下降。近年来, 受生活污水排放和渔业养殖的影响, 武汉东湖浮游动物从 203 种减到 171 种, 底栖动物从 113 种减到 26 种, 鱼类中除养殖鱼外, 原有 60 余种鱼已难见到(龚志军等, 2001); 太湖流域研究表明, 电导率和总氮是影响大型底栖动物分布的主要环境因子(高欣等, 2011); 浑太河流域研究发现 B-IBI 指数与电导高锰酸盐指数和氨氮(NH$_4^+$-N)均具有极显著的曲线相关关系(渠晓东等, 2012); 西苕溪流域研究发现总氮(TN)、总磷(TP)、化学需氧量(COD)和电导率(EC)与底栖动物多样性有显著的负相关关系(吴海燕, 2008); 珠江口水域研究发现夏季锌（Zn）、铜（Cu）、铅（Pb）、磷酸盐和透明度对大型底栖动物有显著性影响（彭松耀等，2010）。大量研究表明，不同流域影响水生生物种类和数量的影响因子有差异，这也是国内外研究的重点。

近年来也有较多研究开始关注河流水量和水质对水生生物生理特征的影响。例如，水体重金属可以从生理上和神经系统上对水生生物造成损伤（Michailova et al.，2012；Florea and Büsselberg，2006），在持续受到重金属污染的地区，水生植物（Hill et al.，2000）和水生动物（Amisah and Cowx，2000）都在不同尺度上受到损害。从个体尺度、群落尺度到生态系统尺度，水体重金属直接的毒性损害可以降低底栖动物多样性和敏感物种丰度（Beltman et al.，1999；Clements，1994），间接影响包括改变底栖动物之间的联系与食物质量等（Carlisle，2000）。矿产活动还可以通过影响物理生境，如底泥和细粒物质增加等，对水生生物群落产生作用（Church et al.，1997）。海河流域的鱼类重金属研究也表明鱼类不同部位对污染的富集作用有差异，从而产生不同的生物毒性和影响，通过沉积物和鱼类样本中重金属的生态风险评价和污染源分析，结合鱼类组织器官中的重金属含量水平、质量评价以及对重金属的积累富集程度，评估了海河流域研究区重金属的污染程度（王瑞霖，2015）。

河流水量和水质存在明显的时间和空间异质性，这也在一定程度上影响水生生物群落特征，从而影响河流生态系统健康。例如，生物类群之间的相互作用（捕食、竞争、共生和寄生）受水量和水质的影响而改变，这种作用也是影响水生生物特征变化的因素之一（Kohler，1992）；温度对水生生物的栖息、产卵、觅食等产生影响，某些水生生物只能够适应较窄的温度范围，而某些水生生物则可以承受较大的温度变化（广温性物种）（渠晓东，2006）。因此，季节更替也会导致水生生物发生动态演替，而且温带地区河流季节变化的影响比热带地区河流季节变化的影响更大（Beche et al.，2006）。

河流水文特征调查有较多方法，如英国河流栖息地调查（RHS）、美国快速生物评价协议（RBPs）、澳大利亚溪流状态指数（ISC）等都对如何评价水量和水文状况进行了规定；我国水利部全国重要河湖健康评估（试点）工作也对水文水资源评价做出了规定。我国水利工程众多，不同学者对如何评价河流水量状况阐述了自己的见解（赵彦伟和杨志峰，2005）。水质监测一直是国内外河流状况监测的重要内容，但针对河流生态系统健康评价，国内外水质监测侧重的项目有所不同，国外河流生态系统健康评价主要侧重于营养盐指标，国内河流生态系统系统健康评价则结合不同河流状况及整体水功能区达标状况进行考虑。

1.2.2 河流物理生境

河流物理生境指河流水生生物生存所依赖的物理环境，由河床底质、河道结构和河流水文特征等共同作用形成（Maddock，1999）。河流物理生境具有显著的空间异质性，主要是沿水流方向和沿河床横断面方向的梯度特征。河流物理生境对水生生物多样性的影响直到20世纪80年代受到的关注才逐渐增多（Newbury，1984；Jumars and Nowell，1984）。2000年，《欧盟水框架指令》中指出地表水良好的生态状况包括三方面内容：物理环境、水文条件和化学环境。该指令的颁发对如何评价河流物理生境提出了要求（Orr，2008），这些要求对各国研究人员提出了一系列的挑战。例如，如何描述河流物理生境？如何识别河流物理生境变量和生物指标之间的量化关系？河流物理生境的改变对生物多样性的影响机制？

河流物理生境多样性和水生生物多样性呈显著相关（Urban and Daniels，2006；Maddock，1999）。作为水生生物生长和繁殖最直接的外部环境，河流物理生境是水生生物群落的结构和功能完整的基础。研究表明，河流物理生境的变化是影响水生生物群落组成和结构的主要胁迫因子之一，并与水生生物多样性有着密切的联系（Raven et al.，1998）。以往研究表明，河流物理生境的结构、动态变化除了直接作用于生物多样性的组成和变化（Karr，1981），还可能通过影响食物供给、生存竞争或捕食关系等对生物多样性产生间接作用。河床底质是影响水生生物分布的一个重要生境因子，为水生生物提供栖息、产卵、食物等功能。例如，研究表明底栖动物分布与底质的包埋程度、石块表面的流速等均具有极高的相关性（Cooper et al.，1997）。石质和砂质河床能为底栖动物提供比多泥沙河床更多的生活空间，多泥沙的底质不仅限制了物理空间的大小，也降低了氧气的获取，在多泥沙的底质的生境中，襀翅目、毛翅目和蜉蝣目类群一般较少，而摇蚊和寡毛类通常有较高的比例。除非有机底质外，有机底质（主要指落叶碎屑和粗木质残体等）也是水生生物重要的活动场所，因为其不仅提供了更多空间，同时还提供了大量的营养物质。

河流物理生境在英国、澳大利亚和美国等都已进行较为系统的研究，这些国家长期以来在河流评价或河流物理健康中强调河流物理生境研究的重要性。除适合各国相应研究区的分类方法之外，河流物理生境还没有一种综合的、得到大家认可的普适性分类方法。我国对河流物理生境的研究、监测和立法都明显落后于英国、澳大利亚和美国等发达国家，鉴于我国普遍存在河道硬化、河道改道、河流水文形态改变、水沙过程受干扰等情况，严重破坏了河流物理生境，所以更好地维护河流的生态功能和生物多样性，对于河流物理生境的研究具有重要意义。

1.2.3 流域土地利用

流域土地利用通过影响河道内水量、水质和物理结构，进而影响水生生物状况，导致河流生态系统健康状况的改变。在不同的土地利用与河流生态系统健康关系研究中，土地利用研究对象主要包括农业土地利用、城市土地利用、水利工程等。

1.2.3.1 农业土地利用的影响

流域农业用地的增加直接导致非点源污染物输出、河岸带植被与栖息地破坏、流域水文过程改变等现象（Sponseller et al.，2001；Johnson et al.，1997）。研究发现，流域农地比例及河岸带林草地比例能够解释总氮、溶解性磷及悬浮物变异的65%～84%（Jones et al.，2001）。河岸带林草地和草地的减少降低了污染物过滤功能，增加了光照量，使水温升高，如在美国弗吉尼亚州罗阿诺克河上游的研究发现，河水中营养盐浓度不是藻类生长的限制性因子，其数量及组成主要受光照与水温影响（Sponseller et al.，2001）。河岸带树木的减少同时也会导致河水中粗木质残体输入的减少，粗木质残体具有多种且非常重要的功能，不仅可以塑造河道形态、改变河道局部流速，更重要的是为生物提供了活动场所。研究表明，由于粗木质残体的存在，美国明尼苏达州、密歇根州等地的农业区，河流生物多样性分别增加了 55% 和 26%（Johnson et al.，2003）。农业用地产生的杀虫剂与除草剂对河流生物的影响风险，如在英国野外围栏条件下饲养的软体动物与暴露于河道底泥中的摇蚊幼虫体内均发现农药残留（Crane et al.，1995）。在农业地区，随径流进入河流中的杀虫剂可使无脊椎生物种群数量在短时间内减少近 80%，且恢复期长达一年左右（Schulz and Liess，1999）。在农业土地利用比例大的流域，河流生物栖息地质量往往较差，主要表现为栖息地质量与河岸稳定性下降（Wang et al.，1997），如在美国佐治亚州查特胡奇河流域皮德蒙特高原，农地面积的增加造成河道中泥沙含量大量增加，导致河流深度异质性降低，以深潭为主要栖息地的生物的多样性受到影响（Walser and Bart，1999）。

1.2.3.2　城市土地利用的影响

城市用地的增加也会导致河流污染物浓度升高、径流量变异规律变化、河水温度上升、地表径流表层变暖、河道硬化等现象（Paul and Meyer，2001）。城市用地增加会导致不透水地面比例升高，城市人工排涝系统的增加会造成洪水暴发频率升高、强度增大，从而加速河床侵蚀与沉积物的运移，最终造成河流生境的恶化与生物多样性的降低（Allan，2004）。美国中大西洋地区、英格兰南部地区的不透水地面面积与河口沉积物中的重金属、有机污染物呈显著正相关（Paul and Meyer，2001）。威斯康星州南部地区的不透水地面面积是预测鱼群密度、生物多样性和生物完整性最好的指标（Wang et al.，2001）。澳大利亚墨尔本地区的研究表明，由城市中心区至周边地区，河流中的大型底栖动物显著减少，尤其是在排水系统密集的河段，这表明排水系统可能对河流环境的影响更大，因为它不仅能够增大河流径流强度，还向河流排放了各种污染物（Walsh et al.，2001）。美国阿拉斯加州安克雷奇地区的研究也同样表明，随着不透水地面面积的增加，大型底栖动物的丰富度明显下降，耐污种也逐渐取代了敏感种。

1.2.3.3　流域土地利用类型改变对河流生态系统健康的影响机制

随着城镇化的快速发展，人类利用河流周边自然景观的土地导致河流生态系统被人为干扰已成为全球趋势。由此带来的诸如水利工程、农业生产、城镇扩张等，对河流生态系统造成直接或者间接影响。例如，河道整治工程可以直接影响河流生态系统完整性，原有连续河流被分割成独立单元，影响了河道内生物的栖息和迁移，以及其作为廊道和水生生物产卵场的功能。城镇化的发展可能降低河流底质稳定性，并加快地表侵蚀，进而增加河流泥沙的输入，造成河流底质稳定性降低（Paul and Meyer，2001）。河流生态系统受到的间接影响也较多，如气候变化等可能通过改变水量等方式间接影响河流生态系统健康，流域人类活动和土地利用也可以通过改变水量、水质、物理生境等方式间接影响河流生态系统健康。

流域土地利用类型及空间配置的改变打破了原有的基于流域水文过程的物理过程、化学过程和生物过程的进程，改变了河床冲淤过程和河流形态等生态条件，造成了栖息地的结构变化和功能下降（董哲仁，2003）。在以往的土地利用-河流环境研究中，大多数研究侧重于陆地生态与水生态的简单关联，较少关注它们之间的复杂联系和耦合作用。例如，Allan（2004）在收集与土地利用-河流环境关系研究相关的科学文献的基础上，总结了由人类活动所引起的土地利用变化及其对河流生态系统的多方面影响，尤其是泥沙沉降、营养盐富集、污染物污染、水文特征改变、河岸带植被破坏/树荫消失、大块粗木质残体损失等（表1-1）。这些因素之间还会相互协同、相互制约，这些复杂的耦合关系需要进一步研究和明确。

表 1-1　土地利用变化对河流生态系统的主要影响机制

环境因素	影响机制
泥沙沉降	增加河水浊度，冲刷和磨损河道；破坏生物栖息地稳定性；初级生产力和食物质量下降；泥沙增多会填充卵石之间的缝隙，减少底栖动物和鱼类产卵的栖息避难所；泥沙会进入鱼鳃和上呼吸道表面；减少河流水深的异质性，导致深水区物种减少
营养盐富集	增加自养生物的生物量和生产力，导致群落结构的改变、丝状藻类的增殖，尤其是光通量增强的同时，加速落叶的分解速率，引起溶解氧的下降，生物由敏感种向耐污种转变
污染物污染	悬浮沉积物与有机组织中的重金属、人工合成物质和有毒有机物的浓度升高；无脊椎动物的死亡率升高，影响其丰度、迁徙及孵化过程；抑制鱼类的生长、繁殖与成活率；破坏生物内分泌系统
水文特征改变	改变径流量-蒸散发量的平衡，洪水规模与频率增加，基流量降低；增加河道及其周边区域泥沙侵蚀，改变河道动态平衡，降低洪水漫滩频率；增加营养盐、沉积物和有毒污染物的迁移速率，进而造成河流生境的退化；不透水地面面积增加、城市排涝系统、农业排水系统与紧实的土壤质地都对水文条件产生强烈影响
河岸带植被破坏/树荫消失	减少阴影，河流温度升高，光线穿透幅度增大；河岸的不稳定性增加，粗木质残体输入减少，降低对营养盐与有毒污染物的截留能力；减少泥沙截留，加剧河岸和渠道侵蚀；改变进入河流的溶解性有机物的特性与含量，直接输入的减少和截留结构的损失导致水底有机物含量降低；改变食物网结构
大块粗木质残体损失	底栖生物取食、附着、孵化的基质和空间减少；泥沙和有机物储量减少；降低河岸稳定性；影响无脊椎动物和鱼类多样性与群落功能

资料来源：据 Allan，2004 修改。

1.3　河流生态系统健康的评价方法

河流生态系统健康评价方法首先要考虑河流生态系统的影响因素，要反映河流生态系统健康的形成和维持机制，尤其是反映河流水量、水质、生境以及流域土地利用的影响。但是，在具体河流生态系统健康评估实践中，还要综合平衡评价方法的可行性、易操作性等。评价方法在不同尺度研究中差异巨大，全球多数国家在大尺度研究中较多采用单一指标或者指示生物进行评价，而在小流域典型研究中则更多采用多指标等综合评价方法。因此，不同评价方法没有绝对的优劣，更多的是准确性和便利性的权衡结果。

1.3.1 基于河流生境指标的评价方法

河流生境是河流水生生物最为重要的生活环境，也是河流生态健康的重要标准，河流生境被不同尺度所影响。总结前人对河流物理生境的研究，存在着两个重要的理论假设：①河流水生生物的结构和动态在很大程度上取决于河流物理生境的结构和动态（Wevers and Warren，1986），因此通过对河流物理生境的评价可以间接预测水中水生物分布；②河流物理生境拥有的尺度特征，包括空间尺度特征和时间尺度特征，小尺度生态系统是其上一级大尺度生态系统的一部分，并受到上一级大尺度生态系统的影响。例如，某河段浅滩、激流的出现频率很大程度上取决于该河段河道的坡度、水量和河道沉积物结构，而河道坡度、沉积物结构、水量受制于控制该河段的大尺度的流域影响因素，包括气候、地貌、地形及岩层等。在大尺度的河流物理生境研究中，Bonada 等（2009）通过对不同尺度河流物理生境的分析发现，大尺度地理环境而非河流类型，是河流物理生境的主要决定因子。Garrett 等（2009）在不同尺度上分析了景观结构对河流物理生境和鱼类的影响，得出以下结论：大尺度景观结构对河流物理生境有直接作用；河流物理生境直接作用于鱼类种群结构；大尺度景观结构对鱼类有间接影响。作为宏观和微观生态–水文–地貌过程的连接，中尺度河流物理生境综合了地形要素和水文要素，可操作性较强。典型中尺度河流物理生境包括险滩（cascade）、浅滩（riffle）、浅流（glide）、深流（run）和深潭（pool）。

不同河段具有不同的宏观生境特征（如平均流速、浅滩和深潭等形态类型）以及河岸植被覆盖状况，对河流有着重要的影响。微观生境的研究范畴在更小尺度上，即生物体的实际生活空间所具有的一定的水力特征和结构特征，如水深、流速、底质和植被覆盖等。河流物理生境存在不同尺度的影响因素，如地质、气候、土壤类型等，与此对应的是，河流物理生境对河流生态系统的影响也具有多尺度性，有些河流生境因子的定量刻画较为困难。因此，现有的河流生态系统健康评价对于生境指标的使用并不是特别广泛，生境指标多作为一些限定条件或者阈值范围进行应用。

1.3.2 基于水质和水量指标的评价方法

水文特征是河流健康的重要表征指标，水文特征评估的根本目的在于分析水文条件变化对河流生态系统结构与功能的影响，建立河流水文特征与生态过程的关系，进而识别对河流生物群落有重要影响的关键水文参数。造成河流水文特征变化的主要因素包括气候变化、水利设施建设、经济活动取排水等。水文评估表征参数可以分为传统水文参数以及水流情势变化参数两类。传统水文参数包括流动条件（平均流速、流量状况）、洪水条件（洪量、洪水频率、洪水持续时间等）；水流情势变化参数则可以是水流的季节性特征和水文周期模式、基流、年平均径流指数、水位涨落速度等表征人类活动对栖息地条件影响的参数。

国内外使用的河流水文特征的表征参数种类繁多，由于多数指标计算复杂，目前最常用的水文表征参数主要为流速状况、流量状况等。通过对比现实的水流模式与理想的自然状况的水流模式可以对水文特征进行评估，可以利用水文表征参数直接比较，也可以通过构建水文条件与生物群落之间的关系，计算河流环境流量等方法来实现。直接比较法因其计算方法较为简单，在河流健康评价中应用较为广泛，但不能揭示水文条件变化对生物群落的影响。环境流量法早期为单一反映水量的方法（"最小河流流量"，主要方法有Tennant 法、7Q10 法以及湿周法等）（桑连海和陈进，2006），目前已经逐渐开始关注水文情势对河流生态系统的影响，通过建立水流情势的表征参数（幅度、频率、历时、时间、水文条件变化率等）与生物群落之间的联系，明确各水文参数在河流健康中的作用，进而进行水文评估，如"建块法，BBM"或称"整体分析法"的河流水流保护方法。目前，河流环境流量计算方法主要是水文学法（包括历史流量法、水力学法、物理栖息地模拟法以及整体法 4 类）（丰华丽等，2001）。

通过水质监测获得水体的理化特征是评判河流健康的重要依据。水质理化参数可以直接对流域人类活动强度和类型做出响应，成为河流健康评价的重要手段，国内外制定了大量的相关评价标准和法规来评价水质和防治水污染。水质监测发展至今已形成较多非常实用的水质理化监测及评估体系，可以分为采用单项理化参数的单因子评价及利用水质指数的综合评价。单因子评价法将各参数浓度值与国家标准进行对比，可直接反映水质状况，并通过达标率、超标程度等反映水质总体水平。目前，在河流健康评价中较为常用的理化参数：①物理参数，温度、电导率、悬移质、浊度、颜色、气味等；②化学参数，pH、碱度、硬度、盐度、生化需氧量、溶解氧以及水体中营养物质含量等。水质综合评价指数在国内外也已经得到了发展和广泛应用，包括有机污染综合指数、布朗水质指数（water quality index，WQI）、内梅罗水污染指数（pollution index，PI）等。综合评价可以基本反映水体污染性质与程度，易于同一区域时间序列和不同区域空间上的比较，但由于其采用多项参数，容易掩盖部分指标高浓度等的影响。

1.3.3　基于指示生物指标的评价方法

河流生物群落是河流生态系统的主体，指示生物法广泛应用于研究河流生态系统对于人类活动的响应，并逐渐成为河流生态系统健康评价的主要手段之一。指示生物法是根据调查水体中对有机污染或某些特定污染物质具有敏感性或较高耐受力的生物种类的存在或缺失，指示河段中某种污染物的多寡或降解程度，其中浮游生物、大型底栖无脊椎动物和鱼类为最常用的指示生物类群。浮游生物可以较早地反映出河流水质状况变化，是河流健康监测的主要生物类群之一，如 Palmer 指数、Shannon-Wiener 多样性指数等都是基于浮游生物类群构建的河流生态系统健康评价指数；大型底栖无脊椎动物，相比较浮游生物能反映河流较长时间的健康状况，且能综合反映河段生境质量、水质、水量等综合条件的变化，是国家、区域、流域不同尺度上河流生态系统健康评价的主要指示生物之一；鱼类作为河流生态系统食物链的顶级生物，能够综合反映整个河流生态系统的健康状况，因此也是河流生态系统健康评价的重要指示生物。

大型底栖无脊椎动物由于其分布广泛性、种类多样性等特征，在河流监测与评价中拥有"水下哨兵"的美誉，作为指示生物具有以下优势（Buss et al., 2004）：①活动范围较广，在大多数河段都能采集到，且物种组成非常丰富；②在野外容易采集，采样成本较低，实验室内易于鉴定；③在河流底部的活动场所比较固定，迁徙能力差，生活周期长，因此可以对长时期的人类活动干扰做出响应，能提供综合性信息；④采集底栖动物对其他生物栖息环境的干扰较小；⑤由于物种组成丰富，有些物种对某类型干扰（如水污染）具有强敏感性，可以评价特定的、短期的干扰活动带来的变化。由于以上诸多优点，大型底栖动物一直是河流生态系统健康评价中应用最为广泛的指示性生物类群，在多个国家和地区都有应用，如美国河流无脊椎动物预测和分类系统（river in vertebrate prediction and classification system, RIVPACS）、澳大利亚河流评价计划（australian river assessment scheme, AUSRIVAS）、南非计分系统（south african scoring system, SASS）以及底栖动物完整性指数（benthic index of biological integrity, B-IBI）、营养完全指数（index of trophic completeness, ITC）等都是基于对河流大型无脊椎动物生物多样性及其功能监测的河流健康状况评价模型。在我国，底栖动物也是河流环境监测及环境影响评价中的常用生物类群。在水生生态系统评价中，底栖动物评价指标达 50 多种，大约是其他河流生物评价指标数量的 5 倍（Mandaville, 2002），主要包括物种数、相对丰度、群落多样性和相似性指数、生物状况指数、功能摄食类群指数、生活习性等（耿世伟，2012）。

1.3.4 基于综合指标的评价方法

指示生物法主要基于单个生物指标，只对特定干扰反应敏感，所以一个生物指标并不能准确和完全地反映水体健康状况。学者提出多指标综合的生物指数法，其主要是用数学形式表现群落结构对流域及生境特征的响应。应用较为广泛的生物指数包括 TBI 指数（trent biotic index）、IBI 完整性指数（index of biological integrity）、生物多样性指数等（Karr, 1981）。IBI 通过综合多个指标来评估某一个地区生物完整性或健康程度，是一种多度量生物指数（multi metric biological index），即运用与目标生物群落的结构和功能有关的，与周围环境关系密切的，受干扰后反应敏感的多个生物指数对生态系统进行生物完整性或健康评价（李镇等，2011；Karr, 1993）。B-IBI 由 Kerans 和 Karr（1994）、Karr（1993）、Karr 和 Chu（2000）提出，已被广泛应用于淡水生态系统水生态、水资源、水环境的研究与管理中（Klemm et al., 2002；Fore et al., 1996）。B-IBI 主要是对样点（参照点、受污染点）大型底栖无脊椎动物及栖息地、水质等数据进行采集，通过候选生物学指数分布范围分析、判别能力分析、相关性分析，最终确定核心计算参数，建立生物学指数计分标准，最终计算 B-IBI 值（王备新，2003）。国外许多学者已将 B-IBI 应用于溪流（Astin, 2007；Ode et al., 2005；Maxted et al., 2000）、湖泊（Butcher et al., 2003；Blocksom et al., 2002）、和海湾（Llansó et al., 2009）的生态系统健康评价中。美国国家环境保护局建立了 B-IBI 操作规范，对马里兰州、佛罗里达州、密苏里州等 16 个州进行了河流生态系统健康评价（Barbour et al., 1999）；法国利用 IBI 完整性指数来评价渠道化、农业面源污染、城镇化及渔业养殖对溪流生态系统的影响；墨西哥利用 IBI 完整性指数来评价土地利用方式改变带来的影响；日本利用鱼类和底栖动物建立了适用于本国的完整性指数 IBI-J 指数来评价溪流健康状况。从河流等级上看，大多数的 B-IBI 研究集中于可涉水的中型和小型河流研究上（Barbour et al.，1996）。我国应用 B-IBI 评价水域生态系统健康的研究在近些年逐渐变成热门，王备新等（2005）利用 B-IBI 在安徽祁门县大北河和阊江河的河流生态系统健康评价中进行了尝试性研究。B-IBI 也逐渐应用到了其他流域，如香溪河（渠晓东，2006）、西苕溪（李强等，2007）、辽河（渠晓东等，2012；张远等，2007）、长江口及毗邻海域（周晓蔚等，2009）、漓江水系（曹艳霞等，2010）、白洋淀（徐梦佳等，2012）等水域的健康评价，推动了 B-IBI 在我国的发展。Karr 和 Chu（2000）认为各地区应建立适合自身的一套指标体系，没有统一的一项指标是完全适用于所有地区的，因此美国许多州都提出了适合自身的河流的指标体系（Genet and Chirhart，2004）。

除了综合生物指数评价外，模型来预测法是通过比较物种相对丰富度和环境数据的模型来预测河流生态系统健康状况，这类方法需以大量受人类活动干扰极小的样点的生物群落以及相应的栖息地质量为基础数据，筛选出与参照点生物群落组成密切相关的变量（如受人类活动影响较小的经纬度、河流级别、底质组成等非生物学性状），建立判别函数，通过比较测试点实际出现的群落组成与模型预测群落组成之间的差异程度，从而判断水环境质量状况。相比较单一基于生境指标、水文指标、水质指标、生物指标进行评价，最新发展的综合指标评价法采用多种类型指标对河流水文、水质、生物等进行综合调查及评价，将各指标得分累积后的总分作为最终河流生态系统健康状况的依据，多指标评价法在美国及澳大利亚的河流健康评价项目中应用较为广泛。例如，RCE（riparian，channel，environment inventory）方法能在短时间内快速评价河流的健康状况，评价内容包括河岸带完整性、河道宽/深结构、河岸结构、河床条件、水生植被、鱼类等 16 个指标，将河流健康状况划分为 5 个等级（Peterson，1992）；ISC（index of stream condition）方法将河流状态的主要表征因子融合在一起，能够对河流进行长期评价，从而为科学管理河流提供指导，评价内容包括河流水文学、形态特征、河岸带状况、水质及水生生物 5 方面的指标体系，将每条河流的每项指标与参照点进行对比评分，总分作为评价的综合指数（Ladson et al.，1999）；RHP（river health program）方法较好的将生境指标与河流形态、生物组成相联系，评价内容包括河流无脊椎动物、鱼类、河岸植被、生境完整性、水质、水文、形态 7 类指标（Rowntree et al. 1994）。

1.4　小　　结

从国内外研究可以看出，现有的河流生态系统健康评估存在以下几个特点和问题：①概念问题。文献研究中使用的概念和词汇比较多样化，如河流健康、流域健康、河流生态健康、河流生态系统健康、水生态系统健康等。虽然研究侧重点可能存在一些差异，但是总体目标和核心内涵存在很多相似的地方，多强调河流生态系统的完整性、质量和健康问题。此外，概念不一致也一定程度上导致了不同研究对比的困难。②指标问题。河流生态系统健康的影响因素很多，选择指标的依据因人因地而异，缺乏统一的标准和规范，从而导致不同研究结论的差异性很大。③水陆耦合问题。现有研究多关注水体自身的健康状况，对于河流生态系统及其流域整体的关注较少，从而形成较为片段化的结论，没有形成河流整体、陆地-水生态系统的耦合关系。

未来的发展趋势和研究重点：①强调生态系统整体结构，关注生态系统服务。不管水生态系统健康、河流生态系统健康、还是其他概念所表达的内涵，应该都要强调河流生态系统的完整性。将河流生态系统及其毗邻的流域陆地作为统一整体，考虑生态系统结构的完整性，以及生态系统服务的综合性，通过生态系统服务的类型权衡、区域集成等方法论的指导，全面提升河流生态系统健康。河流生态系统健康既是生态结构完整性的结果，也是生态系统服务的基础。②建立国家尺度综合指标体系。健康的河流生态系统应该是物理、化学、生物等各方面均处于良好状态，因此相比较单因子评价法，综合指标评价法更能反映出河流生态系统的综合状况。学术研究可以从多个角度论证河流生态系统健康评估指标的准确性、高效性等，从管理的角度需要建立国家尺度河流生态系统健康评估体系，提出对应的规范和标准，综合考虑河流生态系统和人类需求，根据不同流域特征划定基准和阈值，从而形成可供公众、管理部门参考的科学依据。③加强河流生态系统评估的多学科知识应用。河流水生生物监测用于河流健康评价的指标还比较局限，主要是底栖动物、鱼类、藻类等，应该拓展其他因子，如细菌、浮游动物、水生植物等。除此之外，模型预测可以利用模糊聚类、神经网络、遗传算法等构建点状特征向面状特征的反演；遥感技术可以协助获取时空高精度数据，监测和反映河流生态系统健康状况。因此，生物学、生态学、环境科学、地理学、数学、遥感与地理信息系统（GIS）等都将为河流生态系统健康评估提供理论和方法支撑。

建设健康的流域并不是禁止一切人类活动以避免对流域造成影响，而是要在流域可承受的范围之内，实现人与流域的和谐与可持续发展。因此，对流域生态系统健康的理解不能过于狭隘和片面，而应该综合考虑人与自然、生态和发展的关系（李浩宇等，2013）。海河流域是我国北方具有代表性的大型流域，具有地形起伏巨大、社会经济差异明显、生态系统多样、水生态退化严重的特征。海河流域大部分河段水量较低、而水质状况和水生生物差异性巨大，因此本书采用水质、水生生物的综合指标对其进行河流生态系统健康评估。评估体系的主要特点：①采用综合指标法。利用水体理化特征、营养盐、藻类、底栖动物等指标构建综合评估模型。②考虑海河流域特色。除了选择指标时考虑了海河流域特色外，在各个具体指标的阈值设置时也参考了流域背景值，以及不同指标的范围和变异性等。③强调流域整体。在评估过程中充分利用了海河流域水生态功能区的结果，根据一级、二级、三级分区所代表的流域背景差异，分别评估了不同水生态功能区的河流生态系统健康状况。

参 考 文 献

卞锦宇，耿雷华，方瑞. 2010. 河流健康评价体系研究. 中国农村水利水电，（9）：39-42.

蔡其华. 2005. 维护健康长江促进人水和谐. 水利建设与管理，25（4）：55-57.

曹艳霞，张杰，蔡德所，等. 2010. 应用底栖无脊椎动物完整性指数评价漓江水系健康状况. 水资源保护，26（2）：13-17.

崔树彬，刘俊勇，陈军. 2006. 对中国河流健康评价的探讨. 水利发展研究，6（12）：7-11.

邓晓军，韩龙飞，杨明楠，等. 2014. 城市水足迹对比分析——以上海和重庆为例. 长江流域资源与环境，23（2）：189.

董哲仁. 2003. 河流形态多样性与生物群落多样性. 水利学报, 11 (1): 6.

董哲仁. 2005. 河流健康的内涵. 中国水利, (4): 15-18.

丰华丽, 王超, 李剑超. 2001. 生态学观点在流域可持续管理中的应用. 水利水电快报, 22 (14): 21-23.

傅伯杰, 刘世梁, 马克明. 2001. 生态系统综合评价的内容与方法. 生态学报, 21 (11): 1885-1892.

高凡, 蓝利, 黄强. 2017. 变化环境下河流健康评价研究进展. 水利水电科技进展, 37 (6): 81-87.

高欣, 牛翠娟, 胡忠军. 2011. 太湖流域大型底栖动物群落结构及其与环境因子的关系. 应用生态学报, 22 (12): 3329-3336.

耿世伟. 2012. 河流廊道尺度效应对大型底栖动物群落影响研究. 杭州: 浙江工业大学.

龚志军, 谢平, 唐汇涓, 等. 2001. 水体富营养化对大型底栖动物群落结构及多样性的影响. 水生生物学报, 25 (3): 210-216.

韩春. 2015. 马颊河河流健康评价研究. 济南: 山东大学.

李国英. 2004. 黄河治理的终极目标是"维持黄河健康生命". 中国水利, 26 (1): 6-7.

李浩宇, 颜宏亮, 孟令超, 等. 2013. 河流-流域生态系统健康评价研究进展. 水利科技与经济, 19 (9): 1-4.

李强, 杨莲芳, 吴璟, 等. 2007. 底栖动物完整性指数评价西苕溪溪流健康. 环境科学, 28 (9): 2141-2147.

李镇, 张岩, 袁建平, 等. 2011. 大型底栖无脊椎动物在河流健康评价中的发展趋势. 南水北调与水利科技, 9 (4): 96-101.

刘晓燕, 张建中, 张原锋. 2006. 黄河健康生命的指标体系. 地理学报, 61 (5): 451-460.

罗坤. 2017. 城市化背景下河流健康评价研究. 重庆: 重庆大学.

毛建忠, 赵萍萍, 李春永, 等. 2013. 我国河流健康评价指标体系研究进展. 水科学与工程技术, (3): 1-4.

彭松耀, 赖子尼, 蒋万祥, 等. 2010. 珠江口大型底栖动物的群落结构及影响因子研究. 水生生物学报, 34 (6): 1179-1189.

渠晓东. 2006. 香溪河大型底栖动物时空动态、生物完整性及小水电站的影响研究. 武汉: 中国科学院水生生物研究所.

渠晓东, 刘志刚, 张远. 2012. 标准化方法筛选参照点构建大型底栖动物生物完整性指数. 生态学报, 32 (15): 4661-4672.

桑连海, 陈进. 2006. 长江流域的节水形势及发展方向. 长江流域资源与环境, 15 (1): 10-13.

唐涛, 蔡庆华, 刘建康. 2002. 河流生态系统健康及其评价. 应用生态学报, 13 (9): 1191-1194.

王备新. 2003. 大型底栖无脊椎动物水质生物评价研究. 南京: 南京农业大学.

王备新, 杨莲芳, 刘正文. 2006. 生物完整性指数与水生态系统健康评价. 生态学杂志, 25 (6): 707-710.

王备新, 杨莲芳, 胡本进, 等. 2005. 应用底栖动物完整性指数 B-IBI 评价溪流健康. 生态学报, 25 (6): 1481-1490.

王东胜, 谭红武. 2004. 人类活动对河流生态系统的影响. 科学技术与工程, 4 (4): 299-302.

王瑞霖. 2015. 海河流域底泥沉积物及鲫鱼重金属污染风险研究. 北京: 北京化工大学.

王瑞霖, 程先, 孙然好. 2014. 海河流域中南部河流沉积物的重金属生态风险评价. 环境科学, (10): 3740-3747.

吴阿娜. 2005. 河流健康状况评价及其在河流管理中的应用. 上海: 华东师范大学.

吴海燕. 2008. 不同污染类型对溪流生态系统影响的研究. 南京: 南京农业大学.

徐梦佳, 朱晓霞, 赵彦伟, 等. 2012. 基于底栖动物完整性指数（B-IBI）的白洋淀湿地健康评价. 农业环境科学学报, 31（9）: 1808-1814.

杨文慧, 杨宇. 2006. 河流健康概念及诊断指标体系的构建. 水资源保护, 22（6）: 28-30.

张朝. 2012. 重庆市河流健康指标体系的构建与评价研究. 重庆: 重庆交通大学.

张晶, 董哲仁, 孙东亚, 等. 2010. 河流健康全指标体系的模糊数学评价方法. 水利水电技术, 41（12）: 16-21.

张远, 徐成斌, 马溪平, 等. 2007. 辽河流域河流底栖动物完整性评价指标与标准. 环境科学学报, 27（6）: 919-927.

赵彦伟, 杨志峰. 2005. 河流健康: 概念、评价方法与方向. 地理科学, 25（1）: 119-124.

周晓蔚, 王丽萍, 郑丙辉, 等. 2009. 基于底栖动物完整性指数的河口健康评价. 环境科学, 30（1）: 242-247.

Abell R, Thieme M L, Revenga C, et al. 2008. Freshwater ecoregions of the world: a new map of biogeographic units for freshwater biodiversity conservation. Bioscience, 58（5）: 403-414.

Allan J D. 2004. Landscapes and riverscapes: the influence of land use on stream ecosystems. Annual Review of Ecology Evolution and Systematics, 35（1）: 257-284.

Amisah S, Cowx I G. 2000. Impacts of abandoned mine and industrial discharges on fish abundance and macroinvertebrate diversity of the upper River Don in South Yorkshire, UK. Journal of Freshwater Ecology, 15（2）: 237-250.

Astin L E. 2007. Developing biological indicators from diverse data: the Potomac Basin-wide index of benthic integrity（B-IBI）. Ecological Indicators, 7（4）: 895-908.

Barbour M T, Gerritsen J, Griffith G E, et al. 1996. A framework for biological criteria for Florida streams using benthic macroinvertebrates. Journal of the North American Benthological Society, 15（2）: 185-211.

Barbour M T, Gerritsen J, Snyder B D, et al. 1999. Rapid Bioassessment Protocols for Use in Streams and Wadable Rivers: Periphyton, Benthic Macroinvertebrates and Fish. Washington, D. C.: U. S. Environmental Protection Agency, Office of Water.

Beche L A, Mcelravy E P, Resh V H. 2006. Long-term seasonal variation in the biological traits of benthic-macro-invertebrates in two Mediterranean-climate streams in California, USA. Freshwater Biology, 51（1）: 56-75.

Beltman D J, Clements W H, Lipton J, et al. 1999. Benthic invertebrate metals exposure, accumulation, and community-level effects downstream from a hard-rock mine site. Environmental Toxicology and Chemistry, 18（2）: 299-307.

Bilby R E, Naiman R J. 1998. River Ecology and Management in the Pacific Coastal Ecoregion. River Ecology and Management.

Blocksom K A, Kurtenbach J P, Klemm D J, et al. 2002. Development and evaluation of the lake macroinvertebrate integrity index（LMII）for New Jersey lakes and reservoirs. Environmental Monitoring and Assessment, 77（3）: 311-333.

Bonada N, Múrria C, Zamora-Muñoz C, et al. 2009. Using community and population approaches to understand how contemporary and historical factors have shaped species distribution in river ecosystems. Global Ecology and Biogeography, 18（2）: 202-213.

Boon P J. 1997. A system for evaluating rivers for conservation（SERCON）: development, structure and function. Freshwater Quality Defining the Indefinable.

Boulton A J. 1999. An overview of river health assessment: philosophies, practice, problems and prognosis.

Freshwater Biology, 41 (2): 469-479.

Buss D F, Baptista D F, Nessimian J L, et al. 2004. Substrate specificity, environmental degradation and disturbance structuring macroinvertebrate assemblages in neotropical streams. Hydrobiologia, 518 (1-3): 179-188.

Butcher J T, Stewart P M, Simon T P. 2003. A benthic community index for streams in the northern lakes and forests ecoregion. Ecological Indicators, 3 (3): 181-193.

Carlisle D M. 2000. Bioenergetic food webs as a means of linking toxicological effects across scales of ecological organization. Journal of Aquatic Ecosystem Stress and Recovery, 7 (2): 155-165.

Chave P. 2001. The EU Water Framework Directive-An Introduction. London: IWA Publishing.

Church S E, Kimball B A, Fey D L, et al. 1997. Source, Transport, and Partitioning of Metals between Water, Colloids, and Bed Sediments of the Animas River, Colorado. Virginia: U. S. Geological Survey.

Clements W H. 1994. Benthic invertebrate community responses to heavy metals in the upper Arkansas River Basin, Colorado. Journal of the North American Benthological Society, 13 (1): 30-44.

Cooper S D, Barmuta L, Sarnelle O, et al. 1997. Quantifying spatial heterogeneity in streams. Journal of the North American Benthological Society, 16 (1): 174-188.

Costanza R, Mageau M. 1999. What is a healthy ecosystem? Aquatic Ecology, 33 (1): 105-115.

Crane M, Delaney P, Mainstone C, et al. Measurement by in situ bioassay of water quality in an agricultural catchment. Water Research, 29 (11): 2441-2448.

Davies P E. 2000. Development of a national river bioassessment system (AUSRIVAS) in Australia// Wright J F, Sutcliffe D W, Furse M T. Assessing the biological quality of fresh waters: RIVPACS and other techniques. Ambleside: The Freshwater Biological Association.

Dinerstein E, Olson D, Joshi A, et al. 2017. An ecoregion-based approach to protecting half the terrestrial realm. Bioscience, 67 (6): 534-545.

Fairweather P G. 1999. State of environment indicators of 'river health': exploring the metaphor. Freshwater Biology, 41 (2): 211-220.

Florea A M, Büsselberg D. 2006. Occurrence, use and potential toxic effects of metals and metal compounds. Biometals, 19 (4): 419-427.

Fore L S, Karr J R, Wisseman R W. 1996. Assessing invertebrate responses to human activities: evaluating alternative approaches. Journal of the North American Benthological Society, 15 (2): 212-231.

Genet J, Chirhart J. 2004. Development of a macro invertebrate index of biological integrity (MIBI) for rivers and streams of the upper Mississippi River Basin. Minnesota: Minnesota Pollution Control Agency Biological Monitoring Program.

Gleick P H. 2003. Global freshwater resources: soft-path solutions for the 21st century. Science, 302 (5650): 1524-1528.

Hill B H, Willingham W T, Parrish L P, et al. 2000. Periphyton community responses to elevated metal concentrations in a Rocky Mountain stream. Hydrobiologia, 428 (1): 161-169.

Johnson L B, Breneman D H, Richards C. 2003. Macroinvertebrate community structure and function associated with large wood in low gradient streams. River Research and Applications, 19 (3): 199-218.

Johnson L, Richards C, Host G, et al. 1997. Landscape influences on water chemistry in Midwestern stream ecosystems. Freshwater Biology, 37 (1): 193-208.

Jones K B, Neale A C, Nash M S, et al. 2001. Predicting nutrient and sediment loadings to streams from landscape metrics: a multiple watershed study from the United States Mid-Atlantic region. Landscape Ecology, 16 (4): 301-312.

Jumars P A, Nowell A R M. 1984. Effects of benthos on sediment transport: difficulties with functional grouping. Continental Shelf Research, 3 (2): 115-130.

Karr J R. 1981. Assessment of biotic integrity using fish communities. Fisheries, 6 (6): 21-27.

Karr J R. 1993. Defining and assessing ecological integrity: beyond water quality. Environmental Toxicology and Chemistry, 12 (9): 1521-1531.

Karr J R. 1999. Defining and measuring river health. Freshwater Biology, 41 (2): 221-234.

Karr J R, Chu E W. 2000. Introduction: sustaining living rivers // Jungwirth M, Muhar S, Schmutz S. Assessing the ecological integrity of running waters. Hydrobiologia, 422-423 (4): 1-14.

Karr J R, Dudley D R. 1981. Ecological perspective on water quality goals. Environmental Management, 5 (1): 55-68.

Kerans B, Karr J R. 1994. A benthic index of biotic integrity (B-IBI) for rivers of the Tennessee Valley. Ecological Applications, 4 (4): 768-785.

Klemm D J, Blocksom K A, Thoeny W T, et al. 2002. Methods development and use of macroinvertebrates as indicators of ecological conditions for streams in the Mid-Atlantic Highlands region. Environmental Monitoring and Assessment, 78 (2): 169-212.

Kohler S L. 1992. Competition and the structure of a benthic stream community. Ecological Monographs, 62 (2): 165-188.

Ladson A R, White L J. 2000. Measuring stream condition. // Brizga S O, Finlayson B L. 2000. River management the australasian experience. New York: Wiley.

Ladson A R, White L J, Doolan J A, et al. 1999. Development and testing of an index of stream condition for waterway management in Australia. Freshwater Biology, 41 (2): 453-468.

Llansó R J, Dauer D M, Volstad J H. 2009. Assessing ecological integrity for impaired waters decisions in Chesapeake Bay, USA. Marine Pollution Bulletin, 59 (1-3): 48-53.

Maddock I. 1999. The importance of physical habitat assessment for evaluating river health. Freshwater Biology, 41 (2): 373-391.

Mandaville S M. 2002. Benthic Macroinvertebrates in Freshwaters: Taxa Tolerance Values, Metrics, and Protocols. Nova Scotia: Soil and Water Conservation Society of Metro Halifax.

Maxted J R, Barbour M T, Gerritsen J, et al. 2000. Assessment framework for Mid-Atlantic coastal plain streams using benthic macroinvertebrates. Journal of the North American Benthological Society, 19 (1): 128-144.

Meyer J L. 1997. Stream health: incorporating the human dimension to advance stream ecology. Journal of the North American Benthological Society, 16 (2): 439-447.

Michailova P, Warchalowska-śliwa E, Szarek-Gwiazda E, et al. 2012. Does biodiversity of macroinvertebrates and genome response of Chironomidae larvae (Diptera) reflect heavy metal pollution in a small pond? Environmental Monitoring and Assessment, 184 (1): 1-14.

Naiman R J, Bilby R E. 1998. River Ecology and Management. New York: Springer-Verlag.

National Research Council. 1992. Restoration of Aquatic Ecosystems: Science Technology and Public Policy. Washington, DC: National Academy Press.

Newbury C. 1984. Cinderellas of empire. Towards a history of kiribati and tuvalu. Journal of Historical Geography, 10 (1): 107-108.

Norris R H, Thoms M C. 1999. What is river health? Freshwater Biology, 41 (2): 197-209.

Ode P R, Rehn A C, May J T. 2005. A quantitative tool for assessing the integrity of southern coastal California streams. Environmental Management, 35 (4): 493-504.

Olson D M, Dinerstein E, Powell G V N, et al. 2002. Conservation biology for the biodiversity crisis. Conservation Biology, 16 (1): 1-3.

Orr H G, LargeA R G, Newson M D, et al. 2008. A predictive typology for characterising hydromorphology. Geomorphology, 100 (1-2): 32-40.

Paul M J, Meyer J L. 2001. Streams in the urban landscape. Annual Review of Ecology and Systematics, 32 (1): 333-365.

Petersen R C. 1992. TheRCE: a riparian, channel, and environmental inventory for small streams in the agricultural landscape. Freshwater Biology, 27 (2): 295-306.

Raven P J, Holmes N T H, Dawson F H, et al. 1998. Quality assessment using river habitat survey data. Aquatic Conservation: Marine and Freshwater Ecosystems, 8 (4): 477-499.

Rogers K, Biggs H. 1999. Integrating indicators, endpoints and value systems in strategic management of the river of the Kruger National Park. Freshwater Biology, 41 (2): 439-451.

Roux D J. 2001. Strategies used to guide the design and implementation of a national river monitoring programme in South Africa. Environmental Monitoring and Assessment, 69 (2): 131-158.

Schofield N J, Davies P E. 1996. Measuring the health of our rivers. Water, 23, 39-43.

Schulz R, Liess M. 1999. A field study of the effects of agriculturally derived insecticide input on stream macroinvertebrate dynamics. Aquatic Toxicology, 46 (3-4): 155-176.

Scrimgeour G J, Wicklum D. 1996. Aquatic ecosystem health and integrity: problems and potential solutions. Journal of the North American Benthological Society, 15 (2): 254-261.

Simpson J, Norris R, Barmuta L. 1999. AusRivAS-national river health program. User Manual Website Version.

Sponseller R A, Benfield E F, Valett H M. 2001. Relationships between land use, spatial scale and stream macroinvertebrate communities. Freshwater Biology, 46 (10): 1409-1424.

Urban M A, Daniels M. 2006. Introduction: exploring the links between geomorphology and ecology. Geomorphology, 77 (3-4): 203-206.

Vörösmarty C J, Mcintyre P B, Gessner M O, et al. 2010. Global threats to human water security and river biodiversity. Nature. 467 (7315): 555-561.

Walser C A, Bart H L. 1999. Influence of agriculture on in-stream habitat and fish community structure in Piedmont watersheds of the Chattahoochee River System. Ecology of Freshwater Fish, 8 (4): 237-246.

Walsh C J, Sharpe A K, Breen P F, et al. 2001. Effects of urbanization on streams of the Melbourne region, Victoria, Australia. I. Benthic macroinvertebrate communities. Freshwater Biology, 46 (4): 535-551.

Wang L, Lyons J, Kanehl P, et al. 2001. Impacts of urbanization on stream habitat and fish across multiple spatial scales. Environmental Management, 28 (2): 255-266.

Wang L, Lyons J, Kanehl P, et al. 1997. Influences of watershed land use on habitat quality and biotic integrity in Wisconsin streams. Fisheries, 22 (6): 6-12.

Wevers M J, Warren C E. 1986. A perspective on stream community organization, structure, and development. Archiv Fur Hydrobiologie, 108 (2): 213-233.

Wright J F, Sutcliffe D W, Furse M T, et al. 2000. Assessing the biological quality of fresh waters: RIVPACS and other techniques. Ambleside: Freshwater Biological Association.

第2章 │ 海河流域概况

2.1 自然背景

2.1.1 气候特征

2.1.1.1 气温因子的空间分布特征

海河流域年均气温的空间差异十分明显，达20℃。气温总体分布规律是由东南向西北逐渐降低。东部和东南部平原区的年均气温较高，而且整个平原区年均气温的空间差异不大，一般为10～15℃。西北部山地和高原区的年均气温较低，而且空间差异比较大，其中高山区和西北高原的年均气温较低，仅为-5～0℃，其他区域一般为0～10℃（图2-1）。

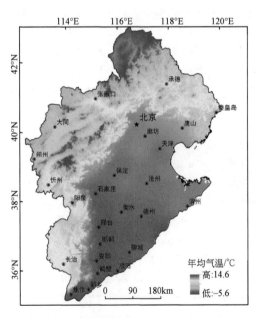

图2-1　海河流域年均气温图

2.1.1.2　降水因子的空间分布特征

海河流域属温带东亚季风气候。冬季受西伯利亚大陆性气团控制，寒冷少雪；春季受蒙古大陆性气团影响，气温回升快，风速大，气候干燥，蒸发量大，往往形成干燥气候；夏季受太平洋海洋性气团影响，比较湿润，气温高，降水量多，且多暴雨。但因历年夏季太平洋副热带高压的进退时间、强度、影响范围等很不一致，导致降水量的变差很大，旱涝时有发生。秋季为夏季与冬季的过渡季节，降水量较少。

1956～2000 年，海河流域多年平均年降水量为 535mm。其中，滦河水系及冀东沿海诸河为 549mm，海河北系为 489mm，海河南系为 549mm，徒骇马颊河水系为 564mm。海河流域降水量的年际变化非常大，降水量年际变化最剧烈的地区在太行山山前平原，年际变化较小的地区在滦河上游山区。海河流域年均降水量的空间差异十分明显，西北部高原区年均降水量最低，约为 350mm，东南部年均降水量最高，达 830mm。年均降水量总体分布规律是由东南向西北逐渐减少。东部平原和部分丘陵地区年均降水量为 600～830mm，西北部山区和高原区年均降水量低于 400mm（图 2-2）。

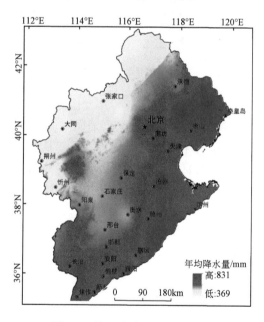

图 2-2　海河流域年均降水量图

2.1.1.3　辐射量和蒸发量因子的空间分布特征

海河流域的太阳辐射强度也具有比较显著的空间异质性，太阳辐射强度自东南向西北逐渐增强。东南部太阳辐射强度较低，一般为 5100～5400MJ/m²，西北部太阳辐射强度较高，一般为 5600～5800MJ/m²（图 2-3）。海河流域水面蒸发量为 850～1300mm。平原区的水面蒸发量高于山区，其中平原区年水面蒸发量一般为 1000～1300mm，山区年水面蒸发量一般为 850~1000mm。多年平均陆面实际蒸发量为 468mm，其中滦河及冀东沿海诸河为 452mm、海河北系为 429mm、海河南系为 483mm、徒骇马颊河系为 521mm。

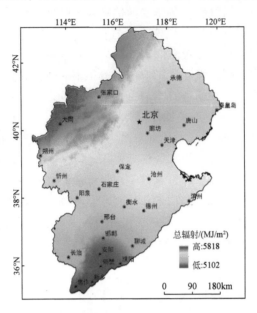

图 2-3　海河流域年均太阳总辐射量图

干燥度是一个综合指标，是潜在年蒸发量（蒸发皿蒸发）与年降水量的比值，是垂直方向上（陆地和大气）的潜在水量交换情况。干燥度实际上综合表示了温度、辐射强度、风速等导致的总蒸散水量与年降水量的比例关系，从侧面反映了一个地区的水量盈亏情况。在海河流域，大部分地区的干燥度都大于1，干燥度总体上较高，且具有非常显著的空间差异。平原区和山地区的干燥度差异明显，山地区干燥度较低，平原区干燥度较高。海河流域南部和北部的干燥度差异也很明显，北部的滦河子流域干燥度的较低，南部的大部分地区干燥度都较高。海河流域干燥度空间分布的总体规律是北部湿润，中南部干燥。其中，北部滦河山区最湿润，干燥度≤1.2；中南部平原最干燥，干燥度≥1.4（图2-4）。

2.1.2　地貌特征

海河流域大致可以分为高原、山地和平原3大类地貌。西部为黄土高原，西北部为内蒙古高原，它们位于我国地势第二级阶梯，海拔在1000m以上。北部和中南部分别是燕山山脉和太行山山脉，呈东北—西南弧形分布，地形起伏较大，海拔一般为500~3000m。东部和南部是广阔的海河平原，海拔一般低于100m（凌峰等，2011）（图2-5）。东部平原面积约为12.9万km²，占海河流域总面积的比例为41%（费宇红等，2004）。山地地貌呈半环状环绕平原地貌。西部、西北部和西南部为燕山、太行山，由东北至西南呈弧形分布。燕山、太行山以西、以北连接着黄土高原；山脉以东、以南是广阔的海河平原（贾德

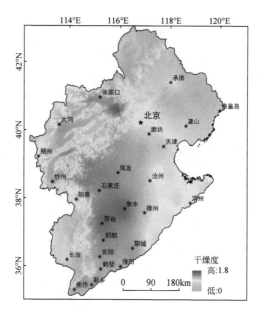

图 2-4　海河流域年均干燥度图

序，1992）。山地海拔一般为 500～3000m，坡度一般大于 30°，地形起伏较大（图 2-6）。在山地地貌中也存在一些宽谷和山间平原。山地与平原间的过渡地带较窄，几乎直接交接。平原地貌的最高海拔低于 500m，坡度平缓，地势总体西高东低，从山前冲积平原逐渐过渡到渤海滨海平原。受历史上黄河多次改道入侵以及本流域各支流冲积的影响，平原区内形成缓岗与洼淀相间分布的地形。

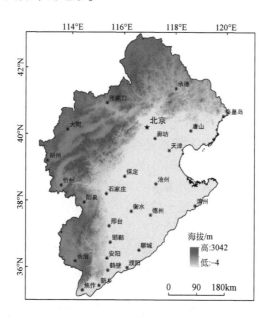

图 2-5　海河流域高度图

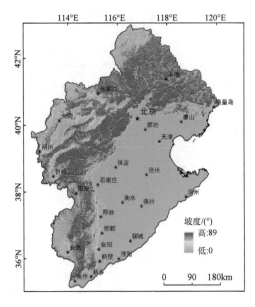

图 2-6　海河流域坡度图

海河流域的黄土高原仅限于山西境内的黄土高原。除河谷平原外，大部地区海拔在 1000~1500m。黄土物质疏松，具垂直节理，易遭受侵蚀，微地貌十分复杂。受土壤侵蚀的长期影响，这里沟谷纵横，地表被分割成塬、梁、峁等复杂地貌形态（Liu et al., 2017），黄土地貌十分典型。此外，该区还存在一些面积较大的平坦高原区。海河流域的内蒙古高原是锡林郭勒盟和乌兰察布的部分区域，属于高原与山地间的过渡地带，海拔一般为 1000~1200m。高原上多起伏和缓的小山包，山顶浑圆、山坡平缓。内蒙古高原地貌比较完整，不像黄土高原那样支离破碎。

燕山山脉是海河流域北部著名山脉，西起洋河，东至山海关，北接坝上高原，西南以桑干河为界与太行山山脉相隔。燕山山脉呈东西走向，东西长约为 420km，南北最宽处近 200km，海拔在 500~1500m。燕山山势陡峭，沟谷狭窄，地表破碎。地势西北高，东南低，东部为低山丘陵。山地区多小型盆地和谷地，如承德、平泉、滦平、兴隆、宽城等谷地，以及遵化、迁西等盆地，盆地和谷地是燕山山脉中的主要农耕地区。燕山山脉以潮河为界分为东、西两段。东段多低山丘陵，海拔一般在 1000m 以下；西段为中低山地，海拔一般在 1000m 以上。太行山山脉是黄土高原和华北平原的天然分界线，雄踞在河北、河南和山西之间。太行山山脉北起北京关沟，南止黄河谷地，西接山西高原，东临华北平原，长 4000 多千米，宽约 100 千米。太行山山脉北段构成北京西部山地的主体，以中山为主，平均海拔在 1000m 以上。海拔在 2000m 以上的高峰有小五台山、灵山、太白山、东灵山等。太行山的山势东坡陡、西坡缓，西翼连接山西高原，东翼由中山、低山、丘陵过渡到华北平原，太行山山脉北部的小五台山海拔达 2870m。

海河平原大体呈半环状，地形坡度由西向东逐渐变缓，地面高程从山麓地带的 100m 下降到滨海平原几近 0m 海平面。山麓到滨海依次受山麓堆积、河流泛滥沉积和海陆交互作用的影响，形成了山麓洪积扇平原、冲积平原和滨海平原。河流携带着泥沙冲出山口，沿山麓形成断续分布、大小不同的冲洪积扇，其中以永定河冲洪积扇最大。冲洪积扇前缘发育了一系列串珠状洼地，自西南向东北分别为白洋淀、文安洼、大黄堡洼、宝坻洼等。在冲积平原区，河流改道频繁，形成了古河道、高地、河间洼地相间分布的地貌特征。滨海平原是由河流携带泥沙与海浪搬运堆积而成，一些滨海平原发育有贝壳堤和泻湖湿地等次级地貌，如天津塘沽贝壳堤、天津北大港湿地、沧州南大港湿地等。

2.1.3　水文特征

海河流域径流的特点是径流量少，空间分布不均，山区大于平原，年际变化大。流域降水量年际变化大，多暴雨，而且海河水系属扇形水系，山区集水速度快，平原排水不畅，极易造成洪涝灾害。海河流域洪水具有时空分布不均匀、年际变化大、洪水集中、突发性强等特点。从气象条件看，海河流域7、8月降水量占全年降水量的比例为70%左右，所以洪水绝大部分发生在7月和8月。山区河流的洪水一般都历时短、陡涨陡落，而受地势影响，平原区河流维持高水位的时间较长。发源于迎风坡的卫河、滏阳河、大清河等河系极易发生洪水灾害（马文奎和魏智敏，2007）。

海河流域年径流深的空间差异十分显著。各子流域的年径流深存在较大差异，其中滦河及冀东沿海诸河的年均径流深为97.4mm，海河北系的年均径流深为60.2mm，海河南系的年均径流深为66.2mm，徒骇马颊河水系的年均径流深为42.5mm。年径流深空间分布的宏观特征为山区的年径流深大于平原，山区东部迎风坡的年径流深较大。年径流深由多雨的太行山、燕山迎风区分别向西北和东南两侧减少。太行山、燕山迎风区有一个年径流深大于100mm的高值区。西北部，即太行山、燕山的背风区，年径流深明显下降，年均径流深为25～50mm；东南部，即平原区，年均径流深为10～50mm。

海河流域水文地质类型可以分为华北平原区和山间盆地区，其中华北平原区按照地下水成因又分为山前冲积洪积平原、中东部冲积湖积平原、滨海冲积海积平原。海河流域山区多年平均地下水资源量为108.5亿m^3。平原区多年平均地下淡水（矿化度≤2g/L）资源量为160.37亿m^3，多年平均地下微咸水或咸水（矿化度>2g/L）资源量为39.82亿m^3。海河流域地下水开发程度非常高，2005年平原区浅层地下水开采量达171.22亿m^3，属过度开采。由于长期超采地下水，海河流域已经形成许多地下水漏斗区，主要分布在天津、唐山等大中城市。

2.1.4　河湖水系特征

海河流域的水系在形态上属扇形水系，各径流汇集后注入渤海（图2-7）。狭义的海河水系由漳卫河、子牙河、大清河、永定河、潮白河、北运河、蓟运河等水系组成。广义的海河水系还包括徒骇河、马颊河和滦河等水系。徒骇马颊河水系位于海河流域南部，是平原区的排涝河道；滦河水系位于海河流域北部，包括滦河和冀东诸多小河。海河流域的水系特征对水文影响十分显著，扇形水系极易造成洪水汇集，而下游平原排水不畅，历史上洪涝灾害频繁。

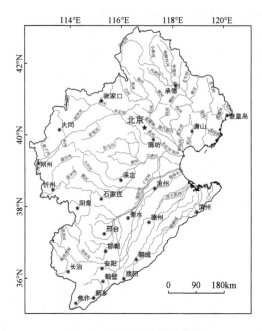

图 2-7　海河流域扇形水系

白洋淀是海河平原上最大的湖泊，位于河北中部，是由太行山前的永定河和滹沱河冲积扇交汇处的扇缘洼地上汇水而成。白洋淀是冀中平原的大洼淀，位于任丘、安新、高阳、雄县、容城之间，现有大小淀泊 143 个，其中以白洋淀、烧车淀、羊角淀、池鱼淀、后塘淀等较大，总称白洋淀。白洋淀面积为 336km²，从北、西、南三面接纳瀑河、唐河、漕河、潴龙河等河流，平均蓄水量为 13.2 亿 m³。为控制湖区水位，在白洋淀东部自然泄水处建有枣林庄大闸，引入大清河北支的南拒马河，扩大水源。由于南拒马河含泥沙量大，淤积严重，湖泊面积和容积有不断缩小的趋势。

2.1.5　土壤特征

海河流域的土壤主要有 7 种类型：钙层土、淋溶土、半淋溶土、初育土、水成土、半水成土和盐碱土。这 7 种类型的土壤类型面积占海河流域总面积的比例在 95% 以上，土壤类型空间分布特征大致是海河流域西北部多为钙层土，中北部为淋溶土、半淋溶土，中南部为半淋溶土、初育土，中东部为水成土、半水成土，东部沿海为盐碱土。土壤类型空间分布特征与不同的水热等气候条件关系密切：海河流域西北部内蒙古高原区和西部黄土高原区降水量很少，气候干热，蒸发旺盛，多发育钙层土；海河流域北部燕山山地降水量较多，气温较低，蒸发量相对较少，水分比较充足，因此淋溶作用强烈，多发育淋溶土和半淋溶土；太行山山地淋溶作用也较强，多发育半淋溶土；太行山以南地区气温较高，发育大面积的初育土；海河流域中东部平原区降水量也比较多，又接受山区水源补给，且地势低平，发育大面积的水成土和半水城土；海河流域东部滨海平原区受渤海海水影响，发育比较典型的滨海盐碱土（表2-1）。

表2-1 海河流域的土壤类型及其面积

土壤纲	土壤类	面积/hm²	土壤纲	土壤类	面积/hm²
淋溶土	棕壤	3 249 108	盐碱土	滨海盐土	823 877
半淋溶土	灰色森林土	215 369		盐土	109 658
	灰褐土	284 926	人为土	水稻土	75 469
	褐土	10 199 167		灌淤土	100 987
水成土	沼泽土	119 629	初育土	新积土	304 369
半水成土	山地草甸土	73 471		火山灰土	640
	潮土	11 531 627		石质土	666 297
	砂姜黑土	114 381		粗骨土	1 810 389
	草甸土	220 838		红黏土	30 398
钙层土	栗褐土	2 853 880		风沙土	2 567 186
	栗钙土	4 798 787		黄绵土	1 773 989
	黑钙土	108 243	城区	—	36 328
高山土	黑毡土	2 028	水体	—	—

海河流域土壤理化性质的空间差异较大（图2-8）。海河流域西部的黄土高原，地质时期堆积了厚达数千米的黄土地层。黄土的土壤疏松，易被侵蚀，因此黄土高原区是海河流域最易遭受侵蚀的区域。海河流域北部燕山和中南部太行山的土壤多为砂岩母质风化形成的山地褐土，土层较薄。由于海河流域多暴雨，所以燕山和太行山区域也存在比较强的侵蚀作用。海河流域东部平原区的土壤形成主要是受河流冲积和堆积作用影响。平原区山麓的冲洪积物主要是由河流侵蚀堆积作用形成的，物质来源主要是山区残坡积物，沉积物颗粒较粗；平原区中部主要是由河流泛滥冲积作用形成的，沉积物颗粒较细；滨海平原区是由河流和海洋交互作用形成。随着地貌形态从山前平原逐渐向滨海平原变化，土壤中的砂粒组成逐渐降低，而黏粒组成逐渐升高，这与平原区沉积环境洪冲积—冲积—海积的变化过程相一致。

2.1.6 植被特征

在海河流域，由于人类开发强度较大，植被类型以小麦、玉米等人工植被为主，自然植被主要存在于西部和北部山区。从空间分布上看，东部平原区主要是农耕植被，种植小麦、玉米等，西部山区的山间平原和谷地也有大片的农耕植被。中部、北部山地多林地，包括乔木林和灌木林。西北、西南部山地多草地，其间零星分布灌丛（图2-9）。

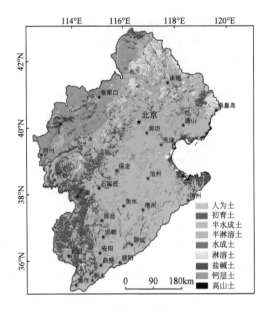

图2-8　海河流域土壤类型图

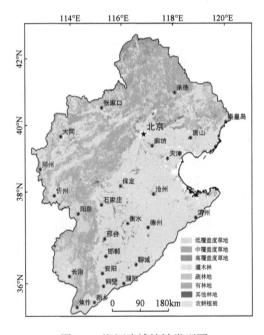

图2-9　海河流域植被类型图

　　在海河流域，从东部沿海到西部内陆，由于水资源逐渐匮乏，自然植被表现出森林、灌丛、稀疏灌草丛逐渐过渡的分布规律。东部平原区、燕山区、太行山区、黄土高原区、内蒙古高原区的植被特征都有比较显著的差异。遥感研究显示，除盐碱地及城镇周边的植被覆盖度较低以外，海河流域植被覆盖度较低的区域主要分布在永定河上游的黄土高原区，而东部平原区、燕山—太行山区的植被覆盖度都比较高（吴云等，2010）。

东部平原区人类开发强度较大，大部分被开发为耕地，农耕植被取代自然植被。东部平原区也是全国重要的农耕区，种植小麦、玉米、棉花等农作物形成人工植被。但是耕地复种指数从南向北差异很大，平原区南部多为一年两熟种植区，向北逐渐过渡到二年三熟种植区和一年一熟种植区。

燕山区植被茂密，地带性植被为落叶阔叶林（以栎类为主），并混生暖性针叶油松林。燕山植被的垂直地带性非常显著，海拔 700m 以下为落叶阔叶林，树种有蒙古栎（*Quercus mongolica*）、辽东栎（*Quercus liaotungensis*）、槲栎（*Quercus aliena*）、栓皮栎（*Quercus variabilis*）、槲树（*Quercus dentata*）等；海拔 700～1500m 为针阔叶混交林，树种有臭冷杉（*Abies nephrolepis*）、白桦（*Betula platyphylla*）、风桦（*Betula costata*）等；海拔 1500～2000m 为针叶林，树种有华北落叶松（*Larix principis-rupprechtii*）、油松（*Pinus tabuliformis*）等，但以次生林为主。山沟及山前冲积台地适合种植果树，为中国落叶果树重要分布区之一，盛产板栗、核桃、梨、山楂、葡萄、苹果、沙果、杏等干鲜果，其中板栗、核桃、山楂驰名中外。

太行山区的植被不仅东西分异明显，垂直分异也十分明显。太行山脉东侧的华北平原温暖湿润，是落叶阔叶林景观；西侧的黄土高原属半湿润与半干旱过渡地区，是森林草原、干草原景观。太行山植被垂直差异显著。以五台山为例，植被由高到低大致可以分为6 个自然带。①亚高山草甸带：分布在五台山五座台顶顶部，植被以蒿草为主，薹草、兰花棘豆等草甸群落次之。②山地草原草甸带：分布在五台山各支脉上部及山顶平台缓坡处，植被主要有薹草、蒿草、兰花棘豆等 20 余种及多种菊科草本植物共同组成的五花草甸群落。③森林灌丛带：主要分布在海拔 1700～2700m 的深山山地。五台山北麓繁峙县、五台县一带为著名林区。④灌丛草本带：分布在海拔 1200～1900m 的广大土石山地，植被是以草本为主的草灌群落。⑤旱生草本带：分布在黄土丘陵区和平川二级阶地区，植被以旱生草本和田间杂草为主，覆盖率较小。⑥隐域草本带：分布在滹沱河、小银河、滤泗河、同河等冲积平原一级阶地上，植被为田间杂草和湿生草甸复合群落。

内蒙古高原区的自然植被以草原为主，农耕植被很少。地带性植被是中温带草本植物。植被以多年旱生草本为优势种，多为丛生禾草，伴生杂类草及旱生小灌木。黄土高原区的自然植被也是以草原为主，比较稀疏，目前主要植被类型是干草原和一些农耕植被。侵蚀比较严重的高原区的植被主要是一些禾草草地，间杂一些矮小灌丛。保存比较完好的高原面和宽阔谷地，是重要的农耕区，种植小麦、玉米等农作物。

2.2 社会经济概况

2.2.1 行政区划

海河流域位于华北地区的北部，东经 112°～120°、北纬 35°～43°。海河流域西依黄土高原，东临渤海，北靠内蒙古高原，南临黄河。流域总面积31.8万km²，占全国总面积的比例为3.3%。海河流域是中华文明的发祥地之一，200万年前就有了人类活动。海河流域西周时属燕国、邢国，春秋战国时属燕国、赵国，汉、晋时属冀州、幽州，唐时属河北道，元时属中书省，明时属京师，清时属直隶省。元、明、清三朝定都北京，海河流域成为全国的政治和文化中心。目前，海河流域的行政区划涉及8个省（自治区、直辖市），包括北京、天津两市全部，河北省大部分地区，山西省东部，河南、山东两省北部，以及内蒙古自治区和辽宁省小部分（图2-10、表2-2）。根据河流水系，海河流域可分为滦河流域、永定河山区流域、子牙河流域、大清河流域、永定河山区平原、黑龙港及运东平原、漳卫河平原、北三河山区、北四河下游平原九大水系。

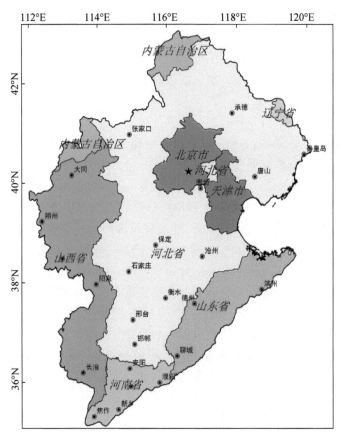

图 2-10　2019 年海河流域包括的行政区

表 2-2　2019 年海河流域的行政区

省级行政区	地级行政区	县级行政区
北京市	北京市	东城区、西城区、石景山区、丰台区、朝阳区、海淀区、延庆区、密云区、怀柔区、昌平区、大兴区、顺义区、房山区、平谷区、通州区、门头沟区
天津市	天津市	和平区、河东区、河西区、南开区、河北区、红桥区、东丽区、西青区、津南区、北辰区、静海区、蓟州区、宁河区、滨海新区、武清区、宝坻区

续表

省级行政区	地级行政区	县级行政区
河北省	石家庄市	长安区、桥西区、新华区、裕华区、井陉矿区、鹿泉区、辛集市、藁城区、晋州市、新乐市、深泽县、无极县、赵县、灵寿县、高邑县、元氏县、赞皇县、平山县、井陉县、栾城区、正定县、行唐县
	张家口市	桥东区、桥西区、宣化区、下花园区、张北县、康保县、沽源县、尚义县、蔚县、阳原县、怀安县、万全区、怀来县、赤城县、崇礼区、涿鹿县
	秦皇岛市	海港区、山海关区、北戴河区、青龙满族自治县、昌黎县、抚宁区、卢龙县
	唐山市	路北区、路南区、古冶区、开平区、遵化市、丰南区、迁安市、丰润区、滦州市、滦南县、乐亭县、迁西县、曹妃甸区、玉田县
	廊坊市	安次区、广阳区、霸州市、三河市、大厂回族自治县、香河县、永清县、固安县、文安县、大城县
	保定市	竞秀区、莲池区、满城区、清苑区、定州市、涿州市、安国市、高碑店市、易县、徐水区、涞源县、定兴县、顺平县、唐县、望都县、涞水县、高阳县、安新县、雄县、容城县、蠡县、曲阳县、阜平县、博野县
	沧州市	新华区、运河区、泊头市、任丘市、黄骅市、河间市、献县、吴桥县、沧县、东光县、肃宁县、南皮县、盐山县、青县、孟村回族自治县、海兴县
	承德市	双桥区、双滦区、鹰手营子矿区、宽城满族自治县、兴隆县、平泉市、滦平县、丰宁满族自治县、隆化县、围场满族蒙古族自治县、承德县
	衡水市	桃城区、冀州区、深州市、枣强县、武邑县、武强县、饶阳县、安平县、故城县、景县、阜城县
	邢台市	桥东区、桥西区、南宫市、沙河市、临城县、内丘县、柏乡县、隆尧县、任县、南和县、宁晋县、巨鹿县、新河县、广宗县、平乡县、威县、清河县、临西县、邢台县
	邯郸市	邯山区、丛台区、复兴区、峰峰矿区、武安市、大名县、魏县、曲周县、邱县、鸡泽县、肥乡区、广平县、成安县、临漳县、磁县、涉县、永年区、馆陶县①
河南省	焦作市	解放区、中站区、马村区、山阳区、修武县、博爱县、武陟县
	新乡市	卫滨区、红旗区、凤泉区、牧野区、卫辉市、辉县市、新乡县、获嘉县
	鹤壁市	鹤山区、山城区、淇滨区、淇县、浚县
	安阳市	文峰区、北关区、殷都区、龙安区、安阳县、汤阴县、滑县、林州市、内黄县
	濮阳市	华龙区、清丰县、南乐县、濮阳县
山东省	滨州市	滨城区、惠民县、无棣县、沾化区、阳信县
	聊城市	东昌府区、临清市、阳谷县、莘县、茌平县、东阿县、冠县、高唐县
	济南市	济阳县、商河县
	德州市	德城区、禹城市、乐陵市、齐河县、平原县、陵城区、宁津县、庆云县、临邑县、武城县、夏津县
	东营市	河口区、利津县、垦利区（部分）

---

① 现已撤并划归邯山区、丛台区。

续表

省级行政区	地级行政区	县级行政区
山西省	大同市	平城区、云冈区、新荣区、云州区、阳高县、天镇县、广灵县、灵丘县、浑源县、左云县
	阳泉市	城区、矿区、郊区、平定县、盂县
	朔州市	朔城区、山阴县、应县、右玉县、怀仁市、平鲁区
	长治市	潞州区、上党区、潞城区、屯留区、襄垣县、平顺县、黎城县、壶关县、长子县、武乡县、沁县、陵川县
	忻州市	忻府区、原平市、定襄县、五台县、代县、繁峙县、宁武县、神池县
	晋中市	榆社县、左权县、和顺县、昔阳县、寿阳县
内蒙古自治区	锡林郭勒盟	多伦县、太仆寺旗、正蓝旗、正镶白旗
	乌兰察布市	丰镇市、兴和县、凉城县
辽宁省	朝阳市	凌源市（一部分）

2.2.2 社会经济概况

海河流域是我国重要的工业基地和高新技术产业基地，也是我国经济较为发达的地区，在我国经济发展中占有重要战略地位。在我国经济腾飞的总体形势下，海河流域经济快速发展，特别是沿海地区出现超常规发展，经济总量迅速扩大。海河流域在我国社会经济发展中的地位日益重要。

近些年，海河流域经济飞速发展，地区经济总量实现了质的飞跃（王超等，2015；Zhu et al.，2010）。海河流域地区生产总值1980年仅为984亿元，2013年增长至64 800亿元，将近增加了65倍。在经济总量持续增长背景下，海河流域的产业结构发生了深刻的变化，截至2012年年底，海河流域第一产业、第二产业、第三产业总产值分别为57 406 573万元、308 065 606万元、281 309 809万元，分别占海河流域国内生产总值的比例为8.88%、47.63%、43.49%，整个海河流域的产业结构以第二、第三产业为主。各个子流域之间的人口、社会经济差距较为明显。这种经济差距也反映了流域土地利用方式、工业生产等方面的差异，从而也对流域河流生态系统产生不同的影响（表2-3）。

表2-3 2012年海河流域不同子流域人口经济数据

子流域	人口/人	面积/km²	地区生产总值/万元	第一产业/万元	第二产业/万元	第三产业/万元
徒骇马颊河	18 510 849	31 791	71 021 404	7 243 197	42 719 075	20 781 532
滦河	7 804 268	54 714	42 525 138	5 921 784	22 001 459	14 606 857
北三河山区	2 876 720	22 837	10 549 533	1 085 942	5 701 739	3 762 852
北四河下游平原	22 869 859	15 526	182 803 065	8 309 523	60 153 210	114 644 832
永定河山区	8 174 667	45 110	24 551 780	3 074 289	11 205 801	10 315 630

续表

子流域	人口/人	面积/km²	地区生产总值/万元	第一产业/万元	第二产业/万元	第三产业/万元
黑龙港	13 973 100	22 623	31 798 491	5 539 002	15 609 087	8 650 504
子牙河	22 222 428	45 961	118 990 777	15 780 793	63 784 257	40 233 729
大清河	31 539 879	44 930	149 004 884	8 851 276	76 784 508	62 987 377
漳卫河	7 419 872	35 126	17 033 732	1 600 767	10 106 470	5 326 496

海河流域社会经济大致可以分为东部平原经济区、中北部山地经济区、西部高原经济区3部分。东部平原经济区是海河流域经济最发达的地区。北京、天津、唐山、石家庄等城市是环渤海经济圈的重要组成部分，已经形成了完善的工业体系。天津是重要的轻工业基地，唐山和石家庄等城市制造工业很发达，而且这些大中城市的海、陆、空交通都十分便利，商业和服务业发展繁荣。东部平原经济区也是中国重要的粮棉产地，多为一年两熟或两年三熟的种植模式。农业种植业为城市提供丰富的农产品，而城市的繁荣发展又为地区经济发展注入活力，带动周围地区的经济发展。随着天津滨海新区、河北唐山曹妃甸区以及京唐港、黄骅港及其开发区的建设，海岸带经济异军突起，经济地位显著提高。东部平原经济区发达的经济及其强劲的增长趋势，使该经济区人均地区生产总值在整个海河流域处于领先地位。

中北部山地经济区主要是以林业、牧业和一些工矿企业为主。北部燕山山地的水量比较丰富，森林茂密，林业资源丰富，是海河流域重要的林区。燕山山地东部为起伏和缓的丘陵区，该区域适宜发展林果业，已经形成了规模较大的苹果、板栗等果业生产基地。中部太行山山地的林业资源也十分丰富。太行山山地东部森林较多，西部灌丛和草地较多，因此太行山西部畜牧业所占比例较大。中北部山地经济区的煤、铁等矿产资源丰富，是海河流域重要的矿产基地。中北部山地经济区自然风景优美，有著名的佛教名山——五台山、万里长城等旅游景区。但是，与东部平原经济区相比，该经济区人均地区生产总值较低。

西部高原经济区是指海河流域内的黄土高原区和内蒙古高原区。西部高原经济区是海河流域重要的畜牧业和农业生产区。黄土高原区的地形比较破碎，但是仍有大片未遭受侵蚀的平坦区域，平坦区域的种植业和畜牧业面积较大，是重要的农牧交错区。内蒙古高原区地形呈和缓的波状起伏，草原面积广阔，畜牧业发达，种植业比较少。该经济区的矿产资源也十分丰富，主要以煤矿、铀矿为主，为东部平原经济区发展输送大量能源。由于气温较低，且降水量较少，该经济区的种植业受到限制，多为一年一熟的种植模式。相对于东部平原经济区，该经济区属于欠发达地区，人均地区生产总值较低。

2.2.3　人口概况

海河流域人口密集。1998年，流域总人口为1.22亿人；2005年，流域总人口增加到1.34亿人；2012年，流域总人口增加到1.35亿人，占全国人口的近11%。海河流域的人口分布与自然条件关系密切，有非常显著的空间差异，大致可分为3个不同的区域：海河平原区、燕山-太行山区、黄土高原-内蒙古高原区。

海河平原区是人类活动最强烈的区域。海河平原区人口密集，集中了海河流域 90% 以上的人口。海河平原区的人口密度大于 500 人/km²，山前平原区的人口密度最大，高达 800 ~ 1000 人/km²。燕山–太行山区的地形起伏较大，人类活动受到限制，人口比较稀少，人口密度一般小于 200 人/km²。黄土高原–内蒙古高原区人口比较稀少，人类活动强度较小，除个别地区外，大部分地区人口密度低于 200 人/km²。

随着社会经济的发展，海河流域城市化进程亦在加快，已经形成京津城市群、环渤海城市群。海河流域人口向城市集中的趋势十分明显。1998 年，城镇人口为 3365 万人，城镇化率为 28%；2005 年，城镇人口增加到 5023 万，城镇化率达到 37%；2012 年，城镇人口增加到 6048 万人，城镇化率进一步提高。预计近几十年内，海河流域城镇人口的数量将持续增加，而农村人口的数量将持续减少（毛慧慧等，2011）。

2.2.4 土地利用概况

海河流域土地利用类型及分布如图 2-11 和表 2-4 所示。1980 ~ 2010 年，海河流域占主导地位的土地利用类型为耕地，约占流域总面积的一半，集中分布于流域中南部平原地区，西部山区亦有少量分布，北部地区有零星分布。海河流域占次要地位的土地利用类型依次为林地、草地、城乡居民建设用地，其中林地主要分布在流域西部的太行山山区以及北部的燕山山区，草地大部分分布在北部的燕山山区和西部的太行山山区且与林地相间分布，尤以北部坝上高原的草地分布较为明显；城乡居民建设用地主要分布于平原耕地区的大中型城市以及小城镇，农村呈点状分布于整个区域中。水域面积所占比例较小，散布于海河流域各地，且多年变化波动较大。未利用地面积最小，主要分布在山区裸地、废弃建设用地以及滨海的盐碱地等。在土地利用类型变化中，最主要的变化为草地向林地的转

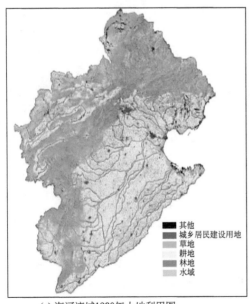

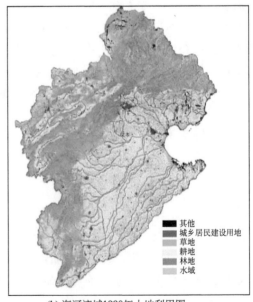

(a) 海河流域1980年土地利用图   (b) 海河流域1990年土地利用图

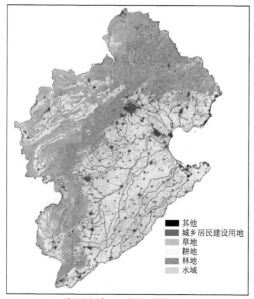
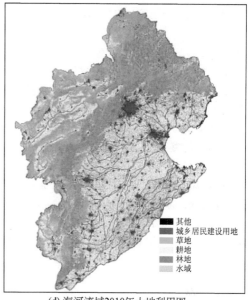

(c) 海河流域2000年土地利用图　　　　(d) 海河流域2010年土地利用图

图 2-11　1980～2010 年海河流域土地利用类型及分布

化，1993 年开始的太行山绿化工程以及随后的三北防护林体系建设二期工程是该地区草地向林地转化的主要驱动力，在海河流域，人为活动对草地向林地转化的贡献远大于生态系统自然演替作用（孔佩儒，2018）。其次的变化为耕地向城乡居民建设用地的转化，耕地向城乡居民建设用地的转化主要分布在流域平原地区及大中型城市周边。耕地与草地、林地之间的相互转化集中在西部和北部山区的农牧交错区。在农牧交错区，耕地与草地之间的转化较为频繁，既有自然演替导致的耕地退化为草地，以及草地向林地正向演替等作用；也有人为开垦草地、林地导致的耕地增加。伴随着退耕还林还草工程的进行，农牧交错区耕地–草地–林地之间的相互转化仍将是该地区土地利用类型转变的主要方式。

表 2-4　1980～2010 年海河流域土地利用　　　　　　（单位：km²）

年份	耕地	草地	林地	水域	城乡居民建设用地	其他	总面积
1980	163 507.20	50 404.99	72 285.46	9 143.66	20 979.44	2 540.53	318 861.28
1990	162 946.30	50 742.29	71 970.64	8 510.33	22 012.74	2 678.99	318 861.28
2000	153 724.33	41 911.17	88 678.95	7 361.86	25 364.60	893.30	318 861.28
2010	146 232.14	41 420.03	90 997.42	7 079.70	31 363.13	841.67	318 861.28

参 考 文 献

贾德序 . 1992. 海河流域山区的地貌土壤和植被 . 海河水利，（4）：58-62.

费宇红，张兆吉，陈京生 . 2004. 人类活动与海河平原水资源关系研究 . 地球科学进展，19（增刊）：

102-107.

凌峰，张博，齐建怀，等.2011.海河流域水土流失微地貌测量与分析.测绘与空间地理信息，34（1）：37-40.

孔佩儒.2018.海河流域地表水环境污染与景观格局优化控制对策.北京：中国科学院大学.

马文奎，魏智敏.2007.海河"96·8"抗洪与洪水风险管理.海河水利，（6）：30-32.

毛慧慧，李木山，董琳.2011.论海河流域水利发展与经济社会协调发展.海河水利，（1）：1-4.

王超，单保庆，秦晶，等.2015.海河流域社会经济发展对河流水质的影响.环境科学学报，35（8）：2354-2361.

吴云，曾源，赵炎，等.2010.基于MODIS数据的海河流域植被覆盖度估算及动态变化分析.资源科学，32（7）：1417-1424.

Liu L，Li Z W，Nie X D，et al.2017. Hydraulic-based empirical model for sediment and soil organic carbon loss on steep slopes for extreme rainstorms on the Chinese Loess Plateau. Journal of Hydrology，554：600-612.

Zhu Y，Drake S，Liu H，et al.2010. Analysis of temporal and spatial differences in eco-environmental carrying capacity related to water in the Haihe River Basins，China. Water Resources Management，24（6）：1089-1105.

|第3章| 海河流域河流生态系统特征

作为最重要的生态系统类型之一，河流生态系统具有特殊结构和重要功能，其组成结构主要包括环境要素和生物要素：环境要素以水质和沉积物为主；生物要素主要包括藻类、浮游动物、大型底栖无脊椎动物（简称底栖动物）、鱼类等。在整个地球生态系统中，河流生态系占据着极其重要的地位（杨美玲和马鹏燕，2011），其本身一直处在动态平衡变化中，为人类提供着支撑、供给、调节和美学等功能（王正超，2014）。

一般认为，健康稳定的河流生态系统应具有物理、化学、生物三方面的结构完整性，同时兼具功能完整性（生态学进程）（王冰洁，2015），具体表现为河流生态系统具有一定的稳定性和可持续性，具备维持其组织结构的能力、自我调节和对胁迫的恢复能力与抗干扰能力，以及维持自身发展和进化的能力（郝利霞等，2014）。河流生态系统的稳定性和可持续性常常反映在不同的时空尺度上，即横向（深槽—滩地—洪泛区）、纵向（上游—下游）、垂向（河底—水面）和时间（年际或者季节）尺度（Yun and An, 2016; Ward, 1989）。从几何角度分析，河流生态系统的纵向尺度比横向和垂向尺度大几个数量级，是典型的狭长性的开放系统：在纵向尺度上，河流包括上游、中游、下游，从源头到河口都发生着物理、化学、生物的变化；在横向尺度上，大多数河流由河道、洪泛区、高地边缘过渡带组成；在垂向尺度上，河流包括表层、中层、底层和基底（Hermoso et al., 2018; 栾建国和陈文祥，2004）；在时间尺度上，河流演变幅度与时间成正比，即时间过程越久远，河流水文参数的变幅及栖息地环境的变化越大。

河流构成要素（即环境要素和生物要素）及其功能的时空特征是河流生态系统健康评估及管理的基础。不论从研究角度还是从管理角度来看，这些要素往往落在流域、水系、河流、河段、断面以及微生境六个等级的空间尺度上，其中断面和微生境可以作为点、河段和河流可以作为线、水系和流域作为面（王宏涛，2017）；而在时间尺度上，短时间小尺度可视为点、中时间尺度可视为段、长时间大尺度可视为区（吴阿娜，2008）。

由此，可以明确河流生态系统具备一定的整体性、复杂性、动态性和连续性等特征（易劲，2014），在此基础上，深度剖析不同时空尺度上河流生态系统的时空差异性、动态性、阈值性、针对性以及可控性等维度特征（韩春，2015），能够为河流生态监测与健康评估、实现其可持续管理提供更多的科学依据。

3.1 河流生态系统调查

3.1.1 样点布设

海河流域可进一步分为滦河山区、滦河平原及冀东沿海诸河、北三河山区、北四河下游平原、永定河册田水库以上、永定河册田水库以下、大清河山区、大清河平原、子牙河山区、子牙河平原、漳卫河山区、漳卫河平原、黑龙港及运东平原、徒骇马颊河等 14 个二级流域。

海河流域河流生态系统调查样点布设遵循以下原则：①兼顾干流和支流，样点多布设在主要干流上，每 30~50km 布设一个采样点；而在主要支流上，每 50~100km 布设一个采样点；②重点考虑河流系统的关键节点，如支流汇入点、湖库交汇点、水资源调控点、城镇点、点源污染等；③交通便利可达，由于海河流域西部和北部山区部分地区交通不便，样点布设需考虑交通的可达性；④样点在各水系及其流域相对均衡。

海河流域河流生态系统调查共布置有 201 个采样点（图 3-1），其中有水样点为 164 个，无水样点为 37 个。这些样点在各二级流域分布的数量如表 3-1 所示。

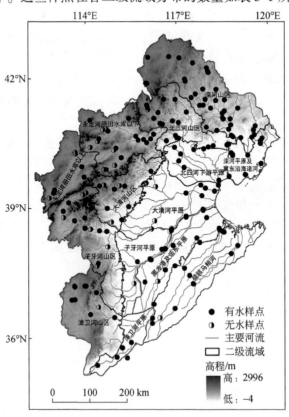

图 3-1 海河流域河流生态系统调查样点

表 3-1　海河河流生态系统调查二级流域有水和无水样点数量

二级流域	主要河流	有水样点/个	无水样点/个
滦河山区	滦河、小滦河、青龙河	39	0
滦河平原及冀东沿海诸河	滦河、陡河	10	0
北三河山区	潮河、白河、黑河	19	2
北四河下游平原	潮白河、北运河、蓟运河	8	0
永定河册田水库以上	桑干河、饮马河	3	4
永定河册田水库以下	桑干河、洋河	12	9
大清河山区	拒马河、唐河、沙河	7	3
大清河平原	拒马河、大清河、海河	8	4
子牙河山区	滹沱河	8	7
子牙河平原	滏阳河	8	4
漳卫河山区	清漳河、浊漳河	9	1
漳卫河平原	漳河、卫河	8	1
黑龙港及运东平原	南运河、宣惠河、清凉江	13	1
徒骇马颊河	徒骇河、马颊河	12	1

3.1.2　调查时间

海河流域河流生态系统调查在 2013～2015 年进行：2013 年，在海河流域南部的 101 个样点进行采样；2014 年，在海河流域北部的 112 个样点进行采样，具体的采样时间集中在 5～6 月和 9～10 月；2015 年夏季对全流域的 20 个样点进行补充采样。每次的样点调查都包括水质、底泥、藻类、底栖动物的现场测定和采样；鱼类调查没有和其他内容同步进行，而是在 2013 年和 2014 年的夏季对全流域的 52 个样点进行采样。

3.1.3　生物指标描述

海河流域河流生态系统水生生物共性指标为：物种分类单元数（S）、Shannon-Wiener 多样性指数（H'）、Berger-Parker 优势度指数（B-P）、底栖生物监测工作组（Biological Monitoring Working Party，BMWP）指数和底栖动物 EPT 科级分类单元比（EPTr-F），各指数的具体含义和计算如下。

物种分类单元数（S）指的是样方中的所有物种的分类单元总数。

Shannon-Wiener 多样性指数（Shannon and Weiner，1949）：

$$H' = -\sum_{i=1}^{S} \frac{n_i}{N} \log_2 \frac{n_i}{N} \tag{3-1}$$

式中，H' 为 Shannon-Wiener 多样性指数；n_i 为第 i 种（或属）的个体数；N 为采样点所有物种的总个体数；S 为物种分类单元数。

Berger-Parker 优势度指数（B-P）（Magurran，1988；Berger and Parker，1970）：

$$B\text{-}P = \frac{N_{\max}}{N} \tag{3-2}$$

式中，B-P 为 Berger-Parker 优势度指数；$N_{\max}$ 为最大个体数；N 为采样点所有物种的总个体数。

底栖动物 EPT 科级分类单元比（EPTr-F）指的是蜉蝣目、襀翅目和毛翅目科级分类单元与所有分类单元数的比值：

$$EPTr\text{-}F = \frac{N_{EPT}}{S} \tag{3-3}$$

式中，EPTr-F 为底栖动物 EPT 科级分类单元比；N_{EPT} 为样点 EPT 分类单元科数；S 为样点包含的分类单元总数。

底栖动物 BMWP 指数（BMWP）（Walley and Hawkes，1996）：

$$BMWP = \sum_{i=1}^{n} t_i \tag{3-4}$$

式中，BMWP 为底栖动物 BMWP 指数；t_i 为科 i 的 BWMP 敏感值，n 为采样点所有物种的总科数。

底栖动物不同科级之间的敏感值范围为 1～10（Paisley et al.，2014；耿世伟等，2012；Mustow，2002，Merritt and Cummins，1996），分数越高表明底栖动物对环境的敏感性越强，对水质的要求越高。

3.2　水　　质

水体质量一般简称为水质，多用一些离子浓度的变化来表征（李怀恩等，2004；范华义和李玉，2004）。就河流水质状况而言，监测与评价中常用的指标包括水体物理化学指标［如 pH、溶解氧（DO）、总溶解性固体（TDS）、水温、悬浮物等］、水化营养盐指标［如 TN、TP、氨氮（NH_4^+-N）、TOC、COD 等］和重金属指标［如汞（Hg）、铅（Pb）、镉（Cd）等］，其中 COD 是有机污染的考核因子，TN 和 TP 是导致河湖富营养化的主要因子。地形、气候、植被和人类活动等均能影响水质指标变化（李红敬等，2010；Cullaj et al.，2005；刘昌明和王红瑞，2003），从而导致水体水质在不同时间和空间层次上具有较大的差异性（Singh et al.，2004），最终在一定程度上影响河流生态系统的整体健康状况。

河流水质的时空变化特征能够为河流水质评价提供动态信息，因此研究河流水质参数的时空变化是获取水环境信息、评价水环境质量、查明污染来源、修复和治理退化河流生态系统的基础，同时也常常作为河流水质监测和管理的手段。

河流水质在不同空间尺度上存在显著的差异。在纵向尺度上，河流上游的水质一般较好，中游、下游不同区域存在明显变化（顾强，2017；陈进，2015；武晶，2015；张千千等，2012）；在横向尺度上，一般来说支流比干流的水质要好很多（武晶，2015）。不同空间尺度上河流水质的差异多随自然因素和人为因素而变化，上游流域多处于平均海拔较高、年均温度较低、年降水量较高的山地和高原地区，因而河流受人类活动的影响较少（张楠等，2013）；中游、下游河流多处于丘陵和平原地区，人口密度高，河流受工业、农业的影响很大（唐亮，2014；徐启新等，2003；陈德超等，2002）。另外，河流水质变化在人口密度较大的城市区域尤为明显，具体表现在城市地表水质的污染状况从中心城区向郊区递减的圈层式分布（徐启新等，2003）。来自城市河流上游地区的外源污染伴随着城市内源污染增多，导致城市区域和相邻下游的水体自净能力不断减弱（盖美和王本德，2003），城市水体生态系统局部或整体退化，以高级动植物为主的生物组成也往往退化为以病菌和其他细菌为主的生物组成，最终使水体失去对人类至关重要的生态服务功能。

河流水质的时间变化特性常常表现在年际、季节和月份等较长时间尺度上。与之相比，在时与日等较短的时间尺度上，水质变化相对比较稳定，但水质参数会因突发的自然和人为事件在短时间内巨幅变化。从季节和月份尺度上分析，水质动态特征多受差异较大的流域降水、河流流量、温度等参数的影响，河水自净能力也会随之发生明显变化。例如，英国 Glen 河的氮浓度从春季到冬季呈明显升高趋势（Nnadish，1996），苏州河春冬季节的 DO 和 NH_4^+-N 均高于夏秋季节（顾强，2017）；新孟河的 COD 和 NH_4^+-N 最大值均出现在 7 月，最小值均出现在 11 月（颜润润等，2012）。另外，人类活动的季节性变化也会导致水体营养成分含量的变化，因此一些河流常常出现特定"空间−时间"的富营养化现象（Perona et al.，1999）。从年际尺度上分析，水质的时间动态变化与地区人类活动密切相关，尤其是特殊的污染排放事件将会长时间影响河流水质。例如，长江、黄河和松花江自 20 世纪 50 年代末至 80 年代中期的水质变化如下：长江中上游水质因燃煤硫排放、农田氮肥流失，呈现酸化趋势（陈进，2015）；松花江水质因造纸废水排放，呈现碱化趋势；黄河中游水质因农业用水量增加以及自然径流量减少，呈现浓化趋势（陈静生等，1999）。

近年来，海河流域水资源短缺和水体污染物浓度显著增高（王超等，2015）。从时间尺度上分析，海河流域的水质整体状况在 1980 ~ 2010 年呈好转趋势（巩元帅和梅鹏蔚，2017），但是海河流域的水质在 2004 ~ 2006 年总体属于劣 V 类水质（邹志红等，2008），参评的水功能区中达到或优于Ⅲ类水质标准的占 51.3%，省级断面中有 59.5% 为劣 V 类水质断面（许维和王迎，2007；付卫东和周韵平，2007）。从空间上来看，海河流域的水质污染程度从山区至平原呈明显上升的趋势（荣楠等，2016）：流域北部和西北部的高原山地区的水质较好，分布于流域东北部的滦河水系是海河流域典型的清洁水系；而海河流域经济较发达的东部和南部平原区的水质较差，部分地区的水质长期处于极差状态（郝利霞等，2014），如徒骇马颊河、子牙河和黑龙港运东水系的水质污染物以 NH_4^+-N、有机物为主（姜北，2017；张洪等，2015），海河干流、北三河、永定河等水系的水质污染物以 NH_4^+-N、TN、TP 等为主；漳卫新河、蓟运河断面的水质污染以耗氧有机污染为主（荣楠等，2016；夏斌，2007）。

虽然许多学者对海河流域不同水系、不同河流、不同河段的水质状况进行了阶段性的研究分析，但是在全流域尺度上，海河流域水质状况的时空特征变化研究相对较少，尤其是多年连续监测。

3.2.1 调查与测定方法

海河流域水质调查指标包括水质物理化学指标、水化营养盐指标和主要离子指标等。在每个样点，采用多参数水质监测仪（YSI 6600V2）现场测定 DO、pH、水温、EC、浊度、叶绿素 a、氧化还原点位（ORP）等；同时采集水样，进行冰冻保存，并在24h 之内采用实验室光度计（WTW Photolab S12）测定 COD、TP、TN、NH_4^+-N、亚硝氮（NO_2-N）、硝氮（NO_3-N）等指标；采用国标法（国家环境保护总局，2002）测定 Ca^{2+}、Mg^{2+}、Na^+、K^+、Cl^-、SO_4^{2-}、CO_3^{2-}、HCO_3^- 等（图3-2）。

图 3-2　海河流域水质现场测定和实验室测定

3.2.2 水质的时空特征

3.2.2.1 溶解氧（DO）

海河流域河流春季 DO 的平均浓度高于秋季（表3-2，图3-3）。河流春季 DO 的浓度范围是 0.27～145.3mg/L，平均浓度是 10.88mg/L；河流秋季 DO 的浓度范围是 0.43～19.47mg/L，平均浓度是 8.73mg/L。其中，子牙河平原流域河流春季、秋季 DO 的平均浓度均为海河 14 个二级流域最低值，分别为 3.57mg/L 和 2.74mg/L；徒骇马颊河流域河流春季、秋季 DO 的平均浓度均为海河各级流域最高值，分别为 23.10mg/L 和 13.55mg/L。

表 3-2　海河流域河流春季、秋季 DO 的描述性统计　　　（单位：mg/L）

二级流域	春季			秋季		
	最小值	最大值	平均值±标准偏差	最小值	最大值	平均值±标准偏差
滦河山区	3.53	13.88	9.31±1.96	0.43	16.78	9.22±3.06
滦河平原及冀东沿海诸河	7.43	17.8	10.56±2.67	3.50	12.90	8.40±2.51
北三河山区	3.69	14.43	10.74±2.44	0.57	17.94	9.67±3.30
北四河下游平原	3.74	18.90	8.19±5.50	2.50	7.60	4.77±1.84
永定河册田水库以上	1.64	4.76	3.58±1.69	6.23	7.82	7.16±0.83

续表

二级流域	春季			秋季		
	最小值	最大值	平均值±标准偏差	最小值	最大值	平均值±标准偏差
永定河册田水库以下	1.89	80.30	20.39±26.04	6.73	12.07	8.12±1.37
大清河山区	7.02	10.04	8.28±1.04	7.16	12.31	9.16±1.84
大清河平原	0.27	11.05	6.45±4.87	1.18	13.72	6.71±5.21
子牙河山区	6.02	11.92	8.62±1.71	6.36	9.32	8.29±1.01
子牙河平原	1.09	8.63	3.57±3.12	0.60	4.74	2.74±1.85
漳卫河山区	2.92	10.53	7.90±2.73	4.22	10.60	8.38±1.92
漳卫河平原	1.15	56.00	15.45±27.05	2.25	10.12	5.83±3.29
黑龙港及运东平原	1.5	73.98	17.86±21.16	4.43	15.77	9.97±3.92
徒骇马颊河	3.53	145.3	23.10±40.79	9.10	19.47	13.55±3.64

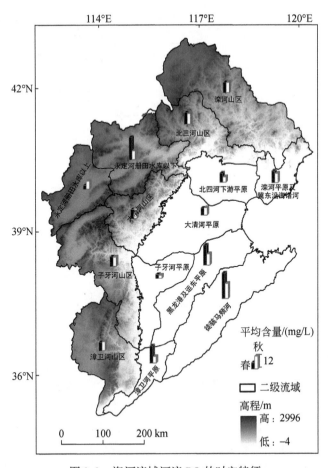

图 3-3　海河流域河流 DO 的时空特征

3.2.2.2 总磷（TP）

海河流域河流春季 TP 的平均浓度显著高于秋季（表3-3，图3-4）。河流春季 TP 的浓度范围是 0.08 ~ 5.23mg/L，平均浓度是 2.82mg/L；河流秋季 TP 的浓度范围是 0.05 ~ 5.46mg/L，平均浓度是 1.33mg/L。河流春季 TP 的平均浓度最低值出现在永定河册田水库以下流域，为 1.14mg/L；平均浓度最高值出现在北四河下游平原流域，高达 4.49mg/L。河流秋季 TP 的平均浓度最低值出现在漳卫河山区流域，为 0.29mg/L；平均浓度最高值出现在滦河山区流域，为 2.35mg/L。

表 3-3 海河流域河流春季、秋季 TP 的描述性统计 （单位：mg/L）

二级流域	春季			秋季		
	最小值	最大值	平均值±标准偏差	最小值	最大值	平均值±标准偏差
滦河山区	0.37	5.21	3.21±1.51	0.05	5.07	2.35±1.86
滦河平原及冀东沿海诸河	1.39	5.00	2.97±1.31	0.55	5.00	1.95±1.50
北三河山区	1.2	5.23	3.06±1.37	0.35	5.00	1.53±1.30
北四河下游平原	3.73	5.00	4.49±0.48	0.85	2.58	1.62±0.58
永定河册田水库以上	0.58	5.00	2.38±2.32	0.35	0.98	0.72±0.33
永定河册田水库以下	0.08	3.31	1.14±1.11	0.12	1.10	0.49±0.32
大清河山区	0.09	5.00	1.80±2.24	0.12	1.74	0.41±0.54
大清河平原	1.42	5.00	2.58±1.49	0.26	3.06	1.07±1.13
子牙河山区	0.12	5.00	2.02±2.26	0.25	0.82	0.48±0.20
子牙河平原	2.64	5.00	3.81±0.96	0.89	1.79	1.14±0.37
漳卫河山区	0.31	5.23	3.49±2.16	0.07	0.54	0.29±0.17
漳卫河平原	2.13	4.73	3.63±1.09	0.53	1.11	0.91±0.27
黑龙港及运东平原	0.19	5.00	2.46±1.70	0.23	2.94	0.75±0.74
徒骇马颊河	1.35	4.14	2.58±0.97	0.18	5.46	1.25±1.58

3.2.2.3 总氮（TN）

海河流域河流秋季 TN 的平均浓度高于春季（表3-4，图3-5）。河流春季 TN 的浓度范围是 0.30 ~ 23.70mg/L，平均浓度是 6.06mg/L；河流秋季 TN 的浓度范围是 1.70 ~ 25.00mg/L，平均浓度是 6.74mg/L。河流春季 TN 平均浓度最低的是永定河册田水库以下流域，为 3.87mg/L；平均浓度最高的是永定河册田水库以上流域，为 12.13mg/L。河流秋季 TN 平均浓度最低的是徒骇马颊河流域，为 4.33mg/L；平均浓度最高的是子牙河平原流域，为 20.60mg/L。

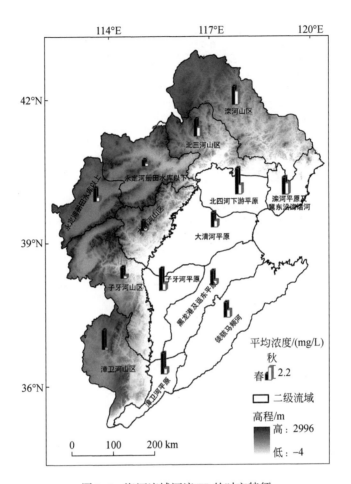

图 3-4 海河流域河流 TP 的时空特征

表 3-4 海河流域河流春季、秋季 TN 的描述性统计 （单位：mg/L）

二级流域	春季			秋季		
	最小值	最大值	平均值±标准偏差	最小值	最大值	平均值±标准偏差
滦河山区	1.70	23.70	5.88±4.54	2.40	25.00	6.24±4.14
滦河平原及冀东沿海诸河	2.10	9.50	4.88±1.86	2.60	7.90	4.90±1.69
北三河山区	2.10	13.10	5.46±2.69	1.90	10.30	4.94±2.20
北四河下游平原	3.20	18.10	8.98±5.04	3.70	10.40	5.74±2.34
永定河册田水库以上	6.40	15.00	12.13±4.97	10.7	17.00	13.87±3.15
永定河册田水库以下	0.30	7.70	3.87±2.19	3.10	13.20	6.85±2.55
大清河山区	1.30	7.90	4.17±2.14	4.30	10.40	6.86±1.88
大清河平原	4.70	15.00	8.88±4.11	4.20	25.00	12.66±10.75

续表

二级流域	春季			秋季		
	最小值	最大值	平均值±标准偏差	最小值	最大值	平均值±标准偏差
子牙河山区	1.30	14.50	5.11±4.44	3.80	10.00	6.89±1.94
子牙河平原	5.50	15.00	10.34±4.40	5.30	25.00	20.60±8.61
漳卫河山区	0.80	11.10	6.33±3.48	2.30	7.90	4.71±1.89
漳卫河平原	7.60	8.30	7.98±0.30	2.10	20.10	9.85±8.08
黑龙港及运东平原	0.60	15.00	6.55±5.11	2.10	25.00	5.45±6.14
徒骇马颊河	1.60	11.30	4.67±3.00	1.70	7.40	4.33±1.76

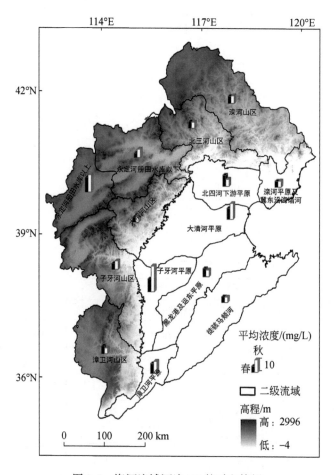

图 3-5　海河流域河流 TN 的时空特征

3.2.2.4 氨氮（NH_4^+-N）

海河流域河流春季 NH_4^+-N 的平均浓度高于秋季（表 3-5，图 3-6）。河流春季 NH_4^+-N 的浓度范围为 0.03～3.28mg/L，平均浓度为 0.60mg/L；河流秋季 NH_4^+-N 的浓度范围为 0.03～3.07mg/L，平均浓度为 0.57mg/L。北三河山区流域河流春季 NH_4^+-N 的平均浓度在 14 个二级流域中最低，为 0.10mg/L；滦河山区流域和滦河平原及冀东沿海诸河流域秋季 NH_4^+-N 的平均浓度在 14 个二级流域中最低，均为 0.22mg/L。漳卫河平原流域河流春季 NH_4^+-N 平均浓度最高，为 2.65mg/L；子牙河平原流域河流秋季 NH_4^+-N 平均浓度最高，为 2.61mg/L。

表 3-5　海河流域河流春季、秋季 NH_4^+-N 的描述性统计　　　　（单位：mg/L）

二级流域	春季			秋季		
	最小值	最大值	平均值±标准偏差	最小值	最大值	平均值±标准偏差
滦河山区	0.03	3.26	0.44±0.78	0.03	3.00	0.22±0.53
滦河平原及冀东沿海诸河	0.05	0.49	0.20±0.13	0.04	0.70	0.22±0.27
北三河山区	0.03	0.35	0.10±0.08	0.14	0.03	0.60±0.19
北四河下游平原	0.12	3.00	1.94±1.34	0.55	3.01	1.39±0.87
永定河册田水库以上	1.59	3.00	2.53±0.81	0.48	3.07	2.18±1.48
永定河册田水库以下	0.03	1.02	0.26±0.27	0.03	1.67	0.34±0.45
大清河山区	0.03	2.82	0.73±0.10	0.07	1.29	0.39±0.42
大清河平原	0.10	3.28	1.89±1.32	0.21	3.00	1.90±1.17
子牙河山区	0.04	3.00	0.81±1.24	0.05	2.97	0.53±0.95
子牙河平原	1.08	3.00	2.40±0.88	1.03	3.00	2.61±0.88
漳卫河山区	0.14	3.00	0.81±1.10	0.06	1.05	0.23±0.34
漳卫河平原	1.6	3.00	2.65±0.70	0.06	3.00	1.70±1.22
黑龙港及运东平原	0.12	3.04	1.39±1.28	0.05	3.00	0.61±0.94
徒骇马颊河	0.14	2.40	0.70±0.72	0.06	2.03	0.34±0.60

3.2.2.5 化学需氧量（COD）

海河流域河流春季 COD 的平均浓度高于秋季（表 3-6，图 3-7）。河流春季 COD 的浓度范围为 5～249mg/L，平均浓度为 50.89mg/L；河流秋季 COD 的浓度范围为 5～153mg/L，平均浓度为 50.31mg/L。大清河山区流域河流春季、秋季 COD 的平均浓度在 14 个二级流域中均最低，分别为 10.38mg/L、20.88mg/L。河流春季 COD 浓度最高的是子牙河平原流域，为 87.00mg/L；河流秋季 COD 浓度最高的是北四河下游平原流域，为 81.38mg/L。

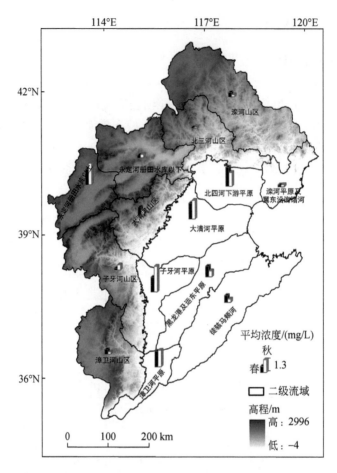

图 3-6　海河流域河流 NH_4^+-N 的时空特征

表 3-6　海河流域河流春季、秋季 COD 的描述性统计　（单位：mg/L）

二级流域	春季			秋季		
	最小值	最大值	平均值±标准偏差	最小值	最大值	平均值±标准偏差
滦河山区	9	85	35.65±16.19	7	125	55.15±23.68
滦河平原及冀东沿海诸河	14	54	30.09±13.68	17	110	57.09±26.47
北三河山区	10	145	57.82±36.56	10	153	60.41±31.63
北四河下游平原	16	109	71.00±33.47	43	114	81.38±28.46
永定河册田水库以上	36	70	47.33±19.63	23	35	27.67±6.43
永定河册田水库以下	5	86	30.67±32.96	6	94	38.33±29.07
大清河山区	5	43	10.38±13.30	10	43	20.88±12.38
大清河平原	5	147	55.20±67.83	5	109	38.20±46.31
子牙河山区	5	249	41.44±78.98	10	44	24.67±11.75

续表

二级流域	春季			秋季		
	最小值	最大值	平均值±标准偏差	最小值	最大值	平均值±标准偏差
子牙河平原	27	136	87.00±49.82	45	76	61.4±11.80
漳卫河山区	27	137	71.63±42.03	12	58	22.63±15.45
漳卫河平原	28	114	69.75±35.33	28	114	69.75±33.53
黑龙港及运东平原	44	155	86.46±31.68	22	110	56.15±28.31
徒骇马颊河	15	187	71.27±44.32	28	105	58.64±21.24

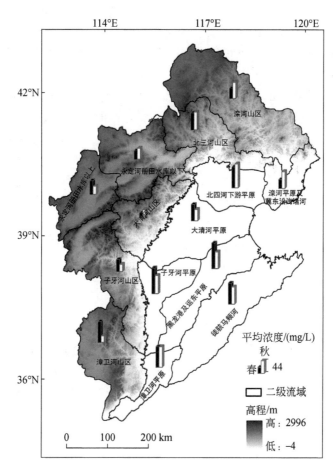

图 3-7 海河流域河流 COD 的时空特征

3.3 底泥沉积物

作为河流生态系统重要的环境组成部分，水体沉积物既是营养物质和重金属等物质的汇，又是对水质有潜在影响的次生源。解析水体沉积物的变化特征不仅可以结合水相和生物相对水环境质量进行实时评价，还有助于了解和评价河流水体环境状况的历史演变趋势，从而揭示自然事件和人为活动对水体生态环境的影响（陈利顶等，2016；梁文，2011）。

河流沉积物的研究多集中于碳、氮、磷以及重金属（如 Cd、As、Pb、Ni、Cu、Cr、Zn 等）的不同形态及其时空分布特征。一般而言，从空间分布来看，河流沉积物中氮磷浓度等自上游至下游呈明显增高趋势，河流中下游多分布在平原区，其底质的表层沉积物是颗粒最细、有机质和 TP 含量最高的区域，潜在环境风险也较高（杨耿等，2018）。随着河流水体的扰动，沉积物中的有机质和重金属会重新释放到水中，这会导致河流中有机质和重金属含量呈现出一定的空间差异。重金属含量过高河段的水生植物往往受到很大程度的毒害从而导致该河段的生物量降低甚至耐受能力低的水生植物死亡（闵梦月等，2016；Schiitzendiibel et al.，2002；Gallego et al.，1996），最终使河流生态系统整体完整性显示出空间差异。除空间差异外，河流沉积物中有机质、重金属等含量也存在明显季节差异，夏季、秋季沉积物污染比冬季更严重（王锋文，2011）。

海河流域河流沉积物中的重金属以 Cu、Zn、Ni 为主，在全国流域内仅次于珠江流域（阳金希等，2017）；而与松花江、辽河、黄河、淮河等北方主要流域比较，海河流域重金属的富集程度最高（张静等，2013）。从流域尺度上分析，海河流域沉积物中的 TN、TP、TOC 等有机质的含量具有较大的空间异质性：太行山和燕山区域（如永定河山区、北三河山区、滦河流域等）河流的有机质含量相对较低，而平原区河流的有机质含量明显高于山区，如北四河下游平原、黑龙港及运东平原河流的有机质含量接近最高有机污染水平（程先等，2016）。同样，海河流域沉积物中的重金属的含量也显示出相似的空间分布特征：由北向南、由西向东重金属的含量呈现增高趋势，污染多数出现在整个流域的中下游区域，这说明这些地区的重金属分布与人口密度和工业化程度关系密切（王瑞霖等，2014）。具体来讲，以自然水源为补给的滦河水系河流沉积物中重金属含量整体处于轻度污染水平，山区段河流沉积物样品中各重金属的平均含量除了 Cd 之外，其余均低于平原/滨海段河流（苏虹程等，2015）；子牙河水系和大清河水系位于平原区域，该区城镇化与工业化水平高，河流沉积物中的重金属含量较高；而以农业为主的黑龙港河和徒骇马颊河沉积物中的重金属含量相对较低，污染较轻（王瑞霖，2015）；整个海河流域环渤海湾河口区域的重金属 Cr、Zn、Pb 含量与珠江口相当，高于长江口和黄河口；Ni 含量与黄河口相当，明显高于珠江口和长江口；Cu 含量则是海河流域最高（吕书丛等，2013）。

3.3.1 调查与测定方法

海河流域河流沉积物调查采用抓斗式采泥器采集底泥样品。按照河流宽度在河流相对横截面上分成距两岸各 1/4 处和 1/2 处采集底泥样品，取这 3 处的底泥样品混合成 1 个底泥样品（孟伟等，2004）。由于水库沉积物采样尚无明确规范，本调查在每个水库中央和 4 个方向采集底泥样品（少数河道型水库在其水面最大处中央和 4 个方向采集底泥样品），等比例均匀混合这 5 处底泥样品后取出 1kg 作为该水库的代表性品。采集的底泥样品装入自封袋中，冷藏带回实验室后将其置于阴凉通风处自然风干，剔除砾石、贝壳、杂草等，研磨过 100 目尼龙筛备用。

海河流域河流沉积物测定的指标包括有机质和重金属。沉积物碳、氮、磷主要测定 TOC、TN、TP、总钾（TK）。TOC 运用重铬酸钾容量法测定，TN 运用元素分析仪（Vario EL Ⅲ，德国 Elementar 公司）测定，TP、TK 运用电感耦合等离子体发射光谱仪（ICP-OES）（Optima 2000，美国 PerkinElmer 公司）测定。沉积物重金属主要测定 Cu、Zn、Cr、Ni、Pb、Cd。重金属指标均采用电感耦合等离子体质谱仪（ICP-MS）（Agilent 7500a，美国 Agilent Technologies 公司）进行测定。

3.3.2 沉积物指标的时空特征

3.3.2.1 铜（Cu）

海河流域春季河流沉积物 Cu 的平均含量高于秋季（表 3-7、图 3-8）。春季 Cu 的含量范围是 5.95 ~ 487.24mg/kg，平均含量是 44.03mg/kg；秋季 Cu 的含量范围是 0.55 ~ 244.29mg/kg，平均含量是 34.61mg/kg。春季，漳卫河山区流域 Cu 的平均含量最低，为 12.66mg/kg；子牙河平原流域 Cu 的平均含量最高，高达 152.34mg/kg。秋季，永定河册田水库以上流域 Cu 的平均含量最低，为 17.97mg/kg，北四河下游平原流域 Cu 的平均含量最高，为 63.54mg/kg。

表 3-7　海河流域春季、秋季河流沉积物 Cu 的描述性统计　　（单位：mg/kg）

二级流域	春季			秋季		
	最小值	最大值	平均值±标准偏差	最小值	最大值	平均值±标准偏差
滦河山区	6.84	272.32	50.06±56.91	4.74	164.41	32.37±30.78
滦河平原及冀东沿海诸河	7.36	92.15	35.44±27.18	10.75	195.47	42.28±53.34
北三河山区	11.75	62.12	26.53±16.48	10.61	132.75	31.97±32.38
北四河下游平原	19.13	157.52	53.88±45.06	16.21	218.64	63.54±70.90
永定河册田水库以上	13.01	20.10	16.93±3.60	10.33	27.23	17.97±8.56
永定河册田水库以下	9.44	65.96	21.98±16.61	5.54	45.55	21.80±13.05
大清河山区	21.75	179.90	87.28±58.26	20.70	145.46	61.89±54.44
大清河平原	10.07	69.71	28.95±27.61	4.60	185.24	54.57±87.27
子牙河山区	13.87	110.53	42.75±31.21	11.51	68.73	32.92±17.73
子牙河平原	40.61	487.24	152.34±188.72	2.69	244.29	63.20±102.19
漳卫河山区	5.95	27.25	12.66±6.96	1.11	104.15	22.69±33.90
漳卫河平原	15.82	162.88	62.71±69.12	22.48	68.28	41.29±19.89
黑龙港及运东平原	13.15	95.49	38.11±24.57	5.00	57.86	22.58±15.00
徒骇马颊河	19.58	48.53	32.15±9.42	0.55	54.09	19.15±17.54

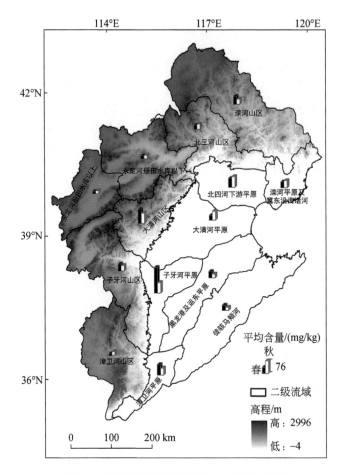

图 3-8 海河流域河流沉积物 Cu 的时空特征

3.3.2.2 锌（Zn）

海河流域春季河流沉积物 Zn 的平均含量高于秋季（表 3-8，图 3-9）。春季 Zn 的含量范围是 21.96 ~ 1479.96mg/kg，平均含量是 141.75mg/kg。秋季 Zn 的含量范围是 8.14 ~ 671.43mg/kg，平均含量是 106.39mg/kg。春季、秋季，漳卫河山区流域 Zn 的平均含量在 14 个二级流域中均最低，分别为 43.37mg/kg、39.85mg/kg。春季，子牙河平原流域 Zn 的平均含量最高，高达 698.82mg/kg；秋季，北四河下游平原流域 Zn 的平均含量最高，为 264.95mg/kg。

表 3-8　海河流域春季、秋季河流沉积物 Zn 的描述性统计　（单位：mg/kg）

二级流域	春季			秋季		
	最小值	最大值	平均值±标准偏差	最小值	最大值	平均值±标准偏差
滦河山区	41.14	210.55	93.00±40.36	33.37	146.55	78.44±30.29
滦河平原及冀东沿海诸河	45.19	332.30	103.59±78.34	47.93	147.68	101.09±36.11

续表

二级流域	春季			秋季		
	最小值	最大值	平均值±标准偏差	最小值	最大值	平均值±标准偏差
北三河山区	45.19	246.14	91.40±51.02	42.25	198.74	97.04±52.24
北四河下游平原	54.98	588.25	173.53±170.58	79.23	671.43	264.95±247.51
永定河册田水库以上	51.67	96.58	67.85±24.95	41.71	113.57	68.11±39.54
永定河册田水库以下	55.74	239.89	98.06±70.03	32.13	200.13	80.95±46.39
大清河山区	58.48	370.18	164.83±102.50	48.87	489.13	147.36±142.71
大清河平原	45.61	489.44	182.53±207.32	39.32	577.89	184.91±262.35
子牙河山区	53.11	184.61	83.64±44.19	39.97	167.84	77.02±43.22
子牙河平原	89.58	1479.96	698.82±616.67	29.15	614.07	231.40±229.95
漳卫河山区	21.96	62.02	43.37±13.85	11.71	64.31	39.85±21.36
漳卫河平原	60.72	1340.61	472.17±599.35	124.91	361.26	262.37±99.82
黑龙港及运东平原	30.96	1178.62	204.12±302.35	20.56	293.32	99.01±79.87
徒骇马颊河	44.27	282.98	89.57±65.99	8.14	123.92	54.62±41.34

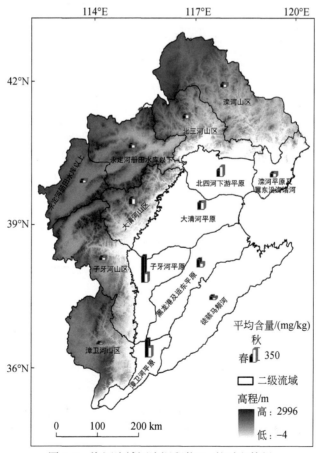

图 3-9 海河流域河流沉积物 Zn 的时空特征

3.3.2.3 铬（Cr）

海河流域春季河流沉积物 Cr 的平均含量高于秋季（表3-9，图3-10）。春季 Cr 的含量范围是 13.67 ～ 850.40mg/kg，平均含量是 86.52mg/kg；秋季 Cr 的含量范围是 8.28 ～ 468.23mg/kg，平均含量是 73.52mg/kg。春季，Cr 平均含量最低的是子牙河山区流域，为 39.52mg/kg；Cr 平均含量最高的是子牙河平原流域，为 338.01mg/kg。秋季，Cr 平均含量最低的是徒骇马颊河流域，为 40.78mg/kg；Cr 平均含量最高的是北四河下游平原流域，为 137.85mg/kg。

表3-9　海河流域春季、秋季河流沉积物 Cr 的描述性统计　（单位：mg/kg）

二级流域	春季			秋季		
	最小值	最大值	平均值±标准偏差	最小值	最大值	平均值±标准偏差
滦河山区	23.41	362.12	94.19±68.12	8.85	217.58	83.57±51.23
滦河平原及冀东沿海诸河	52.70	181.80	97.18±44.16	44.26	282.76	105.57±73.33
北三河山区	38.76	114.00	69.37±28.68	31.97	468.23	97.63±109.75
北四河下游平原	33.14	125.45	75.41±30.89	64.05	401.37	137.85±117.57
永定河册田水库以上	45.43	80.46	63.20±17.52	46.15	69.87	54.63±13.22
永定河册田水库以下	46.25	120.33	72.65±23.65	35.34	74.43	51.55±13.00
大清河山区	25.02	82.93	51.39±17.91	39.41	85.85	53.91±17.44
大清河平原	54.94	94.29	70.82±16.71	31.91	153.80	70.60±56.00
子牙河山区	19.24	77.74	39.52±17.29	29.94	56.67	44.46±8.97
子牙河平原	51.04	850.40	338.01±321.26	37.48	114.60	73.39±28.10
漳卫河山区	13.67	93.00	44.29±23.34	25.99	66.03	42.06±12.12
漳卫河平原	32.03	107.68	59.20±33.57	32.97	106.21	63.28±30.86
黑龙港及运东平原	36.22	540.00	126.31±151.02	17.63	114.90	66.47±41.47
徒骇马颊河	30.53	85.28	55.95±15.52	8.28	67.54	40.78±22.66

3.3.2.4 镍（Ni）

海河流域春季河流沉积物 Ni 平均含量高于秋季（表3-10，图3-11）。春季 Ni 的含量范围为 8.44 ～ 246.35mg/kg，平均含量为 33.71mg/kg；秋季 Ni 的含量范围为 3.96 ～ 112.71mg/kg，平均含量为 28.47mg/kg。春季，Ni 平均含量最低的是徒骇马颊河流域，为 21.04mg/kg；Ni 平均含量最高的是漳卫河平原流域，为 87.19mg/kg。秋季，Ni 平均含量最低的是大清河平原流域，为 19.88mg/kg；Ni 平均含量最高的是北四河下游平原流域，为 49.01mg/kg。

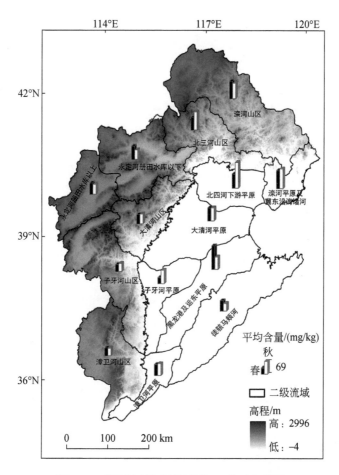

图 3-10　海河流域河流沉积物 Cr 的时空特征

表 3-10　海河流域春季、秋季河流沉积物 Ni 的描述性统计　（单位：mg/kg）

二级流域	春季			秋季		
	最小值	最大值	平均值±标准偏差	最小值	最大值	平均值±标准偏差
滦河山区	8.44	110.53	35.89±23.92	5.19	105.18	27.69±20.80
滦河平原及冀东沿海诸河	14.62	61.63	32.02±14.52	11.24	93.07	29.08±22.64
北三河山区	14.15	56.78	27.31±14.24	12.02	112.71	31.20±26.29
北四河下游平原	17.04	96.28	48.63±29.85	27.34	88.41	49.01±23.42
永定河册田水库以上	22.32	26.07	23.77±2.02	23.16	34.74	28.35±5.88
永定河册田水库以下	16.74	56.29	31.70±11.67	13.60	40.09	24.85±8.33
大清河山区	23.47	67.64	35.61±14.56	19.30	62.61	33.13±13.96
大清河平原	14.21	46.35	25.15±14.81	11.40	26.77	19.88±6.69

二级流域	春季			秋季		
	最小值	最大值	平均值±标准偏差	最小值	最大值	平均值±标准偏差
子牙河山区	11.34	66.60	28.13±16.73	11.28	47.99	29.05±10.30
子牙河平原	19.05	91.87	50.49±26.93	11.31	31.74	23.12±8.64
漳卫河山区	15.80	68.86	26.99±17.50	4.77	63.99	23.27±19.30
漳卫河平原	18.74	246.35	87.19±106.97	30.81	50.83	40.33±9.37
黑龙港及运东平原	9.29	65.18	29.85±16.59	6.78	65.30	26.23±14.89
徒骇马颊河	9.31	33.23	21.04±6.83	3.96	38.74	21.18±13.87

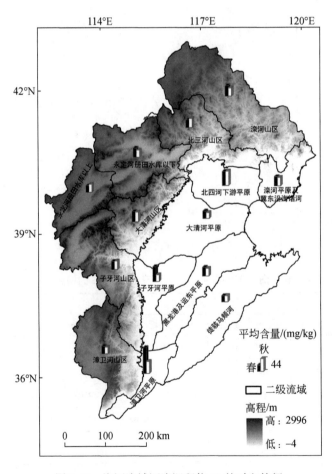

图3-11　海河流域河流沉积物 Ni 的时空特征

3.3.2.5 铅（Pb）

海河流域春季河流沉积物 Pb 的平均含量高于秋季（表 3-11，图 3-12）。春季 Pb 的含量范围是 3.26～245.38mg/kg，平均含量为 32.01mg/kg。秋季 Pb 的含量范围是 0.09～122.57mg/kg，平均含量是 25.28mg/kg。春季，Pb 平均含量最低的是大清河平原流域，为19.58mg/kg；Pb 平均含量最高的是子牙河平原流域，为 132.69mg/kg。秋季，Pb 平均含量最低的是子牙河山区流域，为 17.33mg/kg；Pb 平均含量最高的是大清河平原流域，为40.09mg/kg。

表 3-11　海河流域春季、秋季河流沉积物 Pb 的描述性统计　（单位：mg/kg）

二级流域	春季			秋季		
	最小值	最大值	平均值±标准偏差	最小值	最大值	平均值±标准偏差
滦河山区	8.03	64.31	23.92±12.65	1.06	47.11	20.89±8.12
滦河平原及冀东沿海诸河	15.97	83.67	28.31±18.91	16.63	44.15	27.24±8.10
北三河山区	9.75	59.94	26.24±13.65	16.94	59.68	28.41±12.22
北四河下游平原	18.39	93.59	40.60±23.65	21.95	66.76	37.02±17.02
永定河册田水库以上	23.66	35.89	28.92±6.29	23.14	33.88	27.36±5.73
永定河册田水库以下	9.48	64.48	27.10±16.28	13.69	71.11	26.07±18.60
大清河山区	15.18	53.66	37.85±12.28	15.75	45.17	27.44±11.25
大清河平原	11.32	41.59	19.58±14.69	11.09	122.57	40.09±55.02
子牙河山区	10.50	45.38	27.30±12.35	2.98	24.39	17.33±6.93
子牙河平原	56.71	245.38	132.69±93.28	6.00	67.59	29.62±22.95
漳卫河山区	12.33	29.05	23.79±5.42	7.85	45.31	22.57±14.47
漳卫河平原	14.96	49.47	34.74±14.44	18.11	59.84	33.92±19.81
黑龙港及运东平原	3.26	220.11	40.19±55.61	5.90	50.62	26.78±14.10
徒骇马颊河	14.36	32.67	22.77±5.31	0.09	34.22	17.96±12.12

3.3.2.6 镉（Cd）

海河流域春季河流沉积物 Cd 的平均含量高于秋季（表 3-12，图 3-13）。春季，Cd 的含量范围是 0.05～6.61mg/kg，平均含量是 0.31mg/kg；秋季，Cd 的含量范围是 0.00～1.49mg/kg，平均含量是 0.22mg/kg。春季，滦河山区流域和漳卫河山区流域 Cd 平均含量为 14 个二级流域最低值，分别为 0.15mg/kg、0.15mg/kg；秋季漳卫河山区流域 Cd 平均含量为 14 个二级流域最低值，为 0.09mg/kg。春季、秋季，漳卫河平原流域 Cd 平均含量均最高值，分别为 2.13mg/kg、0.75mg/kg。

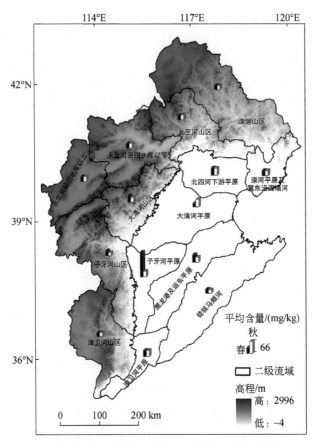

图 3-12　海河流域河流沉积物 Pb 的时空特征

表 3-12　海河流域春季、秋季河流沉积物 Cd 的描述性统计　（单位：mg/kg）

二级流域	春季			秋季		
	最小值	最大值	平均值±标准偏差	最小值	最大值	平均值±标准偏差
滦河山区	0.05	0.39	0.15±0.08	0.00	0.28	0.13±0.06
滦河平原及冀东沿海诸河	0.10	0.26	0.16±0.06	0.08	0.26	0.15±0.06
北三河山区	0.09	0.50	0.17±0.13	0.07	0.88	0.23±0.21
北四河下游平原	0.11	1.02	0.31±0.29	0.10	0.75	0.29±0.22
永定河册田水库以上	0.22	1.20	0.61±0.52	0.08	0.32	0.18±0.13
永定河册田水库以下	0.07	0.50	0.20±0.14	0.05	0.87	0.21±0.23
大清河山区	0.10	0.57	0.30±0.18	0.15	0.67	0.33±0.21
大清河平原	0.07	0.35	0.17±0.13	0.05	0.50	0.18±0.21
子牙河山区	0.13	0.50	0.27±0.14	0.07	1.49	0.36±0.52
子牙河平原	0.30	1.45	0.78±0.48	0.04	0.42	0.22±0.17
漳卫河山区	0.10	0.21	0.15±0.04	0.02	0.19	0.09±0.06
漳卫河平原	0.62	6.61	2.13±2.98	0.24	1.08	0.75±0.37
黑龙港及运东平原	0.06	0.85	0.26±0.21	0.03	0.71	0.30±0.23
徒骇马颊河	0.09	5.16	0.60±1.51	0.02	0.50	0.15±0.16

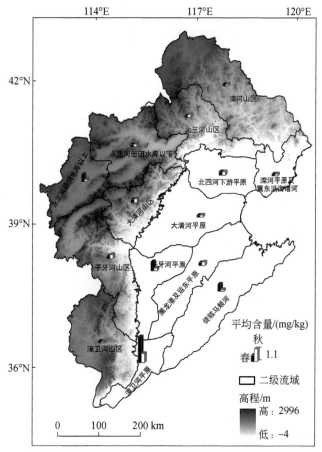

图 3-13 海河流域河流沉积物 Cd 的时空特征

3.3.2.7 总有机碳 (TOC)

海河流域春季河流沉积物 TOC 平均含量高于秋季（表 3-13，图 3-14）。春季，TOC 的含量范围是 0.10 ~ 446.96mg/kg，平均含量是 22.17mg/kg；秋季，TOC 的含量范围是 0.24 ~ 288.65mg/kg，平均含量是 14.69mg/kg。春季、秋季，TOC 平均含量最低的分别是大清河平原流域、永定河册田水库以上流域，分别为 5.89mg/kg、6.07mg/kg。春季、秋季，子牙河平原流域 TOC 平均含量最高，分别为 271.91mg/kg、83.22mg/kg。

表 3-13 海河流域春季、秋季河流沉积物 TOC 的描述性统计 （单位：mg/kg）

二级流域	春季			秋季		
	最小值	最大值	平均值±标准偏差	最小值	最大值	平均值±标准偏差
滦河山区	1.82	39.50	9.00±7.08	0.24	28.03	7.06±6.20
滦河平原及冀东沿海诸河	0.88	44.38	9.50±12.49	2.07	27.18	11.85±8.85
北三河山区	0.10	38.85	9.10±11.29	0.30	49.52	14.22±12.18

二级流域	春季			秋季		
	最小值	最大值	平均值±标准偏差	最小值	最大值	平均值±标准偏差
北四河下游平原	1.98	34.01	15.59±10.99	2.30	50.74	15.17±17.13
永定河册田水库以上	2.62	17.42	9.92±7.40	1.66	11.43	6.07±4.96
永定河册田水库以下	1.41	29.13	10.04±8.82	1.14	27.57	7.38±7.85
大清河山区	5.85	22.56	13.90±6.33	4.57	20.09	8.81±5.22
大清河平原	2.59	7.83	5.89±2.37	4.23	20.90	11.87±8.78
子牙河山区	3.14	39.24	14.36±13.97	1.17	32.13	11.05±10.97
子牙河平原	17.45	446.96	271.91±191.68	2.95	288.65	83.22±118.04
漳卫河山区	2.17	62.34	20.90±22.07	2.48	40.52	12.13±11.96
漳卫河平原	4.00	59.52	30.44±25.66	10.84	123.18	39.81±55.59
黑龙港及运东平原	4.89	151.74	26.39±38.47	5.91	75.41	22.42±20.93
徒骇马颊河	3.39	58.57	13.06±15.38	3.05	26.28	11.79±7.36

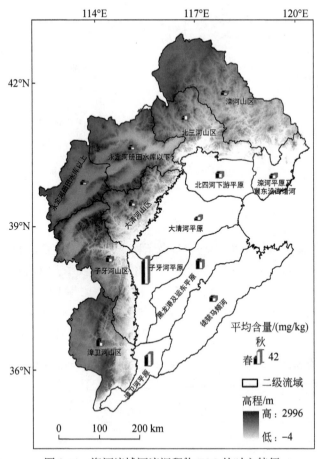

图 3-14　海河流域河流沉积物 TOC 的时空特征

3.3.2.8 总氮（TN）

海河流域春季河流沉积物 TN 的平均含量高于秋季（表 3-14，图 3-15）。春季，TN 的含量范围是 0.11 ~ 4.94mg/kg，平均含量是 1.03mg/kg；秋季，TN 的含量范围是 0.08 ~ 5.51mg/kg，平均含量是 0.95mg/kg。春季，TN 平均含量最低的是大清河平原流域，为 0.50mg/kg；TN 平均含量最高的是子牙河平原流域，为 3.20mg/kg。秋季，TN 平均含量最低的是子牙河山区流域，为 0.46mg/kg；TN 平均含量最高的是黑龙港及运东平原流域，为 1.58mg/kg。

表 3-14　海河流域春季、秋季河流沉积物 TN 的描述性统计　（单位：mg/kg）

二级流域	春季			秋季		
	最小值	最大值	平均值±标准偏差	最小值	最大值	平均值±标准偏差
滦河山区	0.22	2.84	0.80±0.54	0.142	1.68	0.60±0.38
滦河平原及冀东沿海诸河	0.20	0.90	0.80±0.50	0.29	1.73	0.89±0.55
北三河山区	0.38	4.94	1.20±1.34	0.30	4.42	1.45±1.15
北四河下游平原	0.51	2.57	1.31±0.78	0.38	4.43	1.40±1.44
永定河册田水库以上	0.28	0.81	0.61±0.29	0.46	2.03	0.81±1.06
永定河册田水库以下	0.12	1.95	0.74±0.62	0.08	2.35	0.71±0.64
大清河山区	0.34	1.34	0.82±0.36	0.09	1.80	0.91±0.60
大清河平原	0.27	0.69	0.50±0.176	0.27	1.52	0.84±0.56
子牙河山区	0.11	3.19	1.02±1.07	0.10	1.35	0.46±0.45
子牙河平原	1.31	4.02	3.20±1.13	0.37	2.90	1.47±1.29
漳卫河山区	0.12	2.70	0.95±0.76	0.13	1.87	0.71±0.52
漳卫河平原	0.32	2.44	1.29±0.95	0.82	2.39	1.34±0.74
黑龙港及运东平原	0.46	3.88	1.36±0.88	0.37	5.51	1.58±1.44
徒骇马颊河	0.27	2.69	0.87±0.66	0.11	1.76	0.87±0.54

3.4　藻　类

作为光能自养生物，藻类是河流、湖库、湿地等水生态系统的重要初级生产者，对于水生态系统实现物质循环、能量流动至关重要。藻类种类繁多，通常可以分为浮游藻类和着生藻类。所有藻类生命周期相对较短，分布紧密且极为广泛。藻类物种组成和物种丰度等群落特征因能够反映水生态系统的演替以及人类活动的影响，而越来越受到人们的重视，常常将藻类作为重要类群之一来进行河流水质监测和健康评价（吴洁和虞左明，2001；Van et al.，1994；Leland，1995；Chessman et al.，1999；Stevenson et al.，1996）。

在自然淡水水体中，藻类群落构成存在一般性的季节变化规律：春季、秋季以喜低温的硅藻、隐藻、金藻为优势种；夏季以喜高温的蓝藻和绿藻为优势种；冬季常见绿藻、硅

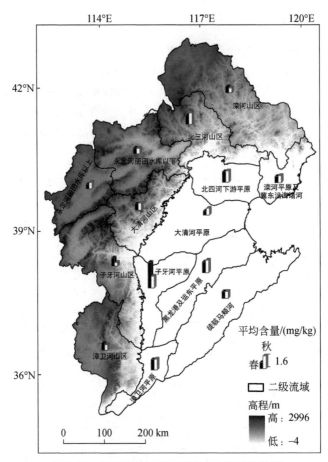

图 3-15 海河流域河流沉积物 TN 的时空特征

藻，种类总体较少（胡芳等，2014；Sueen et al.，2003）。同样，藻类生物量的季节差异性也很明显，常常表现为夏季单峰型且变幅较大，较易出现极大藻密度（吕文等，2018），春季、秋季平均藻密度较小，而冬季平均藻密度最小（黄丹，2013；Wang et al.，2007；张先锋等，1995）。藻类群落构成及生物量的时间变化不仅能够反映季节的温度和气候影响差异，也能够表明河流水质发生的变化。温度、pH、DO、COD、TP 等水质因子常常是影响藻类群落特征的关键因子（闵梦月等，2016；Berthon et al.，2011；Biccs and Price，1987），过高的营养盐会导致 DO 含量降低，使得浮游藻类和着生藻类大量繁殖，而着生藻类会对沉水植物的光合作用产生严重遏制，最终抑制水生植物尤其是沉水植物的生长（Carpenter and Kinne，2003）。单就着生藻类而言，河流流量是驱动其形成时间分布特征的重要环境要素（刘麟菲等，2015；Luce et al.，2010；Deal et al.，2003；Uehlincer et al.，2003）。丰水期降水频率较为密集，河流流量和流速增加，对河床底质的剪应力随之加大，使着生藻类群落的物种组成和相对多度发生变化；枯水期河流流量显著减少，河水对底质着生硅藻的剪应力相对减弱，硅藻栖息环境趋于稳定（Hart and Finelli，1999）。另外，随着人类活动的不断增强，河水中的污染物浓度随之升高，富营养化污染时有发生（Berthon et al., 2011; Biccs and Price, 1987), 这也不利于硅藻群落的健康生长。

在河流中, 藻类的生物量和种类组成, 同样具有明显的空间异质性, 这常常受河流形态、水文、光照等因子的综合作用影响 (江源等, 2013; 殷旭旺等, 2013a; Lewis, 1988)。在纵向尺度上, 物种数量自上游至中游呈现递减, 优势物种以硅藻为主, 绿藻次之; 在横向尺度上, 与干流段相比, 上游段浮游藻类最丰富, 中下游段浮游藻类较丰富, 优势物种集中分布; 干流段浮游藻类物种匮乏, 优势物种分布最少 (周宇建等, 2016)。除受河流自然生境的影响之外, 藻类群落更多地会受到不同空间尺度上不同的人类活动强度以及河流上下游关系作用的影响, 如水利水电建设、水产养殖、灌溉、航运、防洪等均会导致大型河流中浮游藻类的群落特征呈现出十分显著的空间异质性和多样性 (Wehr and Descy, 1998)。

影响藻类群落特征的环境因子因流域的不同而不尽相同。例如, 在长江流域中, TN、TP 和 TDS 是影响冈曲河藻类群落结构的环境因子 (Wu et al., 2009), 而同在该流域的香溪河, 其藻类群落结构的影响因子以 pH、硅酸盐、TP、Cl^- 等为主 (唐涛等, 2002); 在辽河流域中, NH_4^+-N 和活性磷是驱动浑河着生藻类群落空间格局的环境因子 (殷旭旺等, 2011), 而 EC、TDS 和 TN 是太子河着生藻类空间异质性的驱动因子 (殷旭旺等, 2012)。另外, 度量水环境总溶解离子量和悬浮颗粒物重量的电导率参数, 和土地利用类型有着极高的相关性, 可以反映随着地表径流而进入水体的离子总量及颗粒物质总量, 尤其在城镇化发展过程中土地利用类型显著改变的地区更为明显, 最终影响着河流着生藻类群落结构 (殷旭旺等, 2013b; Walker and Pan, 2006)。

较其他流域, 海河流域藻类的研究起步相对较晚, 多在 2010 年后, 且采样监测持续时间短, 主要集中在滦河、徒骇马颊河、漳卫河和京津区域等少数几条河流 (周绪申等, 2015; 李俊, 2013; 高彩凤等, 2012; 李晨辰等, 2011)。海河各水系藻类种类数量在 41～395 种变化, 优势种多为蓝藻门、绿藻门、硅藻门等耐污种, 群落结构与种类组成表现出明显的时空变化。具体来讲, 徒骇马颊河藻类以绿藻为主, 硅藻和蓝藻次之 (宋芬, 2011); 北京减河至潮白河的浮游藻类群落以耐有机污染的富营养型蓝藻为优势种 (李晨辰等, 2011); 北运河藻类在夏季以蓝藻为主, 在秋季、冬季、春季均以绿藻为主, 主要优势种为蓝藻门、绿藻门的耐污种 (高彩凤等, 2012); 海河入海口区域浮游藻类夏季平均丰度高于冬季, 温度和高盐度是主要影响因子 (窦勇等, 2016); 漳卫南运河流域以绿藻门为主, 夏季最高, 春季次之 (李俊, 2013); 滦河流域浮游藻类的生态群落结构较稳定, 优势种以绿藻门和硅藻门为主 (周绪申等, 2015; 吴佳宁等, 2014), 但是空间分布不均, 上游富营养化水平较低, 中下游富营养化水平较高, 河流上游藻类群落构成和生物量低于中下游 (吴佳宁等, 2014)。

整体来说, 海河流域浮游藻类之前的研究尺度往往较小, 且系统性不强, 因此本书基于海河全流域的野外调查数据, 建立更大尺度上藻类群落的本底特征数据库, 同时积极探究藻类群落的时空特征, 为海河流域河流生态系统的健康状况评价和修复提供理论依据。

3.4.1　调查与测定方法

海河流域藻类调查包括着生藻类和浮游藻类。着生藻类调查：在 30 ~ 40 倍河宽的采样河段中，按河段内各种可采达到的底质（石头、沙砾、植物、泥等）和生境（浅滩、急流、浅潭、近岸区域等）平面覆盖率的比例，从每个生境采集一定面积的着生藻类样品，混合为约 100ml 的合并样品，按 5% ~ 10% 比例加入甲醛溶液固定。浮游藻类调查：在野外，用 1 ~ 2.5L 的采水器进行采集，在 0.5m 水层采集水样 1L，置入广口瓶中，现场加入 15ml 鲁哥氏碘液进行固定，对于水深不足 0.5m 的河段，在中间水层进行采样；在实验室内，将 1L 的藻类水样在分液漏斗中静置 48h，去掉上清液，保存底部剩余的 30ml 作为该样点样品，用于浮游藻类的鉴定（图 3-16）。

图 3-16　海河流域藻类野外采集和实验室处理

藻类的鉴定使用带有 10×目镜和 20×、40×和 100×物镜的复合显微镜将物种鉴定到最低的分类水平（属或种），鉴定文献资料为《中国淡水藻类——系统、分类及生态》（胡鸿均和魏印心，2006）和《中国西藏硅藻》（朱惠忠和陈嘉佑，2000），《中国淡水藻志》（齐雨藻，1995；齐雨藻和李家英，2004）、《欧洲硅藻鉴定系统》（克拉默和兰格-贝尔塔洛，2012）等。藻类时空特征比较所选的指标包括物种分类单元数（S）、Shannon-Wiener 多样性指数（H'）、Berger-Parker 优势度指数（B-P）等。

3.4.2　藻类的时空特征

2013 ~ 2015 年，海河流域的藻类调查共鉴定出藻类 153 种，隶属于 5 门 28 科 61 属 [表 3-15、图 3-17（a）]。具体来讲，硅藻门种类较多，为 10 科 21 属 63 种，分别占所鉴定科类的比例为 35.7%、属类的比例为 34.4% 和种类的比例为 41.2%，其中舟形藻科种类最多，为 7 属 [图 3-17（b）]；绿藻门次之，为 9 科 24 属 58 种，分别占所鉴定科类的比例为 32.1%、属类的比例为 39.3% 和种类的比例为 37.9%，其中小球藻科种类最多，为 7 属 [图 3-17（c）]；蓝藻门从次，共 6 科 10 属 18 种，分别占所鉴定科类的比例为 21.4%、属类的比例为 16.4% 和种类的比例为 11.8%；最后裸藻门和甲藻门种类较少，分别为 1 科和 2 科。

表 3-15　2013~2015 年海河流域河流生态系统藻类物种名录

门	科	属	种	拉丁种名
硅藻门	曲壳藻科	卵形藻属	扁圆卵形藻	*Cocconeis placentula*
硅藻门	曲壳藻科	曲壳藻属	线型曲壳藻	*Achnanthes linearis*
硅藻门	窗纹藻科	窗纹藻属	鼠形窗纹藻	*Epithemia sorex*
硅藻门	菱形藻科	菱形藻属	谷皮菱形藻	*Nitzschia palea*
硅藻门	菱形藻科	菱形藻属	近线形菱形藻	*Nitzschia sublinearis*
硅藻门	菱形藻科	菱形藻属	泉生菱形藻	*Nitzschia fonticola*
硅藻门	菱形藻科	菱形藻属	碎片菱形藻	*Nitzschia frustulum*
硅藻门	菱形藻科	菱形藻属	线形菱形藻	*Nitzschia linearis*
硅藻门	双菱藻科	波缘藻属	草鞋形波缘藻	*Cymatopleura solea*
硅藻门	双菱藻科	波缘藻属	椭圆波缘藻	*Cymatopleura elliptica*
硅藻门	双菱藻科	双菱藻属	粗壮双菱藻	*Surirella robusta*
硅藻门	双菱藻科	双菱藻属	端毛双菱藻	*Surirella capronii*
硅藻门	双菱藻科	双菱藻属	卵形双菱藻	*Surirella ovata*
硅藻门	双菱藻科	双菱藻属	窄双菱藻	*Surirella angustata*
硅藻门	短缝藻科	短缝藻属	月形短缝藻	*Eunotia lunaris*
硅藻门	桥弯藻科	桥弯藻属	埃伦桥弯藻	*Cymbella ehrenbergii*
硅藻门	桥弯藻科	桥弯藻属	极小桥弯藻	*Cymbella perpusilla*
硅藻门	桥弯藻科	桥弯藻属	近缘桥弯藻	*Cymbella affinis*
硅藻门	桥弯藻科	桥弯藻属	偏肿桥弯藻	*Cymbella ventricosa*
硅藻门	桥弯藻科	桥弯藻属	纤细桥弯藻	*Cymbella gracillis*
硅藻门	桥弯藻科	桥弯藻属	新月形桥弯藻	*Cymbella cymbiformis*
硅藻门	桥弯藻科	桥弯藻属	优美桥弯藻	*Cymbella delicatula*
硅藻门	桥弯藻科	双眉藻属	卵圆双眉藻	*Amphora ovalis*
硅藻门	异极藻科	异极藻属	橄榄绿异极藻	*Gomphonema olivaceum*
硅藻门	异极藻科	异极藻属	尖异极藻	*Gomphonema acuminatum*
硅藻门	异极藻科	异极藻属	纤细异极藻	*Gomphonema gracile*
硅藻门	异极藻科	异极藻属	小形异极藻	*Gomphonema parvulum*
硅藻门	异极藻科	异极藻属	窄异极藻	*Gomphonema angustatum*
硅藻门	异极藻科	异极藻属	窄异极藻延长变种	*Gomphonema angustatum var. productum*
硅藻门	舟形藻科	布纹藻属	波罗的海布纹藻中华变种	*Gyrosigma balticum var. sinensis*
硅藻门	舟形藻科	布纹藻属	尖布纹藻	*Gyrosigma acuminatum*
硅藻门	舟形藻科	布纹藻属	扭转布纹藻帕克变种	*Gyrosigma distortum var. parkeri*
硅藻门	舟形藻科	布纹藻属	斯潘塞布纹藻	*Gyrosigma spencerii*
硅藻门	舟形藻科	辐节藻属	双头辐节藻	*Stauroneis anceps*

门	科	属	种	拉丁种名
硅藻门	舟形藻科	辐节藻属	紫心辐节藻	*Stauroneis phoenicenteron*
硅藻门	舟形藻科	美壁藻属	偏肿美壁藻	*Caloneis ventricosa*
硅藻门	舟形藻科	双壁藻属	卵圆双壁藻	*Diploneis ovalis*
硅藻门	舟形藻科	双壁藻属	美丽双壁藻	*Diploneis puella*
硅藻门	舟形藻科	斜纹藻属	长斜纹藻中华变种	*Pleurosigma elongatum* var. *sinnica*
硅藻门	舟形藻科	羽纹形藻属	间断羽纹藻	*Pinnularia interrupta*
硅藻门	舟形藻科	羽纹形藻属	磨石形羽纹藻	*Pinnularia molaris*
硅藻门	舟形藻科	舟形藻属	奥尔韦舟形藻	*Navicula arvensis*
硅藻门	舟形藻科	舟形藻属	扁圆舟形藻	*Navicula placentula*
硅藻门	舟形藻科	舟形藻属	短小舟形藻	*Navicula exiguna*
硅藻门	舟形藻科	舟形藻属	双球舟形藻	*Navicula amphibola*
硅藻门	舟形藻科	舟形藻属	头端舟形藻	*Navicula capitata*
硅藻门	舟形藻科	舟形藻属	微细舟形藻	*Navicula minima*
硅藻门	舟形藻科	舟形藻属	狭轴舟形藻	*Navicula verecunda*
硅藻门	舟形藻科	舟形藻属	小型舟形藻	*Navicula minuscula*
硅藻门	舟形藻科	舟形藻属	盐生舟形藻	*Navicula salinarum*
硅藻门	舟形藻科	舟形藻属	隐头舟形藻	*Navicula cryptocephala*
硅藻门	舟形藻科	舟形藻属	英吉利舟形藻	*Navicula anglicn*
硅藻门	舟形藻科	舟形藻属	长圆舟形藻	*Navicula oblonga*
硅藻门	舟形藻科	舟形藻属	胃形舟形藻	*Navicula gastrum*
硅藻门	脆杆藻科	脆杆藻属	变绿脆杆藻	*Fragilaria virescens*
硅藻门	脆杆藻科	脆杆藻属	短线脆杆藻	*Fragilaria brevistriata*
硅藻门	脆杆藻科	脆杆藻属	羽纹脆杆藻	*Fragilaria pinnata*
硅藻门	脆杆藻科	针杆藻属	尖针杆藻	*Synedra acus*
硅藻门	脆杆藻科	针杆藻属	平片针杆藻	*Synedra tabulata*
硅藻门	脆杆藻科	针杆藻属	肘状针杆藻	*Synedra ulna*
硅藻门	圆筛藻科	海链藻属	布拉马海链藻	*Thalassiosira bramaputrae*
硅藻门	圆筛藻科	小环藻属	库津小环藻	*Cyclotella kuetzingiana*
硅藻门	圆筛藻科	小环藻属	梅尼小环藻	*Cyclotella meneghiniana*
甲藻门	多甲藻科	多甲藻属	多甲藻种1	*Peridinium* sp1
甲藻门	多甲藻科	多甲藻属	多甲藻种2	*Peridinium* sp2
甲藻门	角甲藻科	角甲藻属	角甲藻	*Ceratium hirundinella*
蓝藻门	博氏藻科	博氏藻属	内栖博氏藻	*Borzia endophytica*
蓝藻门	博氏藻科	博氏藻属	岩居博氏藻	*Borzia saxicola*

续表

门	科	属	种	拉丁种名
蓝藻门	颤藻科	颤藻属	奥克尼颤藻	*Oscillatoria okni*
蓝藻门	颤藻科	颤藻属	灿烂颤藻	*Oscillatoria splendida*
蓝藻门	颤藻科	颤藻属	颗粒颤藻	*Oscillatoria granulata*
蓝藻门	颤藻科	颤藻属	美丽颤藻	*Oscillatoria formosa*
蓝藻门	颤藻科	颤藻属	珠点颤藻	*Oscillatoria margaritifera*
蓝藻门	颤藻科	螺旋藻属	大螺旋藻	*Spirulina major*
蓝藻门	颤藻科	螺旋藻属	为首螺旋藻	*Spirulina princeps*
蓝藻门	颤藻科	螺旋藻属	盐泽螺旋藻	*Spirulina subsalsa*
蓝藻门	伪鱼腥藻科	贾丝藻属	伪双点贾丝藻	*Jaaginema pseudogeminatum*
蓝藻门	念珠藻科	拟鱼腥藻属	环圈拟鱼腥藻	*Anabaenopsis circularis*
蓝藻门	念珠藻科	小尖头藻属	中华小尖头藻	*Raphidiopsis sinensia*
蓝藻门	念珠藻科	鱼腥藻属	固氮鱼腥藻	*Anabaena azotica*
蓝藻门	平裂藻科	集胞藻属	水生集胞藻	*Synechocystis aquatilis*
蓝藻门	平裂藻科	平裂藻属	微小平裂藻	*Merismopedia tenuissima*
蓝藻门	平裂藻科	平裂藻属	细小平裂藻	*Merismopedia minima*
蓝藻门	色球藻科	色球藻属	微小色球藻	*Chroococcus minutus*
裸藻门	裸藻科	扁裸藻属	多养扁裸藻	*Phacus polytrophos*
裸藻门	裸藻科	扁裸藻属	梨形扁裸藻	*Phacus pyrum*
裸藻门	裸藻科	扁裸藻属	敏捷扁裸藻	*Phacus agilis*
裸藻门	裸藻科	扁裸藻属	圆柱扁裸藻	*Phacus cylindrus*
裸藻门	裸藻科	扁裸藻属	长尾扁裸藻	*Phacus longicauda*
裸藻门	裸藻科	鳞孔藻属	编织鳞孔藻	*Lepocinclis texta*
裸藻门	裸藻科	裸藻属	尖尾裸藻	*Euglena oxyuris*
裸藻门	裸藻科	裸藻属	绿色裸藻	*Euglena viridis*
裸藻门	裸藻科	裸藻属	梭形裸藻	*Euglena acus*
裸藻门	裸藻科	裸藻属	鱼形裸藻	*Euglena pisciformis*
裸藻门	裸藻科	囊裸藻属	珍珠囊裸藻	*Trachelomonas margaritifera*
绿藻门	卵囊藻科	卵囊藻属	波吉卵囊藻	*Oocystis borgei*
绿藻门	卵囊藻科	卵囊藻属	湖生卵囊藻	*Oocystis lacustris*
绿藻门	绿球藻科	多芒藻属	疏刺多芒藻	*Golenkinia paucispina*
绿藻门	绿球藻科	微芒藻属	微芒藻	*Micractinium pusillum*
绿藻门	盘星藻科	盘星藻属	单角盘星藻	*Pediastrum simplex*
绿藻门	盘星藻科	盘星藻属	短棘盘星藻	*Pediastrum boryanum*
绿藻门	盘星藻科	盘星藻属	二角盘星藻	*Pediastrum duplex*

门	科	属	种	拉丁种名
绿藻门	盘星藻科	盘星藻属	四角盘星藻	*Pediastrum tetras*
绿藻门	小球藻科	顶棘藻属	十字顶棘藻	*Chodatella wratislaviensis*
绿藻门	小球藻科	顶棘藻属	四刺顶棘藻	*Chodatella quadriseta*
绿藻门	小球藻科	棘球藻属	棘球藻	*Echinosphaerella limnetica*
绿藻门	小球藻科	四棘藻属	粗刺四棘藻	*Treubaria crassispina*
绿藻门	小球藻科	四角藻属	具尾四角藻	*Tetraedron caudatum*
绿藻门	小球藻科	四角藻属	膨胀四角藻	*Tetraedron tumidulum*
绿藻门	小球藻科	四角藻属	三角四角藻	*Tetraedron trigonum*
绿藻门	小球藻科	四角藻属	三叶四角藻	*Tetraedron trilobulatum*
绿藻门	小球藻科	四角藻属	整齐四角藻	*Tetraedron regulare* var. *torsum*
绿藻门	小球藻科	四角藻属	整齐四角藻扭曲变种	*Tetraedron regulare*
绿藻门	小球藻科	纤维藻属	卷曲纤维藻	*Ankistrodesmus convolutus*
绿藻门	小球藻科	纤维藻属	螺旋纤维藻	*Ankistrodesmus spiralis*
绿藻门	小球藻科	纤维藻属	狭形纤维藻	*Ankistrodesmus angustus*
绿藻门	小球藻科	纤维藻属	针形纤维藻	*Ankistrodesmus acicularis*
绿藻门	小球藻科	小球藻属	蛋白核小球藻	*Chlorella pyrenoidosa*
绿藻门	小球藻科	小球藻属	椭圆小球藻	*Chlorella ellipsoidea*
绿藻门	小球藻科	小球藻属	小球藻	*Chlorella vulgaris*
绿藻门	小球藻科	月牙藻属	纤细月牙藻	*Selenastrum gracile*
绿藻门	小球藻科	月牙藻属	小形月牙藻	*Selenastrum minutum*
绿藻门	小桩藻科	弓形藻属	弓形藻	*Schroederia setigera*
绿藻门	小桩藻科	弓形藻属	螺旋弓形藻	*Schroederia spiralis*
绿藻门	小桩藻科	弓形藻属	硬弓形藻	*Schroederia robusta*
绿藻门	栅藻科	集星藻属	河生集星藻	*Actinastrum fluviatile*
绿藻门	栅藻科	集星藻属	集星藻	*Actinastrum hantzschii*
绿藻门	栅藻科	拟韦斯藻属	线形拟韦斯藻	*Westellopsis linearis*
绿藻门	栅藻科	十字藻属	四角十字藻	*Crucigenia quadrata*
绿藻门	栅藻科	十字藻属	四足十字藻	*Crucigenia tetrapedia*
绿藻门	栅藻科	双月藻属	双月藻	*Dicloster acuatus*
绿藻门	栅藻科	四星藻属	短刺四星藻	*Tetrastrum staurogeniaeforme*
绿藻门	栅藻科	四星藻属	华丽四星藻	*Tetrastrum elegans*
绿藻门	栅藻科	四星藻属	平滑四星藻	*Tetrastrum glabrum*
绿藻门	栅藻科	栅藻属	二形栅藻	*Scenedesmus dimorphus*
绿藻门	栅藻科	栅藻属	丰富栅藻	*Scenedesmus abundans*

门	科	属	种	拉丁种名
绿藻门	栅藻科	栅藻属	尖细栅藻	*Scenedesmus acuminatus*
绿藻门	栅藻科	栅藻属	双对栅藻	*Scenedesmus bijuga*
绿藻门	栅藻科	栅藻属	四尾栅藻	*Scenedesmus quadricauda*
绿藻门	栅藻科	栅藻属	斜生栅藻	*Scenedesmus obliquus*
绿藻门	鼓藻科	叉星鼓藻属	迪基叉星鼓藻	*Staurodesmus dickiei*
绿藻门	鼓藻科	鼓藻属	钝鼓藻	*Cosmarium obtusatum*
绿藻门	鼓藻科	鼓藻属	光滑鼓藻	*Cosmarium laeve*
绿藻门	鼓藻科	鼓藻属	具角鼓藻	*Cosmarium angulosum*
绿藻门	鼓藻科	鼓藻属	双眼鼓藻	*Cosmarium bioculatum*
绿藻门	鼓藻科	角星鼓藻属	纤细角星鼓藻	*Staurastrum gracile*
绿藻门	鼓藻科	新月藻属	锐新月藻	*Closterium acerosum*
绿藻门	鼓藻科	新月藻属	纤细新月藻	*Closterium gracile*
绿藻门	鼓藻科	新月藻属	项圈新月藻	*Closterium moniliforum*
绿藻门	鼓藻科	新月藻属	月牙新月藻	*Closterium cynthia*
绿藻门	双星藻科	水绵属	水绵种 1	*Spirogyra* sp1
绿藻门	双星藻科	水绵属	水绵种 2	*Spirogyra* sp2
绿藻门	丝藻科	丝藻属	微细丝藻	*Ulothrix subtilis*

海河流域藻类群落物种构成在春季、秋季，存在显著差异（图 3-18）。具体来讲，春季在该流域共鉴定出藻类 136 种，隶属于 5 门 25 科 54 属 [图 3-18（a）]，其中硅藻门种类较多，为 31 科 29 属 51 种，占 39.84%；绿藻门为 8 科 23 属 50 种，占 39.06%；甲藻门最少，仅为 1 种；秋季在该流域共鉴定出藻类 139 种，隶属于 5 门 27 科 56 属（图 3-18b），其中硅藻门种类较多，为 10 科 20 属 61 种，占 45.07%；绿藻门为 8 科 21 属 50 种，占 35.21%；甲藻门最少，为 3 种。

3.4.2.1 藻类物种分类单元数

海河流域秋季样点的藻类平均物种分类单元数高于春季（表 3-16，图 3-19）。春季样点的物种分类单元数范围是 1~37，平均数是 8.7。秋季样点的物种分类单元数范围是 2~48，平均数是 17.0。春季，大清河山区流域藻类平均物种分类单元数最低，为 3.75；滦河平原及冀东沿海诸河流域藻类平均物种分类单元数最高，为 17.80。秋季，北三河山区流域藻类平均物种分类单元数最低，为 10.06；黑龙港及运东平原流域藻类平均物种分类单元数最高，达 29.31。总体而言，无论是春季还是秋季，平原流域藻类物种分类单元数都较山区流域高。

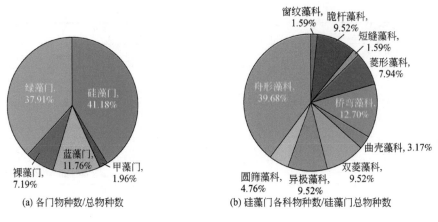

(a) 各门物种数/总物种数

(b) 硅藻门各科物种数/硅藻门总物种数

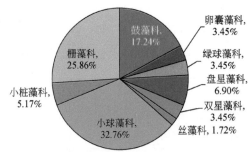

(c) 绿藻门各科物种数/绿藻门总物种数

图 3-17　2013～2015 年海河流域河流生态系统藻类物种构成的比较

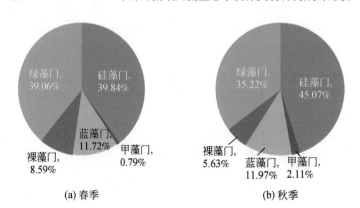

(a) 春季

(b) 秋季

图 3-18　2013～2015 年海河流域河流生态系统藻类物种构成的季节比较

表 3-16　海河流域春季、秋季河流藻类物种分类单元数的描述性统计

二级流域	春季			秋季		
	最小值	最大值	平均值±标准偏差	最小值	最大值	平均值±标准偏差
滦河山区	1	22	7.29±5.08	2	24	11.47±5.65
滦河平原及冀东沿海诸河	4	37	17.80±12.24	4	30	17.36±8.00
北三河山区	1	32	9.53±7.74	3	22	10.06±5.15

续表

二级流域	春季			秋季		
	最小值	最大值	平均值±标准偏差	最小值	最大值	平均值±标准偏差
北四河下游平原	4	22	12.63±5.60	12	23	17.88±3.44
永定河册田水库以上	5	8	6.33±1.53	7	19	14.67±6.66
永定河册田水库以下	1	31	7.50±8.99	2	32	17.00±10.25
大清河山区	1	14	3.75±4.30	3	41	14.63±12.50
大清河平原	3	24	9.60±9.02	19	40	27.40±8.50
子牙河山区	2	12	6.33±3.77	7	26	15.00±6.26
子牙河平原	2	12	5.40±3.91	12	25	20.80±5.45
漳卫河山区	1	12	6.25±3.06	6	22	15.38±4.87
漳卫河平原	5	17	10.25±4.99	6	24	17.00±8.08
黑龙港及运东平原	3	23	11.46±6.86	16	39	29.31±6.59
徒骇马颊河	1	15	6.64±4.50	12	48	28.36±11.40

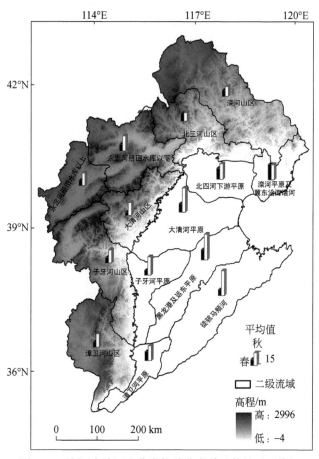

图 3-19　海河流域河流藻类物种分类单元数的时空特征

3.4.2.2　藻类 Shannon-Wiener 多样性指数

河流域秋季样点藻类 Shannon-Wiener 多样性指数的平均值高于春季（表 3-17，图 3-20）。春季样点的藻类 Shannon-Wiener 多样性指数范围是 0～2.80，平均值是 1.31；秋季样点的藻类 Shannon-Wiener 多样性指数范围是 0.26～2.87，平均值是 1.85。春季，大清河山区流域藻类 Shannon-Wiener 多样性指数平均值最低，为 0.62；滦河平原及冀东沿海诸河流域藻类 Shannon-Wiener 多样性指数平均值最高，达 1.81。秋季，北三河山区流域藻类 Shannon-Wiener 多样性指数平均值最低，为 1.56；徒骇马颊河流域藻类 Shannon-Wiener 多样性指数平均值最高，达 2.25。

表 3-17　海河流域春季、秋季河流藻类 Shannon-Wiener 多样性指数的描述性统计

二级流域	春季			秋季		
	最小值	最大值	平均值±标准偏差	最小值	最大值	平均值±标准偏差
滦河山区	0.00	2.37	1.34±0.65	0.64	2.65	1.68±0.45
滦河平原及冀东沿海诸河	0.34	2.80	1.81±0.69	0.57	2.77	1.86±0.68
北三河山区	0.00	2.38	1.37±0.79	0.63	2.21	1.56±0.49
北四河下游平原	1.17	2.25	1.75±0.40	1.43	2.48	1.94±0.31
永定河册田水库以上	0.27	1.75	1.15±0.78	1.48	2.57	2.00±0.55
永定河册田水库以下	0.00	2.58	1.07±0.96	0.64	2.69	1.66±0.68
大清河山区	0.00	1.12	0.62±0.46	0.26	2.65	1.70±0.77
大清河平原	0.83	2.69	1.34±0.77	1.88	2.51	2.14±0.29
子牙河山区	0.64	2.18	1.22±0.54	1.63	2.40	2.07±0.29
子牙河平原	0.56	1.97	1.18±0.52	1.32	2.75	1.94±0.53
漳卫河山区	0.00	2.13	1.47±0.64	0.61	2.47	1.96±0.60
漳卫河平原	1.38	1.95	1.73±0.25	1.41	2.31	1.85±0.38
黑龙港及运东平原	0.16	2.04	1.23±0.53	1.37	2.87	2.18±0.40
徒骇马颊河	0.00	2.17	1.12±0.79	1.74	2.69	2.25±0.28

3.4.2.3　藻类 Berger-Parker 优势度指数

海河流域春季藻类 Berger-Parker 优势度指数平均值高于秋季（表 3-18，图 3-21）。春季藻类 Berger-Parke 优势度指数的范围是 0.16～1.00，平均值是 0.52；秋季藻类 Berger-Parker 优势度指数的范围是 0.13～0.95，平均值是 0.39。春季，漳卫河平原流域藻类 Berger-Parker 优势度指数平均值最低，为 0.37；大清河山区流域藻类 Berger-Parker 优势度指数平均值最高，达 0.70。秋季，子牙河山区流域藻类 Berger-Parker 优势度指数平均值最低，为 0.28；永定河册田水库以下流域藻类 Berger-Parker 优势度指数平均值最高，为 0.46。

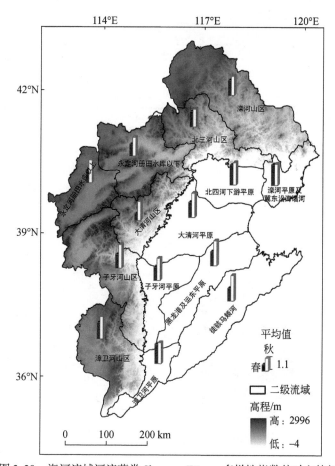

图 3-20　海河流域河流藻类 Shannon-Wiener 多样性指数的时空特征

表 3-18　海河流域春季、秋季河流藻类 Berger-Parker 优势度指数的描述性统计

二级流域	春季			秋季		
	最小值	最大值	平均值±标准偏差	最小值	最大值	平均值±标准偏差
滦河山区	0.20	1.00	0.48±0.22	0.17	0.73	0.43±0.16
滦河平原及冀东沿海诸河	0.26	0.94	0.44±0.22	0.16	0.90	0.40±0.21
北三河山区	0.19	1.00	0.54±0.29	0.18	0.80	0.44±0.17
北四河下游平原	0.26	0.60	0.40±0.14	0.19	0.64	0.42±0.14
永定河册田水库以上	0.36	0.94	0.56±0.34	0.21	0.38	0.30±0.09
永定河册田水库以下	0.20	1.00	0.63±0.30	0.25	0.85	0.46±0.22
大清河山区	0.46	1.00	0.70±0.23	0.17	0.95	0.39±0.25
大清河平原	0.22	0.69	0.49±0.17	0.23	0.48	0.34±0.11
子牙河山区	0.16	0.78	0.53±0.20	0.16	0.41	0.28±0.07
子牙河平原	0.31	0.75	0.56±0.16	0.15	0.63	0.43±0.20

续表

二级流域	春季			秋季		
	最小值	最大值	平均值±标准偏差	最小值	最大值	平均值±标准偏差
漳卫河山区	0.19	1.00	0.39±0.26	0.18	0.85	0.33±0.21
漳卫河平原	0.26	0.47	0.37±0.11	0.27	0.57	0.45±0.13
黑龙港及运东平原	0.27	0.97	0.56±0.22	0.13	0.49	0.31±0.10
徒骇马颊河	0.19	1.00	0.59±0.29	0.15	0.47	0.30±0.10

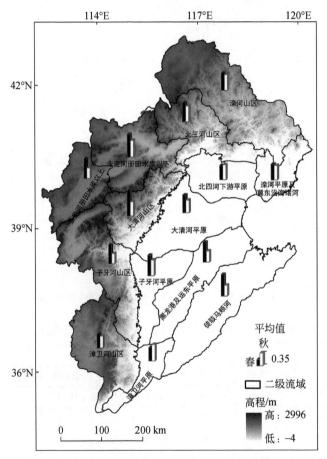

图 3-21 海河流域河流藻类 Berger-Parker 优势度指数的时空特征

3.5 底栖动物

底栖动物一般指个体大于 500μm，全部或大部分时间在水体底部生活的无脊椎动物，主要包括水生昆虫、甲壳类、软体动物、环节动物等（赵文，2001；胡知渊，2009）。底栖动物是河流、湖库、湿地等水生态系统结构和功能的重要组成部分，对外界胁迫的响应比较敏感，其中蜉蝣目、襀翅目、毛翅目（简称 EPT）对干扰最敏感，EPT 在不同水体不同季节中的丰富度、群落组成、耐污类群和敏感类群的比例，以及不同功能摄食类群的结构特征等都可以从不同层面反映水质的好坏，从而可以有效地指示水生态系统的健康状况（Pander and Ceist，2013；Kenney et al.，2009；李强等，2006）。

底栖动物群落组成与生物量等特征有较强的时空分布差异，既体现了水生态系统的经纬度、海拔、水文特征等自然差异，也反映了土地利用、城市化、闸坝建设等人为活动对水生态服务功能的影响（刘祥等，2016；章飞军等，2010）。在空间分布上，由于人为干扰较轻，河流源头和上游的水质较好，栖息生境多样性也保持较好，底栖动物常常会呈现出较高的物种多样性及丰度值；但从上游向中下游延伸，河流受到不同程度的人为扰动（如人为采砂活动、不同土地利用类型、点源与面源污染物的排放、闸坝的水动力调控等），底栖动物则常常表现出总个体数及物种多样性逐渐降低的趋势（刘祥等，2016；张海萍等，2015；张楠等，2013）。尽管自然环境要素与人为活动要素均对底栖动物的时空分布具有显著影响，但在一些河流或河段，人为活动要素对底栖动物的影响高于自然环境要素（渠晓东等，2013）。在时间尺度上，底栖动物物种丰度分布因其本身生活史往往表现出较强的季节性，尤以昆虫纲类物种最为突出，如淮河流域夏季双翅目和蜉蝣目类物种显著少于秋季，而毛翅目类物种则明显多于秋季（刘祥等，2016）。除物种本身生活特性因子外，水环境因子和沉积物因子（如水温、pH、TN、表层沉积物中的有机质、沉积物 TN、TP 和 Cd、Pb、Hg 等重金属）的时间梯度变化也是底栖动物群落结构变化的主要驱动因子（闵梦月等，2016；廖一波等，2011）。另外，随时间变化的水文周期也会影响某些特定类群（如毛翅目）（李飞龙等，2015）。

海河流域多条河流的底栖动物健康程度较差，无论是山区河流还是平原区河流，水生昆虫和软体动物均为主要类群，耐污种以水丝蚓属、颤蚓属和摇蚊类为主，而蜉蝣目、襀翅目和毛翅目等敏感种较少。海河流域的底栖动物调查研究多集中于河流或河段尺度，主要包括潮白河、北运河、滦河、拒马河、徒骇马颊河等。具体来讲，拒马河（北京段）底栖动物物种多样性高，水质等级为二级（王宏伟等，2007）；城北减河和潮白河上游的水质优于下游，上游底栖动物以耐污值较低的库蚊为优势种，而下游底栖动物以耐污值较高的羽摇蚊为优势种（王燕华等，2009）；潮白河（北京段）水质处于健康等级，底栖指数与 COD、TN、TP、NH_4^+-N 显著相关（张楠等，2016）；北运河河流生态系统的健康状况总体较差，呈现出较强的空间异质性，底栖动物群落密度和生物量的季节变化规律是春季>夏季>秋季，优势类群是以典型的耐高有机污染的种类（如水丝蚓属、颤蚓属和摇蚊类）构成（顾晓昀等，2018；顾晓昀等，2017；刘光华，2011）；滦河水系的底栖动物群落特征也呈现出较大的空间异质性，滦河上游和中游河段受污染程度较低，水质较好，底栖动物种类较为丰富；而在滦河下游河段，底栖动物的多度、生物量及生物多样性指数值都较小（孔凡青等，2017；李军涛等，2015；吴佳宁等，2015；王琳等，2009）。此外，永定河、徒骇马颊河、黑龙港运东水系的底栖动物群落呈现出全面退化的趋势，底栖动物生物完整性基本丧失（慕林青等，2018；于政达，2017；詹凡玢等，2015）。

由此可见，海河流域底栖动物调查研究不仅缺乏不同水系之间的横向比较，水系底栖动物的长期研究也很少。因此，开展海河全流域尺度的底栖动物结构与时空特征比较研究非常迫切，这对海河流域基于底栖动物完整性的健康评价和恢复具有重要意义。

3.5.1 调查与测定方法

海河流域底栖动物利用 D 形网进行采集。可涉河流采集 3～5 个断面，非可涉河流沿断面由浅至深采集到 1.3 m 处左右，将 3～5 个采集样方合在一起作为该样点的样方。底栖动物采用踢网法沿河流断面（水深处无法覆盖整个断面时，以采集到最大深度为标准）采集，采集范围尽可能覆盖该河段所有的生境类型（如激流、缓流、静水等）。所有采集到的生物及其他杂物综合为一个样品，现场采用 60 目网筛进行洗涤和筛洗，最后用 75% 的酒精保存并带回实验室（经现场初步检查如有环节动物，用 10% 甲醛溶液处理）。在实验室内，将所有底栖动物从样方中挑拣出来，并用 75% 的酒精保存（图 3-22）。

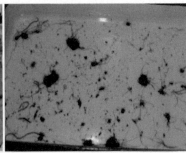

图 3-22　海河流域底栖动物野外采集和实验室处理

依据底栖动物鉴定文献资料（宋大祥和杨思谅，2009；周长发，2002；Merritt and Cummins，1996；Morse et al.，1994；刘月英等，1979），将所采集的底栖动物鉴定到最可能小的分类单元，大部分底栖动物鉴定到种或属，摇蚊类仅鉴定到亚科，一些环节动物和软体动物仅鉴定到科或目。

底栖动物时空特征比较所选的指标包括物种分类单元数、Berger-Parker 优势度指数、EPT 科级分类比、底栖动物 BMWP 指数。

3.5.2 底栖动物的时空特征

2013～2015 年，海河流域的底栖动物调查共鉴定 3 门 7 纲 22 目 116 科（表 3-19）。在门分类单元上，节肢动物门包含科数最多，共 95 科，软体动物门和环节动物门分别包括 13 科和 8 科；而在纲分类单元上，昆虫纲所含科数最多，共 90 科，占总科数的比例为 77.59%，昆虫纲以双翅目、鞘翅目、蜻蜓目、毛翅目为主，占 77.17%；其次为腹足纲为 8 科，占 7.9%、蛭纲和双壳纲都为 5 科，占 4.31% 等（图 3-23）。

表 3-19　　海河流域底栖动物鉴定名录

门	纲	目	科	拉丁科名
环节动物门	多毛纲	叶须虫目	沙蚕科	Nereididae
环节动物门	寡毛纲	颤蚓目	颤蚓科	Tubificidae
环节动物门	寡毛纲	单向蚓目	仙女虫科	Naididae
环节动物门	蛭纲	吻蛭目	扁蛭科	Glossiphonidae
环节动物门	蛭纲	无吻蛭目	沙蛭科	Salifidae
环节动物门	蛭纲	无吻蛭目	山蛭科	Haemadipsidae
环节动物门	蛭纲	无吻蛭目	石蛭科	Erpobdellidae
环节动物门	蛭纲	无吻蛭目	医蛭科	Hirudiniidae
软体动物门	腹足纲	中腹足目	田螺科	Viviparidae
软体动物门	腹足纲	中腹足目	黑螺科	Melaniidae
软体动物门	腹足纲	中腹足目	拟沼螺科	Assimineidae
软体动物门	腹足纲	中腹足目	膀胱螺科	Physidae
软体动物门	腹足纲	中腹足目	瓶螺科	Pilaidae
软体动物门	腹足纲	中腹足目	觹螺科	Hydrobiidae
软体动物门	腹足纲	基眼目	扁蜷螺科	Planorbidae
软体动物门	腹足纲	基眼目	椎实螺科	Lymnaeidae
软体动物门	双壳纲	真瓣鳃目	蚌科	Unionidae
软体动物门	双壳纲	真瓣鳃目	珍珠蚌科	Margaritanidae
软体动物门	双壳纲	帘蛤目	球蚬科	Sphaeriidae
软体动物门	双壳纲	帘蛤目	蚬科	Corbiculidae
软体动物门	双壳纲	贻贝目	贻贝科	Mytilidae
节肢动物门	软甲纲	等足目	浪飘水虱科	Cirolanidae
节肢动物门	软甲纲	端足目	钩虾科	Gammaridae
节肢动物门	软甲纲	十足目	对虾科	Penaeidae
节肢动物门	软甲纲	十足目	弓蟹科	Varunidae
节肢动物门	软甲纲	十足目	长臂虾科	Palaemonidae
节肢动物门	昆虫纲	蜉蝣目	扁蜉科	Heptageniidae
节肢动物门	昆虫纲	蜉蝣目	短丝蜉科	Siphlonuridae
节肢动物门	昆虫纲	蜉蝣目	蜉蝣科	Ephemeridae
节肢动物门	昆虫纲	蜉蝣目	河花蜉科	Patamanthidae
节肢动物门	昆虫纲	蜉蝣目	四节蜉科	Baetidae
节肢动物门	昆虫纲	蜉蝣目	细蜉科	Caenidae
节肢动物门	昆虫纲	蜉蝣目	细裳蜉科	Leptophlebiidae
节肢动物门	昆虫纲	蜉蝣目	小蜉科	Ephemerellidae

门	纲	目	科	拉丁科名
节肢动物门	昆虫纲	蜉蝣目	新蜉科	Neoephemeridae
节肢动物门	昆虫纲	蜻蜓目	蟌科	Coenagrionidae
节肢动物门	昆虫纲	蜻蜓目	大蜻科	Macromiidae
节肢动物门	昆虫纲	蜻蜓目	大蜓科	Cordulagasteridae
节肢动物门	昆虫纲	蜻蜓目	溪蟌科	Euphaeidae
节肢动物门	昆虫纲	蜻蜓目	隼蟌科	Chlorocyphidae
节肢动物门	昆虫纲	蜻蜓目	春蜓科	Gomphidae
节肢动物门	昆虫纲	蜻蜓目	丽蟌科	Amphipterygidae
节肢动物门	昆虫纲	蜻蜓目	蜻科	Libellulidae
节肢动物门	昆虫纲	蜻蜓目	色蟌科	Calopterygidae
节肢动物门	昆虫纲	蜻蜓目	扇蟌科	Platycnemididae
节肢动物门	昆虫纲	蜻蜓目	丝蟌科	Lestidae
节肢动物门	昆虫纲	蜻蜓目	蜓科	Aeshnidae
节肢动物门	昆虫纲	蜻蜓目	伪蜻科	Corduliidae
节肢动物门	昆虫纲	蜻蜓目	原蟌科	Protoneuridae
节肢动物门	昆虫纲	蜻蜓目	综蟌科	Chlorolestidae
节肢动物门	昆虫纲	襀翅目	石蝇科	Perlidae
节肢动物门	昆虫纲	襀翅目	网石蝇科	Perlodidae
节肢动物门	昆虫纲	半翅目	蝽科	Pentatomidae
节肢动物门	昆虫纲	半翅目	负子蝽科	Belostomatidae
节肢动物门	昆虫纲	半翅目	划蝽科	Corixidae
节肢动物门	昆虫纲	半翅目	潜蝽科	Naucoridae
节肢动物门	昆虫纲	半翅目	蝎蝽科	Nepidae
节肢动物门	昆虫纲	广翅目	鱼蛉科	Corydalidae
节肢动物门	昆虫纲	鞘翅目	扁泥甲科	Psephenidae
节肢动物门	昆虫纲	鞘翅目	步甲科	Carabidae
节肢动物门	昆虫纲	鞘翅目	方胸龙虱科	Noteridae
节肢动物门	昆虫纲	鞘翅目	鼓甲科	Gyrinidae
节肢动物门	昆虫纲	鞘翅目	龙虱科	Dytiscidae
节肢动物门	昆虫纲	鞘翅目	泥甲科	Dryopidae
节肢动物门	昆虫纲	鞘翅目	拟步行虫科	Tenebrionidae
节肢动物门	昆虫纲	鞘翅目	平唇水龟科	Hydraenidae
节肢动物门	昆虫纲	鞘翅目	角甲科	Salpingidae
节肢动物门	昆虫纲	鞘翅目	水龟甲科	Hydrophilidae

门	纲	目	科	拉丁科名
节肢动物门	昆虫纲	鞘翅目	金花虫科	Chrysomelidae
节肢动物门	昆虫纲	鞘翅目	隐翅虫科	Staphylinidae
节肢动物门	昆虫纲	鞘翅目	缨甲科	Ptiliidae
节肢动物门	昆虫纲	鞘翅目	萤科	Lampyridae
节肢动物门	昆虫纲	鞘翅目	圆花蚤科	Scirtidae
节肢动物门	昆虫纲	鞘翅目	长角泥甲科	Elmidae
节肢动物门	昆虫纲	鞘翅目	沼梭甲科	Haliplidae
节肢动物门	昆虫纲	鞘翅目	沟背牙甲科	Helophoridae
节肢动物门	昆虫纲	双翅目	大蚊科	Tipulidae
节肢动物门	昆虫纲	双翅目	麻蝇科	Sarcophagidae
节肢动物门	昆虫纲	双翅目	蛾蠓科	Psychodidae
节肢动物门	昆虫纲	双翅目	虻科	Tabanidae
节肢动物门	昆虫纲	双翅目	蠓科	Ceratopogonidae
节肢动物门	昆虫纲	双翅目	曲臂虻科	Pelecorhynchidae
节肢动物门	昆虫纲	双翅目	蚋科	Simuliidae
节肢动物门	昆虫纲	双翅目	食蚜蝇科	Syrphidae
节肢动物门	昆虫纲	双翅目	水虻科	Stratiomyidae
节肢动物门	昆虫纲	双翅目	水蝇科	Ephydridae
节肢动物门	昆虫纲	双翅目	网蚊科	Blephariceridae
节肢动物门	昆虫纲	双翅目	伪蚊科	Tanyderidae
节肢动物门	昆虫纲	双翅目	蚊科	Culicidae
节肢动物门	昆虫纲	双翅目	舞虻科	Empididae
节肢动物门	昆虫纲	双翅目	细蚊科	Dixidae
节肢动物门	昆虫纲	双翅目	褶蚊科	Ptychopteridae
节肢动物门	昆虫纲	双翅目	摇蚊科	Chironomidae
节肢动物门	昆虫纲	双翅目	蝇科	Muscidae
节肢动物门	昆虫纲	双翅目	蚤蝇科	Phoridae
节肢动物门	昆虫纲	双翅目	长足虻科	Dolichopodidae
节肢动物门	昆虫纲	双翅目	沼蝇科	Sciomyzidae
节肢动物门	昆虫纲	毛翅目	齿角石蛾科	Odontoceridae
节肢动物门	昆虫纲	毛翅目	短石蛾科	Brachycentridae
节肢动物门	昆虫纲	毛翅目	多距石蛾科	Polycentropodidae
节肢动物门	昆虫纲	毛翅目	蝶石蛾科	Psychomyiidae
节肢动物门	昆虫纲	毛翅目	黑管石蛾科	Uenoidae

续表

门	纲	目	科	拉丁科名
节肢动物门	昆虫纲	毛翅目	角石蛾科	Stenopsychidae
节肢动物门	昆虫纲	毛翅目	鳞石蛾科	Lepidostomatidae
节肢动物门	昆虫纲	毛翅目	瘤石蛾科	Goeridae
节肢动物门	昆虫纲	毛翅目	舌石蛾科	Glossosomatidae
节肢动物门	昆虫纲	毛翅目	石蛾科	Phryganeidae
节肢动物门	昆虫纲	毛翅目	纹石蛾科	Hydropsychidae
节肢动物门	昆虫纲	毛翅目	小石蛾科	Hydroptilidae
节肢动物门	昆虫纲	毛翅目	原石蛾科	Rhyacophilidae
节肢动物门	昆虫纲	毛翅目	长角石蛾科	Leptoceridae
节肢动物门	昆虫纲	毛翅目	沼石蛾科	Limnephilidae
节肢动物门	昆虫纲	鳞翅目	灯蛾科	Arctiidae
节肢动物门	昆虫纲	鳞翅目	螟蛾科	Pyralidae
节肢动物门	昆虫纲	鳞翅目	木蠹蛾科	Cossidae
节肢动物门	昆虫纲	鳞翅目	夜蛾科	Noctuidae

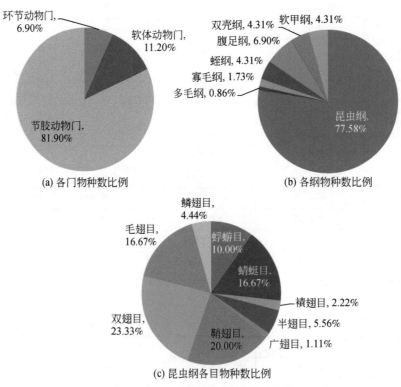

(a) 各门物种数比例

(b) 各纲物种数比例

(c) 昆虫纲各目物种数比例

图 3-23　2013～2015 年海河流域底栖动物物种构成

3.5.2.1 底栖动物物种分类单元数

海河流域秋季样点的底栖动物平均物种分类单元数高于春季（表 3-20，图 3-24）。春季样点的物种分类单元数范围是 1 ~ 31，平均值为 8.7。秋季样点的物种分类单元数范围是 1 ~ 26，平均值为 9.3。永定河册田水库以上流域春季底栖动物物种分类单元数最低，平均值为 3.00；大清河山区流域春季底栖动物物种分类单元数最高，平均值为 14.75。子牙河平原流域秋季底栖动物物种分类单元数最低，平均值为 3.40，漳卫河山区流域春季底栖动物物种分类单元数最高，平均值为 14.88。

表 3-20 海河流域春季、秋季河流底栖动物物种分类单元数的描述性统计

二级流域	春季			秋季		
	最小值	最大值	平均值±标准偏差	最小值	最大值	平均值±标准偏差
滦河山区	1	23	7.91±5.32	2	16	7.97±3.65
滦河平原及冀东沿海诸河	4	18	11.00±4.43	3	16	9.18±4.31
北三河山区	3	31	10.00±7.00	1	20	11.33±5.51
北四河下游平原	2	31	9.75±9.36	2	11	7.38±3.16
永定河册田水库以上	1	5	3.00±2.00	7	9	8.00±1.00
永定河册田水库以下	2	14	9.00±3.86	5	16	8.83±6.43
大清河山区	9	26	14.75±5.47	4	22	13.25±5.01
大清河平原	2	7	4.75±2.22	7	9	8.20±0.84
子牙河山区	4	26	10.67±8.17	4	26	12.78±7.17
子牙河平原	1	10	3.80±3.70	2	7	3.40±2.07
漳卫河山区	4	23	13.63±6.70	7	20	14.88±5.17
漳卫河平原	1	7	4.50±3.00	4	11	6.25±3.20
黑龙港及运东平原	1	10	5.08±2.66	2	13	8.00±3.59
徒骇马颊河	2	13	7.73±3.74	2	19	9.20±6.21

3.5.2.2 底栖动物 EPT 指数

海河流域春季底栖动物平均 EPT 指数平均值高于秋季（表 3-21，图 3-25）。春季底栖动物 EPT 指数的范围是 0.00 ~ 0.75，平均值是 0.13；秋季底栖动物 EPT 指数的范围是 0.00 ~ 0.43，平均值是 0.11。春季，漳卫河平原、永定河册田水库以上、黑龙港及运东平原、徒骇马颊河等流域底栖动物 EPT 指数最低，平均值均为 0；大清河山区流域底栖动物 EPT 指数最高，平均值达 0.25。秋季，子牙河平原、北四河下游平原流域底栖动物 EPT 指数平均值均为 0；漳卫河山区流域底栖动物 EPT 指数最高，平均值达 0.23。总体而言，无论春季还是秋季，山区流域底栖动物 EPT 指数均较平原流域高。

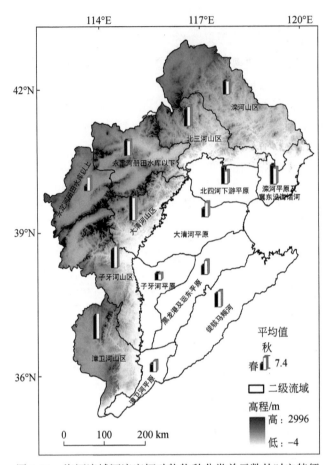

图 3-24　海河流域河流底栖动物物种分类单元数的时空特征

表 3-21　海河流域春季、秋季河流底栖动物 EPT 指数的描述性统计

二级流域	春季			秋季		
	最小值	最大值	平均值±标准偏差	最小值	最大值	平均值±标准偏差
滦河山区	0.00	0.75	0.24±0.25	0.00	0.36	0.14±0.13
滦河平原及冀东沿海诸河	0.00	0.44	0.11±0.16	0.00	0.40	0.12±0.15
北三河山区	0.00	0.59	0.18±0.19	0.00	0.29	0.14±0.09
北四河下游平原	0.00	0.23	0.03±0.08	—	—	—
永定河册田水库以上	—	—	—	0.11	0.25	0.17±0.07
永定河册田水库以下	0.00	0.33	0.14±0.11	0.00	0.33	0.11±0.12
大清河山区	0.09	0.53	0.25±0.14	0.00	0.36	0.20±0.12
大清河平原	0.00	0.14	0.14±0.07	0.00	0.11	0.02±0.05
子牙河山区	0.00	0.42	0.18±0.16	0.00	0.25	0.18±0.08
子牙河平原	0.00	0.10	0.02±0.04	—	—	—
漳卫河山区	0.00	0.35	0.18±0.12	0.12	0.43	0.23±0.10
漳卫河平原	—	—	—	0.00	0.09	0.02±0.05

续表

二级流域	春季			秋季		
	最小值	最大值	平均值±标准偏差	最小值	最大值	平均值±标准偏差
黑龙港及运东平原	—	—	—	0.00	0.14	0.03±0.05
徒骇马颊河	—	—	—	0.00	0.09	0.02±0.03

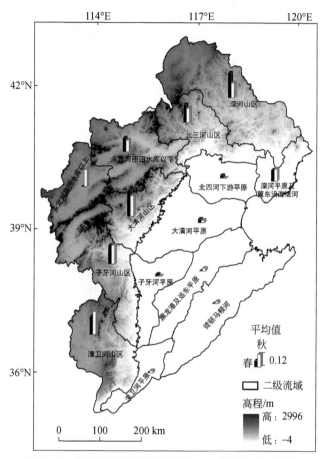

图 3-25　海河流域河流底栖动物 EPT 指数的时空特征

3.5.2.3　底栖动物 Berger-Parker 优势度指数

海河流域春季底栖动物 Berger-Parker 优势度指数高于秋季（表 3-22，图 3-26）。春季底栖动物 Berger-Parker 优势度指数的范围是 0.17～1.00，平均值为 0.70；秋季底栖动物 Berger-Parker 优势度指数的范围是 0.16～1.00，平均值为 0.58。春季，北三河山区流域底栖动物 Berger-Parker 优势度指数最低，平均值为 0.52；永定河册田水库以上流域底栖动物 Berger-Parker 优势度指数最高，平均值达 0.91。秋季，大清河山区流域底栖动物 Berger-Parker 优势度指数最低，平均值为 0.48；漳卫河平原流域底栖动物 Berger-Parker 优势度指数最高，平均值达 0.86。

表 3-22 海河流域春季、秋季河流底栖动物 Berger-Parker 优势度指数的描述性统计

二级流域	春季			秋季		
	最小值	最大值	平均值±标准偏差	最小值	最大值	平均值±标准偏差
滦河山区	0.27	1.00	0.75±0.21	0.22	0.98	0.58±0.22
滦河平原及冀东沿海诸河	0.25	0.95	0.56±0.28	0.25	0.87	0.51±0.18
北三河山区	0.18	0.92	0.52±0.25	0.20	1.00	0.50±0.25
北四河下游平原	0.23	0.98	0.70±0.27	0.31	1.00	0.64±0.27
永定河册田水库以上	0.83	1.00	0.91±0.09	0.47	0.72	0.56±0.14
永定河册田水库以下	0.30	0.95	0.70±0.21	0.16	0.85	0.53±0.20
大清河山区	0.17	0.88	0.54±0.23	0.32	0.86	0.48±0.17
大清河平原	0.40	0.97	0.62±0.25	0.33	0.95	0.67±0.30
子牙河山区	0.35	1.00	0.79±0.22	0.24	0.93	0.58±0.24
子牙河平原	0.31	1.00	0.75±0.28	0.50	0.98	0.67±0.20
漳卫河山区	0.49	0.98	0.77±0.15	0.40	0.82	0.56±0.16
漳卫河平原	0.33	1.00	0.78±0.31	0.63	0.99	0.86±0.16
黑龙港及运东平原	0.46	1.00	0.88±0.17	0.27	1.00	0.62±0.26
徒骇马颊河	0.40	1.00	0.60±0.22	0.26	1.00	0.60±0.27

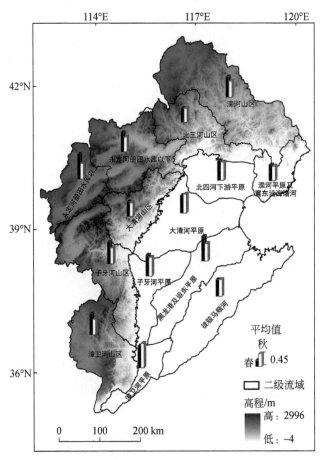

图 3-26 海河流域河流底栖动物 Berger-Parker 优势度指数的时空特征

3.5.2.4 底栖动物 BMWP 指数

海河流域春季底栖动物平均 BMWP 指数低于秋季（表3-23，图3-27）。春季底栖动物 BMWP 指数范围是 2 ~ 154，平均值是 38.00；秋季底栖动物 BMWP 指数范围是 3 ~ 145，平均值是 43.00。子牙河平原流域春季、秋季底栖动物 BMWP 指数在 14 个二级流域中均最低，分别为 11.00、10.40。春季、秋季底栖动物 BMWP 指数最高的分别是大清河山区流域、漳卫河山区流域，底栖动物平均 BMWP 指数分别为 68.88、80.13。总体而言，无论是春季还是秋季，山区流域底栖动物 BMWP 指数均较平原流域高。

表 3-23 海河流域春季、秋季河流底栖动物 BMWP 指数的描述性统计

二级流域	春季			秋季		
	最小值	最大值	平均值±标准偏差	最小值	最大值	平均值±标准偏差
滦河山区	2	109	35.97±27.45	3	87	36.94±22.41
滦河平原及冀东沿海诸河	13	96	46.00±26.53	13	87	42.91±23.33
北三河山区	11	154	45.00±38.49	6	119	57.40±33.57
北四河下游平原	6	144	37.88±47.03	9	47	28.88±13.07
永定河册田水库以上	2	20	11.33±9.02	23	39	31.67±8.08
永定河册田水库以下	11	67	40.67±18.81	21	76	39.42±16.21
大清河山区	37	103	68.88±27.52	17	122	65.88±30.79
大清河平原	5	24	15.75±9.29	26	38	33.80±5.22
子牙河山区	11	114	45.56±39.87	18	145	65.11±40.03
子牙河平原	2	28	11.00±10.68	6	22	10.40±6.69
漳卫河山区	11	124	67.63±39.65	27	121	80.13±31.70
漳卫河平原	2	21	12.00±8.60	17	54	27.75±17.58
黑龙港及运东平原	2	54	22.54±13.07	5	58	34.33±17.28
徒骇马颊河	3	53	29.36±17.00	6	88	41.40±29.76

3.6 鱼 类

作为河流生态系统中较高等级的消费者，鱼类能够通过食物链之间的相互关系维持生态系统中的营养物质循环和能量流动等河流生态功能，同时作为主要的捕捞对象，也是人类依赖的重要自然资源之一。另外，鱼类群落结构不仅能够在不同时空尺度上反映生态系统内部生物因子的影响，还能够反映生态系统内部环境因子以及水陆之间的多种影响关系（高欣等，2015；Sarpedonty et al.，2013），因此常被用来进行河流生态系统的健康评价（Barbour et al.，1999；Karr，1981），同时在短期生态修复工程和长期河流管理与规划中，鱼类群落的时空特征也是通常需要考虑的内容和关注的重点（Moss，2004）。

河流鱼类群落通常会在河流生态系统中表现出一定的时空差异，具有一定的自组织性

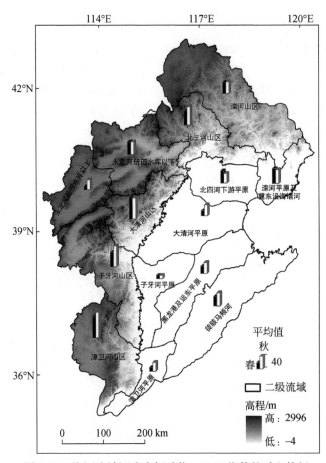

图 3-27　海河流域河流底栖动物 BMWP 指数的时空特征

并且遵循非随机过程（Dauwalter et al., 2008；Ostrand and Wilde, 2002；Jackson et al., 2001），对其进行研究不仅可以了解鱼类群落的时空分布特征及其与环境因子之间的关系，而且有助于探索人为活动对鱼类群落时空分布的影响，最终为制定合理的鱼类资源保护对策提供基础资料和科学依据。因此，鱼类群落多样性的时空分布格局及其影响因素的识别是河流生态系统健康评价和河流生态学研究的重要问题之一（Nakagawa, 2014）。

鱼类群落时空差异的自然决定因素包括具有空间异质性的非生物因素（如海拔、气候、地形和生境等）和生态系统内部的生物交互作用（如竞争、捕食等）（Johnson and Arunachalam, 2010；Hoeinghaus et al., 2007；Grossman et al., 1998）。在历史和全球尺度上，几乎所有区域的鱼类群落在发展过程中都形成了现代地理区系上的差异[①]；而在流域或水系尺度上，鱼类群落分布的差异常常受海拔、气候、地形和生境等非生物因素的影响（Onorato et al., 2000；Gafny et al., 2000；Roesner et al., 1997），如海拔的梯度变化不仅可

---

① https：//en. wikipedia. org/wiki/Biogeographic_realm。

以影响鱼类群落的垂直分布（马燕武等，2009），还可以协同气候的变化影响一些鱼类物种仅在特定河段或者支流分布（刘明典等，2011）。另外，因地形造成的水系和河流差异也决定了鱼类群落的空间分布（严云志等，2010）。在纵向尺度上，河流鱼类种类组成和物种丰度从上游到下游因一系列环境因子（如海拔、流速、底质类型、水温等）的梯度变化而呈现出逐渐增多的趋势（雷娟等，2015；Yan et al.，2010；Eros and Grossman，2005；Matthews，1986）。

除上述自然因素外，河流鱼类群落的时空差异也受到人为活动的影响。在较大时空尺度上，流域内不同区域土地利用的空间格局会影响鱼类群落特征（李丽娟等，2017；高欣等，2015）。例如，鱼类多样性会因城市化造成的非透水性地面面积增加而下降（Paul et al.，2001）。在中小尺度上，鱼类群落特征也会受由人类活动引起的水质、水文、栖息地等环境因素变化的影响（王晓宁等，2018；Sharma et al.，2011；Grenouillet et al.，2004），如印度 Churni 河中的鱼类物种在 1983～2003 年内因河流水质下降消失了 63.6%（Das and Chakrabarty，2007）；对水文变化较敏感的鳅科鱼往往会因水文巨幅变化而受到威胁（周伟和李明会，2006）；同样，与水文和水质密切相关的生境因子也会影响鱼类群落的空间格局（帅方敏等，2017；张晓可等，2017）。

海河流域鱼类的相关研究起步较早，主要着重调查鱼类的群落结构组成。1887 年，在直隶省（今河北省）发现淡水鱼类 28 种（Von Mollendorff，1887），1901 年，在天津白河报道鱼类 23 种（Abbott and Drake，1901），1931 年，在河北省报道淡水鳅类 6 属 10 种，鲤科鱼类 26 种和 2 个新亚种（寿振黄和张春霖，1931）。在此基础之上，经过先后多次调查和数据整理，在河北省共发现淡水鱼类 75 种（周汉藩和张春霖，1934），同年在热河发现淡水鱼类 33 种（Mori，1934）。20 世纪 50～80 年代，海河流域的鱼类调查主要集中在海河水系（刘修业等，1981）、白洋淀（王所安和顾景龄，1981；郑葆珊等，1960；黄明显等，1959）、怀柔水库（张春生和施辉，1985）、滦河（王所安等，1985）和永定河（王所安等，1985）。经整理发现，河北省已知淡水鱼类共 118 种，隶属于 13 目 25 科（李国良，1986）。

20 世纪 90 年代以后，海河流域鱼类研究开始从鱼类群落构成研究向鱼类多样性研究与保护领域延伸，研究地点主要集中在于桥水库（李明德和杨竹舫，1991）、白洋淀（谢松和贺华东，2010；曹玉萍等，2003a；韩希福，1991）、衡水湖（韩九皋，2007；曹玉萍等，2003b）、桃林口水库（周勇等，2013）、漳卫河（朱国清等，2014；曹玉萍和王所安，1990）、滹沱河（朱国清等，2014；王安利，1991）、拒马河（杨文波等，2008）、桑干河（朱国清等，2014）、怀沙河（邢迎春等，2007）、滦河（王晓宁等，2018）等。同时，在白洋淀和滦河流域开始分析人为活动对海河流域鱼类群落结构特征的影响（王晓宁等，2018；谢松和贺华东，2010；王所安和顾景龄，1981）。

综上所述，尽管海河流域的鱼类研究很多，但大多关注的是鱼类群落构成，并且调查多在一个河流或湖库。然而，近年来流域鱼类研究方向已经转向从不同尺度上分析鱼类群落的时空特性及其与环境因子以及人类活动的相互关系，进而分析河流生态系统的健康状况，从而为河流生态系统的维持和保护提供科学建议，这也正是海河流域鱼类研究所亟需的。

3.6.1 调查与测定方法

2013～2014 年，主要采用现场采集、鱼市购买和走访渔民等方法在海河流域 52 个样点进行调查（表 3-24、图 3-28）。具体来讲，在山区和高原区的可涉河流（水深≤1.5m）样点，选用电鱼法进行采集［图 3-29（a）］，电鱼区间约为河道水面宽度的 30 倍；对于非可涉河流（水深>1.5m）样点，选择适合的地点利用地笼法［图 3-29（b）］进行采集，地笼时间不少于 12h，同时在可能的样点结合刺网法［图 3-29（c）］进行现场捕捞；另外，在当地市场和地方渔民进行走访，从而获得更全面的鱼类样品和数据。鱼类样品采集后立即进行现场鉴定工作，已鉴定鱼类样品需全部放归自然，已死亡鱼类需远离河岸填埋。难以鉴定的物种需利用 10% 甲醛溶液浸泡固定，以带回实验室进一步完成鉴定。

鱼类鉴定资料为《中国动物志　硬骨鱼纲　鲤形目（下卷)》（乐佩琪等，2000)《中国动物志　硬骨鱼纲　鲤形目（中卷)》（陈宜瑜等，1998)、《河北鱼类志：鱼类》（王所安等，2001)、《北京鱼类志》（王鸿媛，1984)、《北京及其邻近地区的鱼类：物种多样性、资源评价和原色图谱》（张春光和赵亚辉，2013)、《中国淡水鱼类检索》（朱松泉，1995)、《鱼类分类学》（孟庆闻等，1995) 等。鱼类空间分布特征比较所选的指标包括物种分类单元数、Shannon-Wiener 多样性指数、Berger-Parker 优势度指数等。

表 3-24　2013～2014 年海河流域鱼类调查样点信息

序号	经度	纬度	河流/湖库	采样方法
1	115.9381°E	40.8190°N	潮白河支流白河上游	电鱼法
2	116.5263°E	40.7100°N	潮白河支流白河中游	电鱼法
3	116.0971°E	40.9438°N	潮白河支流黑河中游	电鱼法
4	116.3222°E	41.2345°N	潮白河支流汤上游	电鱼法
5	113.9983°E	39.3903°N	大清河支流唐河上游	电鱼法
6	114.4532°E	39.2822°N	大清河支流唐河中游	电鱼法
7	114.8411°E	38.8472°N	大清河支流唐河下游	电鱼法
8	114.7824°E	38.7651°N	西大洋水库	走访渔民、调查市场
9	114.4318°E	38.7809°N	王快水库	走访渔民、调查市场
10	116.6841°E	39.0142°N	大清河中游	走访渔民、调查市场
11	112.7857°E	38.8802°N	滹沱河上游	电鱼法
12	113.1148°E	38.6367°N	滹沱河中上游	电鱼法
13	113.4084°E	38.4448°N	滹沱河中下游	电鱼法
14	113.8697°E	38.3585°N	滹沱河下游	电鱼法
15	116.9698°E	42.1460°N	滹沱河支流小滦河上游	电鱼法
16	117.0683°E	41.6359°N	滹沱河支流小滦河下游	电鱼法
17	117.1498°E	38.5937°N	子牙新河下游	刺网、地笼

序号	经度	纬度	河流/湖库	采样方法
18	114.2586°E	38.2446°N	岗南水库	走访渔民、调查市场
19	113.6897°E	37.5499°N	黄壁庄水库	走访渔民、调查市场
20	113.6710°E	38.8891°N	滹沱河支流清水河	刺网、地笼
21	115.1108°E	39.4153°N	拒马河上游	电鱼法
22	115.6669°E	39.6078°N	拒马河中游	走访渔民、调查市场
23	115.9611°E	42.2402°N	滦河上游闪电河	电鱼法
24	118.1419°E	40.7422°N	滦河中游	电鱼法
25	118.3791°E	40.1656°N	滦河中下游	电鱼法
26	119.1421°E	39.4625°N	滦河下游	电鱼法
27	118.2110°E	40.7877°N	滦河支流老牛河下游	电鱼法
28	118.6528°E	40.8116°N	滦河支流瀑河中游	电鱼法
29	118.0428°E	41.3099°N	滦河支流武烈河中游	电鱼法
30	116.5756°E	38.1485°N	南排水河	走访渔民、调查市场
31	113.5910°E	36.9588°N	漳河支流清漳河东源	电鱼法
32	113.6010°E	36.9388°N	漳河支流清漳河东源	电鱼法
33	113.6078°E	36.6256°N	漳河支流清漳河中游	电鱼法
34	112.9507°E	37.1263°N	漳河支流浊漳河上游	电鱼法
35	112.9306°E	36.8194°N	漳河支流浊漳河中上游	电鱼法
36	114.1437°E	36.2907°N	岳城水库	走访渔民、调查市场
37	117.5883°E	38.0709°N	漳卫新河下游	走访渔民、调查市场
38	117.1716°E	38.9117°N	独流减河	走访渔民、调查市场
39	112.7324°E	39.3806°N	东榆林水库	走访渔民、调查市场
40	113.4888°E	39.8747°N	桑干河上游	电鱼法
41	114.1409°E	39.9978°N	桑干河中游	电鱼法
42	114.6263°E	40.2215°N	桑干河中下游	电鱼法
43	115.3549°E	40.3564°N	桑干河下游	电鱼法
44	113.7093°E	39.9846°N	册田水库	走访渔民、调查市场
45	113.8705°E	40.9319°N	桑干河支流浑河上游	电鱼法
46	113.5285°E	39.6337°N	桑干河支流浑河上游	刺网、地笼
47	114.1126°E	40.4789°N	桑干河支流南洋河	电鱼法
48	115.1194°E	40.8852°N	桑干河支流清水河	电鱼法
49	115.2909°E	40.4508°N	桑干河支流洋河下游	电鱼法
50	115.5362°E	40.3564°N	永定河上游	电鱼法
51	118.0771°E	37.6604°N	徒骇河下游	走访渔民、调查市场
52	117.6688°E	38.0307°N	马颊河下游	走访渔民、调查市场

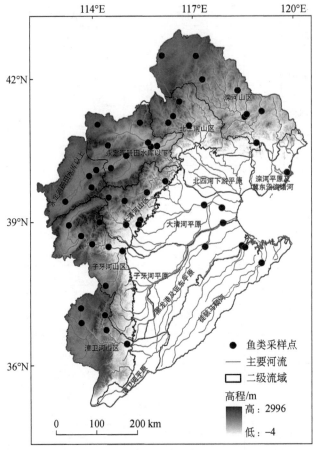

图 3-28   2013~2014 年海河流域鱼类调查样点分布

(a) 电鱼法　　　　　　(b)地笼法　　　　　　(c) 刺网法

图 3-29   2013~2014 年海河流域野外鱼类调查

3.6.2 鱼类的空间分布特征

海河流域 2013~2014 年野外调查共采集到鱼类 55 种, 隶属于 9 目 14 科 43 属 (表 3-25, 图 3-30)。其中, 以鲤形目物种最为丰富, 共 39 种; 但鲑形目、刺鱼目、颌针鱼目、鳉形目和鲉形目各仅有 1 种。海拔较低河流的鱼类优势种多为鲫 (*Carassius auratus*)、麦穗鱼 (*Pseudorasbora parva*)、红鳍原鲌 (*Cultrichthys erythropterus*)、棒花鱼 (*Abbottina rivularis*) 等鲤科鱼类, 而海拔较高河流的鱼类优势种多为达里湖高原鳅 (*Triplophysa dalaica*)、北方泥鳅 (*Misgurnus bipartitus*)、花斑副沙鳅 (*Parabotia fasciata*) 等鳅科鱼类。

表 3-25 2013~2014 年海河流域鱼类物种名录

序号	目	科	属	种	拉丁种名
1	鲑形目	银鱼科	大银鱼属	大银鱼	*Protosalanx hyalocranius*
2	鲤形目	鲤科	马口鱼属	马口鱼	*Opsariichthys bidens*
3	鲤形目	鲤科	鱲属	宽鳍鱲	*Zacco platypus*
4	鲤形目	鲤科	鱥属	洛氏鱥	*Phoxinus lagowskii*
5	鲤形目	鲤科	雅罗鱼属	瓦氏雅罗鱼	*Leuciscus waleckii*
6	鲤形目	鲤科	赤眼鳟属	赤眼鳟	*Squaliobarbus curriculus*
7	鲤形目	鲤科	鳘属	鳘	*Hemiculter leucisculus*
8	鲤形目	鲤科	鲌属	红鳍原鲌	*Cultrichthys erythropterus*
9	鲤形目	鲤科	鳊属	北京鳊	*Parabramis pekinensis*
10	鲤形目	鲤科	鲴属	银鲴	*Xenocypris argentea*
11	鲤形目	鲤科	鲴属	黄尾鲴	*Xenocypris davidi*
12	鲤形目	鲤科	鲢属	鲢鱼	*Hypophthalmichthys molitrix*
13	鲤形目	鲤科	似白鮈属	条纹似白鮈	*Paraleucogobio strigatus*
14	鲤形目	鲤科	麦穗鱼属	麦穗鱼	*Pseudorasbora parva*
15	鲤形目	鲤科	鮈属	棒花鮈	*Gobio rivuloides*
16	鲤形目	鲤科	颌须鮈属	济南颌须鮈	*Gnathopogon tsinanensis*
17	鲤形目	鲤科	铜鱼属	铜鱼	*Coreius cetopsis*
18	鲤形目	鲤科	棒花鱼属	棒花鱼	*Abbottina rivularis*
19	鲤形目	鲤科	蛇鮈属	蛇鮈	*Saurogobio dabryi*
20	鲤形目	鲤科	鳑属	白河鳑	*Acheilognathus peilhoensis*
21	鲤形目	鲤科	鳑属	斑条鳑	*Acheilognathus taenianalis*
22	鲤形目	鲤科	鳑属	兴凯鳑	*Acheilognathus chankaensis*
23	鲤形目	鲤科	鳑鲏属	彩石鳑鲏	*Rhodeus lighti*
24	鲤形目	鲤科	鳑鲏属	中华鳑鲏	*Rhodeus sinensis*
25	鲤形目	鲤科	鳑鲏属	高体鳑鲏	*Rhodeus ocellatus*

续表

序号	目	科	属	种	拉丁种名
26	鲤形目	鲤科	鲤属	鲤	*Cyprinus carpiu*
27	鲤形目	鲤科	鲫属	鲫	*Carassius anratus*
28	鲤形目	鳅科	北鳅属	北鳅	*Lefua costata*
29	鲤形目	鳅科	须鳅属	北方须鳅	*Barbatula nuda*
30	鲤形目	鳅科	高原鳅属	达里湖高原鳅	*Triplophysa dalaica*
31	鲤形目	鳅科	高原鳅属	尖头高原鳅	*Triplophysa cuneicephala*
32	鲤形目	鳅科	副沙鳅属	花斑副沙鳅	*Parabotia fasciatus*
33	鲤形目	鳅科	薄鳅属	东方薄鳅	*Leptobotia orientalis*
34	鲤形目	鳅科	花鳅属	花鳅	*Cobitis taenia*
35	鲤形目	鳅科	花鳅属	中华花鳅	*Cobitis sinensis*
36	鲤形目	鳅科	泥鳅属	北方泥鳅	*Misgurnus bipartitus*
37	鲤形目	鳅科	泥鳅属	泥鳅	*Misgurnus anguilicaudatus*
38	鲤形目	鳅科	泥鳅属	少鳞泥鳅	*Misgurnus oligolepos*
39	鲤形目	鳅科	副泥鳅属	大鳞副泥鳅	*Paramisgurnus dabryanus*
40	鲤形目	鳅科	条鳅属	北方条鳅	*Nemacheilus toni*
41	鲇形目	鲇科	鲇属	鲇	*Parasilurus asotus*
42	鲇形目	鲿科	黄颡鱼属	黄颡鱼	*Pelteobagrus fulvidraco*
43	鲇形目	鲿科	鮠属	长吻鮠	*Leiocassis longirostris*
44	颌针鱼目	鱵科	鱵属	鱵	*Hemirhamphus sajori*
45	刺鱼目	刺鱼科	多刺鱼属	中华多刺鱼	*Pungitius sinensis*
46	鲻形目	鲻科	鲻属	鲻	*Mugil cephalus*
47	合鳃目	合鳃科	黄鳝属	黄鳝	*Monopterus albus*
48	合鳃目	刺鳅科	刺鳅属	中华刺鳅	*Sinobdella sinensis*
49	鳢形目	鳢科	鳢属	乌鳢	*Ophiocephalus argus*
50	鲈形目	虾虎鱼科	吻虾虎鱼属	波氏吻虾虎鱼	*Rhinogobius cliffordpopei*
51	鲈形目	虾虎鱼科	吻虾虎鱼属	福岛吻虾虎鱼	*Rhinogobius fukushimai*
52	鲈形目	虾虎鱼科	吻虾虎鱼属	林氏吻虾虎鱼	*Rhinogobius lindbergi*
53	鲈形目	虾虎鱼科	吻虾虎鱼属	子陵吻虾虎鱼	*Rhinogobius giurinus*
54	鲈形目	塘鳢科	黄黝属	小黄黝鱼	*Micropercops swinhonis*
55	鲈形目	斗鱼科	斗鱼属	圆尾斗鱼	*Macropodus chinensis*

3.6.2.1 鱼类物种数

总体来讲，海河流域的鱼类物种较少，但各二级流域之间鱼类的物种构成显示出较大的空间差异（表3-26，图3-31）。其中，有12个河段的鱼类物种数在10种及以上，最多

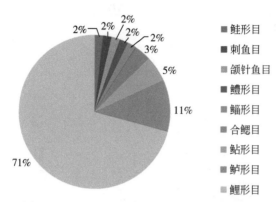

图 3-30　2013～2014 年海河流域鱼类物种构成

仅为 14 种，多位于海拔较低且距河口较近的河段（如徒骇河、马颊河、独流减河、漳卫新河、滦河口等）以及海拔较高但生境较好的河段（如后河、闪电河、洋河、浊漳河、桑干河等）；33 个河段的鱼类物种数在 10 种以下，主要集中在海拔较低的平原区的河段（如子牙新河、汤河等）以及海拔较高但人类活动较多、生境恶劣的河段（如桑干河、白河、黑河、清水河、南洋河等）。就湖库而言，山西高原水库（如东榆林水库和册田水库）的鱼类多样性（仅有 3 和 5 种）比华北平原和太行山区湖库（如黄壁庄水库、西大洋水库、岗南水库、王快水库和岳城水库）的明显要低，而鱼类群落结构也较为简单。

表 3-26　海河流域鱼类物种数的描述性统计 　　　　　　　（单位：种）

二级流域	最小值	最大值	平均值
滦河山区	5	11	7.25
滦河平原及冀东沿海诸河	13	13	13
北三河山区	3	9	5
永定河册田水库以上	2	7	4.25
永定河册田水库以下	3	14	9.67
大清河山区	1	10	7.43
大清河平原	6	11	7.67
子牙河山区	3	20	9
漳卫河山区	6	11	8.5
黑龙港及运东平原	7	14	10.5
徒骇马颊河	10	13	11.5

3.6.2.2　鱼类 Shannon-Wiener 多样性指数

海河流域鱼类 Shannon-Wiener 多样性指数显示出较大空间差异（表 3-27，图 3-32），指数变化范围是 0～2.55，平均值是 1.44。其中，7 个河段的鱼类 Shannon-Wiener 多样性指数小于 1.00，这些河段多为海拔较高但人类活动较多、生境恶劣的河段（如桑干河、白河、唐河、清水河、清漳河等）；5 个河段的鱼类 Shannon-Wiener 多样性指数大于 2.00，主要为海

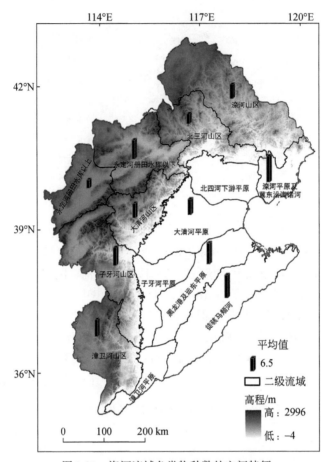

图 3-31　海河流域鱼类物种数的空间特征

拔较低且距河口较近的河段（如徒骇河、马颊河、独流减河、漳卫新河、滦河口等）。就湖库而言，鱼类 Shannon-Wiener 多样性指数变化范围为 0.73～2.56，平均值为 1.75。其中，山西高原水库（如东榆林水库和册田水库）的鱼类 Shannon-Wiener 多样性指数（平均值分别为 0.73 和 1.24）比华北平原和太行山区湖库的鱼类 Shannon-Wiener 多样性指数（平均值为 2.05）明显要低，如黄壁庄水库鱼类 Shannon-Wiener 多样性指数为 2.56。

表 3-27　海河流域鱼类 Shannon-Wiener 多样性指数的描述性统计

二级流域	最小值	最大值	平均值
滦河山区	1.33	1.86	1.55
滦河平原及冀东沿海诸河	2.00	2.00	2.00
北三河山区	0.16	1.55	1.04
永定河册田水库以上	0.34	1.42	0.93
永定河册田水库以下	0.53	2.14	1.54
大清河山区	0	2.02	1.39
大清河平原	1.50	2.07	1.70

续表

二级流域	最小值	最大值	平均值
子牙河山区	0.64	2.55	1.56
漳卫河山区	0.84	2.08	1.44
黑龙港及运东平原	1.37	2.45	1.91
徒骇马颊河	1.98	2.39	2.19

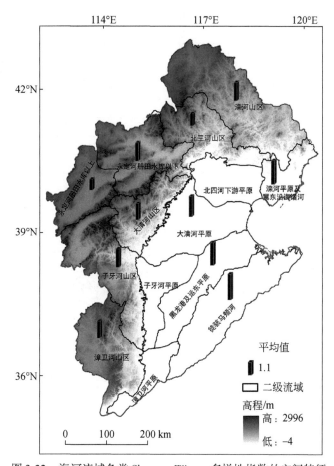

图 3-32　海河流域鱼类 Shannon-Wiener 多样性指数的空间特征

3.6.2.3　鱼类 Berger-Parker 优势度指数

海河流域鱼类 Berger-Parker 优势度指数显示出较大空间差异（表3-28，图3-33），指数变化范围是 0.17 ~ 1.00，平均值是 0.46。其中，有 2 个河段的鱼类 Berger-Parker 优势度指数小于 0.20，主要集中在海拔较低且距河口较近的漳卫新河和马颊河；4 个河段的鱼类 Berger-Parker 优势度指数大于 0.80，多为海拔较高但人类活动较多、生境恶劣的河段（桑干河、白河、唐河、清水河）。就湖库而言，鱼类 Berger-Parker 优势度指数变化范围为 0.20 ~ 0.73。其中，山西高原水库（如东榆林水库和册田水库）的鱼类 Berger-Parker 优势度指数（平均值分别为 0.73 和 0.44）比华北平原和太行山区湖库的优势度指数（平均值为 0.27）明显要低，如黄壁庄水库鱼类 Berger-Parker 优势度指数为 0.20。

表 3-28　海河流域鱼类 Berger-Parker 优势度指数的描述性统计

二级流域	最小值	最大值	平均值
滦河山区	0.27	0.50	0.39
滦河平原及冀东沿海诸河	0.25	0.25	0.25
北三河山区	0.41	0.97	0.58
永定河册田水库以上	0.44	0.89	0.65
永定河册田水库以下	0.25	0.83	0.46
大清河山区	0.33	1.00	0.50
大清河平原	0.24	0.39	0.32
子牙河山区	0.20	0.79	0.43
漳卫河山区	0.22	0.76	0.43
黑龙港及运东平原	0.20	0.48	0.34
徒骇马颊河	0.17	0.32	0.25

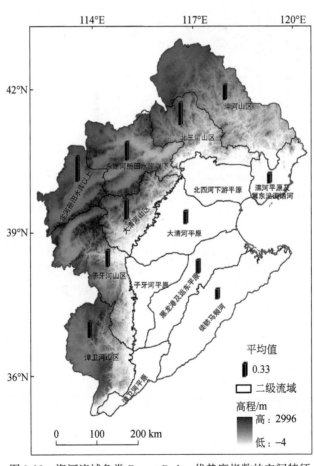

图 3-33　海河流域鱼类 Berger-Parker 优势度指数的空间特征

参 考 文 献

曹玉萍. 1991. 白洋淀重新蓄水后鱼类资源状况初报. 淡水渔业, (5): 20-22.

曹玉萍, 王所安. 1990. 漳卫运河水系渔业环境现状的评价. 河北大学学报 (自然科学版), 10 (4):
37-40.

曹玉萍, 王伟, 张永兵. 2003a. 白洋淀鱼类组成现状. 动物学杂志, 38 (3): 65-69.

曹玉萍, 袁杰, 马丹丹. 2003b. 衡水湖鱼类资源现状及其保护利用与发展. 河北大学学报 (自然科学
版), 23 (3): 293-297.

陈德超, 李香萍, 杨吉山, 等. 2002. 上海城市化进程中的河网水系演化. 城市问题, (5): 31-35, 13.

陈进. 2015. 长江生态系统特征分析. 长江科学院院报, 32 (6): 1-6.

陈静生, 夏星辉, 张利田, 等. 1999. 长江、黄河、松花江 60~80 年代水质变化趋势与社会经济发展的关
系. 环境科学学报, 19 (5): 500-505.

陈利顶等. 2016. 源汇景观格局分析及其应用. 北京: 科学出版社.

陈宜瑜, 等. 1998. 中国动物志 硬骨鱼纲 鲤形目 (中卷). 北京: 科学出版社.

程先, 孙然好, 孔佩儒, 等. 2016. 海河流域水体沉积物碳、氮、磷分布与污染评价. 应用生态学报,
27 (8): 2679-2686.

窦勇, 霍达, 姜智飞, 等. 2016. 海河入海口表层水体浮游生物群落特征及与环境因子的相关性研究. 生
态环境学报, 25 (4): 647-655.

范华义, 李玉. 2004. 天津市地表水水质变化趋势及对策. 城市环境与城市生态, 17 (2): 25-26.

国家环境保护总局. 2002. 水和废水监测分析方法 (第四版). 北京: 中国环境科学出版社.

付卫东, 周韵平. 2007. 山东省海河流域污染状况及减排对策. 中国环境管理干部学院学报, 17 (3):
57-59, 66.

盖美, 王本德. 2003. 大连市近岸海域水环境质量及影响因素分析. 水科学进展, 14 (4): 454-458.

高彩凤, 李学军, 毛战坡. 2012. 北运河浮游植物调查及水质评价. 水生态学杂志, 33 (2): 85-90.

高欣, 丁森, 张远, 等. 2015. 鱼类生物群落对太子河流域土地利用、河岸带栖息地质量的响应. 生态学
报, 35 (21): 7198-7206.

耿世伟, 渠晓东, 张远, 等. 2012. 大型底栖无脊椎动物生物评价指数比较与应用. 环境科学, 33 (7):
2281-2287.

巩元帅, 梅鹏蔚. 2017. 海河干流水质时空变化特征. 环境影响评价, 39 (1): 86-88, 92.

顾强. 2017. 苏州河水环境质量变化特征及其黑臭风险评估. 上海: 华东师范大学.

顾晓昀, 徐宗学, 刘麟菲, 等. 2018. 北京北运河河流生态系统健康评价. 环境科学, 39 (6):
2576-2587.

顾晓昀, 徐宗学, 王汨, 等. 2017. 北运河水系底栖动物群落结构与水环境质量评价. 湖泊科学,
29 (6): 1444-1454.

韩春. 2015. 马颊河流健康评价研究. 济南: 山东大学.

韩九皋. 2007. 衡水湖鱼类资源调查. 水利渔业, 27 (6): 68-70.

韩希福, 王所安, 曹玉萍, 等. 1991. 白洋淀重新蓄水后鱼类组成的生态学分析. 河北渔业, (06):
8-11.

黄明显, 欧阳惠卿, 张崇洲, 等. 1959. 白洋淀冬季渔业生物基础调查. 动物学杂志, (3): 89-95.

郝利霞, 孙然好, 陈利顶. 2014. 海河流域河流生态系统健康评价. 环境科学, 35 (10): 3692-3701.

胡芳, 许振成, 姚玲爱, 等. 2014. 剑潭水库浮游植物群落特征与水环境因子关系研究. 环境科学学报, 34 (4): 950-958.

胡鸿均, 魏印心. 2006. 中国淡水藻类——系统、分类及生态. 北京: 科学出版社.

胡知渊, 鲍毅新, 程宏毅, 等. 2009. 中国自然湿地底栖动物生态学研究进展. 生态学杂志, 28 (5): 959-968.

黄丹. 2013. 长江天鹅洲故道浮游生物群落结构及鱼产力. 武汉: 华中农业大学.

江源, 彭秋志, 廖剑宇, 等. 2013. 浮游藻类与河流生境关系研究进展与展望. 资源科学, 35 (3): 461-472.

姜北. 2017. 海河流域水环境质量评价与预测方法研究. 郑州: 华北水利水电大学.

克拉默, 兰格-贝尔塔洛. 2012. 欧洲硅藻鉴定系统译. 广州: 中山大学出版社.

孔凡青, 孙康, 周绪申. 2017. 基于 3 个生物评价指数的滦河上游水质评价研究. 环境科学与管理, 42 (4): 182-184.

雷娟, 梁阳阳, 隋晓云, 等. 2015. 长江上游支流老河沟鱼类群落结构的时空格局. 长江流域资源与环境, 24 (7): 1126-1132.

李晨辰, 杜桂森, 赵立新, 等. 2011. 北京减河-潮白河水系的浮游植物与水质分析. 中国环境监测, 27 (3): 74-78.

李飞龙, 丁森, 张远, 等. 2015. 太子河流域不同水生态区 EPT 群落时空分布特征. 环境科学研究, 28 (12): 1833-1842.

李国良. 1986. 关于河北省淡水鱼类区系的探讨. 动物学杂志, (4): 4-9, 12.

李红敬, 张娜, 林小涛. 2010. 西藏雅鲁藏布江水质时空特征分析. 河南师范大学学报 (自然科学版), 38 (2): 126-130.

李怀恩, 李越, 蔡明, 等. 2004. 河流水质与流域人类活动之间的关系. 水资源与水工程学报, 15 (1): 24-28.

李军涛, 黎洁, 詹凡玢, 等. 2015. 海河流域滦河水系夏季大型底栖无脊椎动物多样性调查. 中国农学通报, 31 (26): 40-50.

李俊. 2013. 漳卫南运河流域浮游生物和底栖动物群落的多样性调查. 武汉: 华中农业大学.

李丽娟, 张吉, 吴丹, 等. 2017. 太子河流域鱼类功能群结构与多样性对土地利用类型的响应. 生态学报, 37 (20): 6863-6874.

李明德, 杨竹舫. 1991. 于桥水库鱼类年龄、生长与繁殖. 生态学报, 11 (3): 269-273.

李强, 杨莲芳, 吴憬, 等. 2006. 西苕溪 EPT 昆虫群落分布与环境因子的典范对应分析. 生态学报, 26 (11): 3817-3825.

李思忠. 1981. 中国淡水鱼类的分布区划. 北京: 科学出版社.

梁文. 2011. 乌梁素海沉积物污染特征、水环境效应及其控制研究. 呼和浩特: 内蒙古农业大学.

廖一波, 寿鹿, 曾江宁, 等. 2011. 三门湾大型底栖动物时空分布及其与环境因子的关系. 应用生态学报, 22 (9): 2424-2430.

刘昌明, 王红瑞. 2003. 浅析水资源与人口、经济和社会环境的关系. 自然资源学报, 18 (5): 635-644.

刘光华. 2011. 北运河下游湿地大型底栖动物研究及水质评价. 济南: 山东师范大学.

刘麟菲, 宋佳, 王博涵, 等. 2015. 渭河流域硅藻群落特征及水生态健康评价. 环境科学研究, 28 (10): 1560-1569.

刘明典, 陈大庆, 段辛斌, 等. 2011. 澜沧江云南段鱼类区系组成与分布. 中国水产科学, 18 (1): 156-170.

刘祥，陈凯，陈求稳，等．2016．淮河流域典型河流夏秋季底栖动物群落特征及其与环境因子的关系．环境科学学报，36（6）：1928-1938.

刘修业，王良臣，杨竹舫，等．1981．海河水系鱼类资源调查．2：36-42，46.

刘月英，张文珍，王跃先，等．1979．中国经济动物志：淡水软体动物．北京：科学出版社．

栾建国，陈文祥．2004．河流生态系统的典型特征和服务功能．人民长江，35（9）：41-43.

吕书丛，张洪，单保庆，等．2013．海河流域主要河口区域沉积物中重金属空间分异及生态风险评价．环境科学，34（11）：4204-4210.

吕文，孙瑞瑞，王诚，等．2018．太湖东部湖区水源地水环境时空变化特征．环境科学导刊，37（3）：20-24.

马燕武，郭焱，张人铭，等．2009．新疆塔里木河水系土著鱼类区系组成与分布．水产学报，33（6）：949-956.

孟庆闻，苏锦祥，缪学组．1995．鱼类分类学．北京：中国农业出版社．

孟伟，刘征涛，范薇．2004．渤海主要河口污染特征研究．环境科学研究，17（6）：66-69.

闵梦月，宗小香，段一凡，等．2016．清潩河（许昌段）流域生物群落特征及其与环境因子的关系．应用生态学报，27（7）：2111-2118.

慕林青，张海萍，赵树旗，等．2018．永定河底栖动物生物完整性指数构建与健康评价．环境科学研究，31（4）：697-707.

齐雨藻．1995．中国淡水藻志（第四卷）：硅藻门，中心纲．北京：科学出版社．

齐雨藻，李家英．2004．中国淡水藻志（第十卷）：硅藻门，羽纹纲．北京：科学出版社．

渠晓东，张远，马淑芹，等．2013．太子河流域大型底栖动物群落结构空间分布特征．环境科学研究，26（5）：509-515.

荣楠，单保庆，林超，等．2016．海河流域河流氮污染特征及其演变趋势．环境科学学报，36（2）：420-427.

寿振黄，张春霖．1931．河北省鳅科之调查．静生生物调查所汇报，2（5）：65-84（英文）．

帅方敏，李新辉，刘乾甫，等．2017．珠江水系鱼类群落多样性空间分布格局．生态学报，37（9）：3182-3192.

宋大祥，杨思谅．2009．河北动物志：甲壳类．石家庄：河北科学技术出版社．

宋芬．2011．海河流域浮游植物生物多样性研究．武汉：华中农业大学．

苏虹程，单保庆，唐文忠，等．2015．海河流域典型清洁水系表层沉积物中重金属总体污染水平研究．环境科学学报，35（9）：2860-2866.

唐亮．2014．北方地区中小河流水生态特征与主要评价因子的研究．环境保护科学，40（1）：41-45，46.

唐涛，蔡庆华，刘建康．2002．河流生态系统健康及其评价．应用生态学报，13（9）：1191-1194.

王安利．1991．滹沱河平山段鱼类种类组成和生长状况初探．河北大学学报（自然科学版），11（2）：32-37.

王冰洁．2015．京郊山区河流健康评价与应用——以安达木河为例．北京：北京林业大学．

王超，单保庆，秦晶，等．2015．海河流域社会经济发展对河流水质的影响．环境科学学报，35（8）：2354-2361.

王锋文．2011．太湖沉积物物理化学性质时空变化特征研究．广州：暨南大学．

王宏涛．2017．蜿蜒型河流空间异质性和物种多样性相关关系研究．北京：中国水利水电科学研究院．

王宏伟，张蕾颖，沈公铭．2007．拒马河底栖动物多样性及其水质评价．河北大学学报（自然科学版），27（5）：530-536，560.

王鸿媛.1984.北京鱼类志.北京：北京出版社.

王琳,甘泓,傅小城,等.2009.滦河中游干流底栖动物种类及分布.生态学杂志,28（4）：671-676.

王瑞霖,程先,孙然好.2014.海河流域中南部河流沉积物的重金属生态风险评价.环境科学,35（10）：3740-3747.

王瑞霖.2015.海河流域底泥沉积物及鲫鱼重金属污染风险研究.北京：北京化工大学.

王所安,顾景龄.1981.白洋淀环境变化对鱼类组成和生态的影响.动物学杂志,（4）：8-11.

王所安,李国良,曹玉萍.2001.河北动物志：鱼类.石家庄：河北科学技术出版社.

王所安,柳殿钧,曹玉萍.1985.滦河水系的鱼类种群与分布.河北大学学报（自然科学版）,（1）：45-51.

王所安,柳殿钧,曹玉萍.1987.永定河系的环境条件和自然鱼类资源.河北大学学报（自然科学版）,4：36-41.

王所安,王志敏,李国良,等.2001.河北动物志：鱼类.石家庄：河北科学技术出版社.

王晓宁,彭世贤,张亚,等.2018.滦河流域鱼类群落结构空间异质性与影响因子分析.环境科学研究,31（2）：273-282.

王燕华,吴晓辉,赵立新,等.2009.潮白河（顺义段）底栖动物群落结构分析.北京水务,5：27-29.

王正超.2014.以川北河为例的北京河流生态景观设计研究.北京：中国林业科学研究院.

吴阿娜.2008.河流健康评价：理论、方法与实践.上海：华东师范大学.

吴佳宁,王刚,路献品,等.2014.滦河流域浮游生物与底栖动物分布特征调查研究.环境保护科学,40（6）：1-6.

吴洁,虞左明.2001.西湖浮游植物的演替及富营养化治理措施的生态效应.中国环境科学,21（6）：540-544.

武晶.2015.应用鱼类完整性指数（F-IBI）评价小清河健康状况.济南：山东大学.

夏斌.2007.2005年夏季环渤海16条主要河流的污染状况及入海通量.青岛：中国海洋大学.

谢松,贺华东.2010.“引黄济淀”后河北白洋淀鱼类资源组成现状分析.科技信息,9：433,491.

徐启新,杨凯,许世远.2003.上海高速城市化进程对水环境的影响及对策探讨.世界地理研究,12（1）：54-59,43.

许维,王迎.2007.2006年海河流域水质状况分析.海河水利,（5）：8-11.

颜润润,晃建颖,崔云霞.2012.基于最大日负荷量的流域污染控制措施——以太湖新孟河流域为例.人民长江,43（17）：70-73,82.

严云志,占姚军,储玲,等.2010.溪流大小及其空间位置对鱼类群落结构的影响.水生生物学报,34（5）：1022-1030.

阳金希,张彦峰,祝凌燕.2017.中国七大水系沉积物中典型重金属生态风险评估.环境科学研究,30（3）：423-432.

杨耿,秦延文,韩超南,等.2018.岷江干流表层沉积物中磷形态空间分布特征.环境科学,39（5）：2165-2173.

杨美玲,马鹏燕.2011.银川市水生态系统服务功能价值评价.中国农学通报,27（26）：239-244.

杨文波,李继龙,李绪兴,等.2008.拒马河北京段鱼类组成及其多样性,17（2）：175-180.

易劲.2014.基于河流健康的河流沿线生态化规划途径研究.重庆：重庆大学.

殷旭旺,渠晓东,李庆南,等.2012.基于着生藻类的太子河流域水生态系统健康评价.水生态学报,32（6）：1677-1691.

殷旭旺, 徐宗学, 鄢娜, 等. 2013a. 渭河流域河流着生藻类的群落结构与生物完整性研究. 环境科学学报, 33 (2): 518-527.

殷旭旺, 张远, 渠晓东, 等. 2011. 浑河水系着生藻类的群落结构与生物完整性. 应用生态学报, 22 (10): 2732-2740.

殷旭旺, 张远, 渠晓东, 等. 2013b. 太子河着生藻类群落结构空间分布特征. 环境科学研究, 26 (5): 502-508.

于政达. 2017. 河流和湖泊底栖动物分布的影响因素及稀有种去除对多样性指数的影响. 济南: 山东大学.

乐佩琪, 等. 2000. 中国动物志 硬骨鱼纲 鲤形目 (下卷). 北京: 科学出版社.

詹凡玢, 黎洁, 李军涛, 等. 2015. 海河流域黑龙港运东水系大型底栖无脊椎动物多样性研究. 中国农学通报, 31 (20): 25-34.

张春光, 赵亚辉. 2013. 北京及其邻近地区的鱼类: 物种多样性、资源评价和原色图谱. 北京: 科学出版社.

张春霖. 1954. 中国淡水鱼类的分布. 地理学报, 20 (3): 279-285.

张春生, 施辉. 1985. 怀柔水库鱼类资源调查. 北京师院学报 (自然科学版), (2): 81-89.

张海萍, 武大勇, 王赵明, 等. 2015. 流域景观类型及配置对大型底栖动物完整性的影响. 生态学报, 35 (19): 6237-249.

张洪, 雷沛, 单保庆, 等. 2015. 河流污染类型优控顺序确定方法及其在海河流域的应用. 环境科学学报, 35 (8): 2306-2313.

张静, 时伟宇, 陈怡平. 2013. 中国北方河流沉积物中重金属污染现状、来源及治理对策. 地球环境学报, 4 (4): 1392-1398.

张楠, 王永刚, 徐菲, 等. 2016. 潮白河北京段底栖动物与水质相关性研究. 环境污染与防治, 38 (1): 111.

张楠, 张远, 孔维静, 等. 2013. 太子河流域水生态功能 II 级区的划分. 环境科学研究, 26 (5): 472-479.

张千千, 王效科, 郝丽岭, 等. 2012. 春季盘溪河水质日变化规律及水质评价. 环境科学, 33 (4): 1114-1121.

张先锋, 魏卓, 王小强, 等. 1995. 建立长江天鹅洲白暨豚保护区的可行性研究. 水生生物学报, 19 (2): 110-123.

张晓可, 王慧丽, 万安, 等. 2017. 潕河流域河源溪流鱼类空间分布格局及主要影响因素? 湖泊科学, 29 (1): 176-185.

章飞军, 丁宏印, 邱树萍, 等. 2010. 浙江秀山岛潮间带大型底栖动物群落组成及其生物多样性. 浙江海洋学院学报 (自然科学版), 29 (1): 9-14.

赵文, 董双林, 张美昭, 等. 2001. 盐碱池塘底栖动物的初步研究. 应用与环境生物学报, 7 (3): 239-243.

郑葆珊, 范勤德, 戴定远. 1960. 白洋淀鱼类. 保定: 河北人民出版社.

周长发. 2002. 中国大陆蜉蝣目分类研究. 天津: 南开大学.

周汉藩, 张春霖. 1934. 河北习见鱼类图说. 北平: 静生生物调查所.

周伟, 李明会. 2006. 鮡科鱼类多样性与栖境的关系. 云南农业大学学报, 21 (6): 811-815.

周勇, 郭万友, 韩正田. 2013. 桃林口水库水系鱼类区系种群调查评析. 河北渔业, (07): 45-47.

周绪申, 齐向华, 吴筱, 等. 2015. 滦河干流浮游植物多样性及污染状况. 南水北调与水利科技, 13 (3): 448-452, 462.

周宇建，张永勇，花瑞祥，等 . 2016. 淮河中上游浮游植物时空分布特征及关键环境影响因子识别 . 地理研究，35（9）：1626-1636.

朱国清，赵瑞亮，胡振平，等 . 2014. 山西省主要河流鱼类分布及物种多样性分析 . 水产学杂志，27（2）：38-45.

朱惠忠，陈嘉佑 . 2000. 中国西藏硅藻 . 北京：科学出版社 .

朱松泉 . 1995. 中国淡水鱼类检索 . 南京：江苏科技技术出版社 .

邹志红，云逸，王惠文 . 2008. 两阶段模糊法在海河水系水质评价中的应用 . 环境科学学报，28（4）：799-803.

Abbott J F, Drake N F. 1901. List of Fishes Collected in the River Pei-Ho, at Tien-Tsin, China, by Noah Fields Drake: With Descriptions of Seven New Species. United States National Museum.

Barbour M T, Gerrisen J, Synder B D, et al. 1999. Rapid Bioassessment Protocols for Use in Streams and Wadeable Rivers: periphyton, Benthic Macroinvertebrates and Fish. Washington DC: US Environmental Protection Agency, Office of Water.

Berger W H, Parker F L. 1970. Diversity of planktonic foraminifera in deep-sea sediments. Science, 168 (3937): 1345-1347.

Berthon V, Bouchez A, Rimet F. 2011. Using diatom life-forms and ecological guilds to assess organic pollution and trophic level in rivers: a case study of rivers in southeastern France. Hydrobiologia, 673 (1): 259-271.

Biccs B J F, Price C M. 1987. A survey of filamentous algal proliferations in New Zealand rivers. New Zealand Journal of Marine and Freshwater Research, 21 (2): 175-191.

Carpenter S R, Kinne O. 2003. Regime shifts in Lake ecosystems: pattern and variation. Oldendorf/Luhe, Germany: International Ecology Institute.

Chessman B, Crowns I, Currey J, et al. 1999. Predicting diatom communities at the genus level for the rapid biological assessment of rivers. Freshwater Biology, 41 (2): 317-331.

Cullaj A, Hacko A, Miho A, et al. 2005. The quality of Albanian natural waters and the human impact. Environment International, 31 (1): 133-146.

Das S K, Chakrabarty D. 2007. The use of fish community structure as a measure of ecological degradation: a case study in two tropical rivers of India. Biosystems, 90 (1): 188-196.

Dauwalter D C, Splinter D K, Fisher W L, et al. 2008. Biogeography, ecoregions and geomorphology affect fish species composition in streams of eastern Oklahoma, USA. Environmental Biology of Fishes, 82 (3): 237-249.

Deal M, Maidana N, Comea N, et al. 2003. Distribution patterns of benthic diatoms in a Pampean river exposed to seasonal floods: the Cuarto River (Argentina). Biodiversity and Conservation, 12 (12): 2443-2454.

Eros T, Grossman G D. 2005. Effects of within-patch habitat structure and variation on fish assemblage characteristis in the Bernecei stream, Huagary. Ecology of Freshwater Fish, 14 (3): 256-266.

Gafny S, Goren M, Gasith A. 2000. Habitat condition and fish assemblage structure in a coastal Mediterranean stream (Yarqon, Israel) receiving domestic effluent. Hydrobiologia, 422/423: 319-330.

Gallego S M, Benavides M P, Tomaro M L. 1996. Effect of heavy metal ion excess on sunflower leaves: evidence for involvement of oxidative stress. Plant Science, 121: 151-159.

Grenouillet G, Pont D, Hérissé C. 2004. Within-basin fish assemblage structure: the relative influence of habitat versus stream spatial position on local species richness. Canadian Journal of Fisheries and Aquatic Sciences, 61 (1): 93-102.

Grossman G D, Ratajczak J, Robert E, et al. 1998. Assemblage ofgrnization in stream fishes: effects of environmental variation and interspecific interactions. Ecological Monographs, 68 (3): 395-420.

Hart DD, Finelli C M. 1999. Physical-biological coupling in streams: the pervasive effects of flow on benthic organisms. Annual Review of Ecology and Systematics, 30 (1): 363-395.

Hermoso V, Cattarino L, Linke S, et al. 2018. Catchment zoning to enhance co-benefits and minimize trade-offs between ecosystem services and freshwater biodiversity conservation. Aquatic Conservation: Marine and Freshwater Ecosystems, 28 (4): 1004-1014.

Hoeinghaus D J, Wimemiller K O, Birnbaum J S. 2007. Local and regional determinants of stream fish assemblage structure: inferences based on taxonomic vs. functional groups. Journal of Biogeography, 34: 324-338.

Jackson D A, Peresneto P R, Olden J D. 2001. What controls who is where in freshwater fish communities the roles of biotic, abiotic, and spatial factors. Canadian Journal of Fisheries and Aquatic Sciences, 58 (1): 157-170.

Johnson J, Arunachalam M. 2010. Relations of physical habitat to fish assemblages in streams of Western Ghats, India. Applied Ecology and Environemtnal Research, 8 (1): 1-10.

Karr J R. 1981. Assessment of biotic integrity using fish communities. Fisheries, 6 (6): 21-27.

Kenney M A, Sutton-GrierA E, Smith R F, et al. 2009. Benthic macroinvertebrates as indicators of water quality: the intersection of science and policy. Terrestrial Arthropod Reviews, 2 (2): 99-128.

Leland H V. 1995. Distribution of phytobenthos in the Yakima River Basin, Washington, in relation to geology, land use and other environmental factors. Canadian Journal of Fisheries and Aquatic Sciences, 52 (5): 1108-1129.

Lewis W M. 1988. Primary production in the Orinoco River. Ecology, 69 (3): 679-692.

Luce J, Cattaneo A, Lapointe M F. 2010. Spatial patterns in periphyton biomass after low-magnitude flow spates: geomorphic factors affecting patchiness across gravel-cobble riffles. Journal of the North American Benthological Society, 29 (2): 614-626.

Magurran A E. 1988. Ecological Diversity and Its Measurement. Princeton: Princeton University Press.

Matthews W J. 1986. Fish faunal structure in an Ozark stream: stability, persistence and a catastrophic flood. Copeia, 388-397.

Merritt R W, Cummins K W. 1996. An introduction to the aquatic insects of North America. Dubuque: Kendall/Hunt Publishing Company.

Mori T. 1934. The freshwater fishes of Jehol. Rept. Firt. Sci. Exp. Manchoukuo. Tokyo, sect. 5, Part I: 1-61, pl: 1-21.

Morse J C, Yang L F, Tian L X. 1994. Aquatic Insects of China Useful for Monitoring Water Quality. Nanjing: Hehai University Press.

Moss T. 2004. The governance of land use in river basins: prospects for overcoming problems of institutional interplay with the EU Water Framework Directive. Land Use Policy, 21 (1): 85-94.

Mustow S E. 2014. Biological monitoring of rivers in Thailand: use and adaptation of the BMWP score. Hydrobiologia, 479 (1-3): 191-229.

Nakagawa H. 2014. Contribution of environmental and spatial factors to the structure of stream fish assemblages at different spatial scales. Ecology of Freshwater Fish, 23 (2): 208-223.

Nnadish M. 1996. Time series analysis of historical surface water quality data of the River Glen Catchment, U. K. Journal of Environmental Management, 46 (2): 149-172.

Onorato D, Angus R A, Marion K R. 2000. Historical changes in the ichthyofaunal assemblages of the upper Cahaba River in Alabama associated with extensive urban development in the watershed. Journal of Freshwater Ecology, 15 (1): 47-63.

Ostrand K G, Wilde G R. 2002. Seasonal and spatial variation in a prairie stream-fish assemblage. Ecology of Freshwater Fish, 11 (3): 137-149.

Paisley M F, Trigg D J, Walley W J. 2014. Revision of the Biological Monitoring Working Party (BMWP) score system: Derivation of present- only and abundance - related scores from field data. River Research and Applications, 30 (7): 887-904.

Pander J, Ceist J. 2013. Ecological indicators for stream restoration success. Ecological Indicators, 30: 106-118.

Paul M J, Meyer J L. 2001. Streams in the urban landscape. Annual Review Ecology and Systematics, 32 (1): 333-365.

Perona E, Bonilla L, Mateo P. 1999. Spatial and temporal changes in water quality in a Spanish river. Science of The Total Environment, 241 (1-3): 75-90.

Roesner L A, Shaver E, Horner R R. 1997. Effects of watershed development and management on aquatic ecosystems. New York: American Society of Civil Engineers.

Sarpedonty V, Anunciacão É M S D, Bordalo A O. 2013. Spatio-temporal distribution of fish larvae in relation to ontogeny and water quality in the oligohaline zone of a North Brazilian estuary. Biota Neotropica, 12 (6): 608-622.

Schiitzendiibel A, Nikolova P, Rudolf C, et al. 2002. Cadmium and H2O2 induced oxidative stress in Populus × canescens roots. Plant Physiology and Biochemistry, 40 (6-8): 577-584.

Shannon E, Weaver W. 1949. The Mathematical Theory of Communication. Urbana: University of Illinois Press.

Sharma S, Legendre P, De Cáceres M, et al. 2011. The role of environmental and spatial processes in structuring native and non-native fish communities across thousands of lakes. Ecography, 34 (5): 762-771.

Singh K P, Malik A, Mohan D, et al. 2004. Multivariate statistical-techniques for the evaluation of spatial and temporal variations in water quality of Gomti River (India): a case study. Water Research, 38 (18): 3980-3992.

Stevenson R J, Bothwell M L, Lowe R L, et al. 1996. Algal Ecology: Freshwater Benthic Ecosystems. New York: Academic Press.

Sueen A M, Biccs B J F, Kilroy C, et al. 2003. Benthic community dynamics during summer lows in two rivers of contrasting enrichment: periphyton. New Zealand Journal of Marine and Freshwater Research, 37 (1): 53-70.

Uehlincer U, Kawecka B, Robinson C T. 2003. Effects of experimental floods on periphyton and stream metabolism below a high clam in the Swiss Alps (River Spöl). Aquatic Sciences, 65 (3): 199-209.

Van D H, Mertens A, Sinkeldam J. 1994. A coded checklist and ecological indicator values of freshwater diatoms from the Netherland. Netherlands Journal of Aquatic Ecology, 28 (1): 117-133.

Von Mollendoff O F. 1877. List of freshwater fishes of the Province Chihli, with their Chinese name. Jour. North-China Brauch. Roi Asiatic Soc. Shanghai, (N. S.) XL: 105-111.

Walker C E, Pan Y D. 2006. Using diatom assemblages to assess urban stream conditions. Hydrobiologia, 561: 179-189.

Walley W J, Hawkes H A. 1996. A computer-based reappraisal of the biological monitoring working party scores using data from the 1990 river quality survey of England and Wales. Water Research, 30 (9): 2086-2094.

Wang X L, Lu Y L, He C Z, et al. 2007. Exploration of relationships between phytoplankton biomass and related environmental variables using multivariate statistic analysis in a eutrophic shallow lake: a 5 year study. Journal of Environmental Sciences, 19 (8): 920-927.

Ward J V. 1989. The four-dimensional nature of lotic ecosystem. Journal of the North American Benthological Society, 8 (1): 2-8.

Wehr J D, Descy J. 1998. Mini-review, use of phytoplankton in large river management. Journal of Phycology, 34 (5): 741-749.

Wu N C, Tang T, Qu X D, et al. 2009. Spatial distribution of benthic algae in the Gangqu River, Shangrila, China. Aquatic Ecology, 43: 37-49.

Yan Y Z, He S, Chu L, et al. 2010. Saptial and temporal varation of fish assemblages in a subtropical small stream of the Huangshan Mountain. Current Zoology, 56 (6): 670-677.

Yun Y J, An K G. 2016. Roles of N:P ratios on trophic structures and ecological stream health in lotic ecosystems. Water, 8 (1): 22-24.

|第4章| 海河流域河流生态系统健康评价

海河流域是我国的七大流域之一，流域内人口约占全国总人口的十分之一。经济的迅猛发展和城镇化进程的快速推进使流域产生了严重的水污染问题（Shan et al., 2016；张洪等，2015），水资源短缺问题和河流结构与功能的退化问题也十分严重（Yang et al., 2013）。近年来，海河流域河流生态系统的健康问题受到了较大的关注（Shan et al., 2016；Yang et al., 2013）。但是，较少有研究从整体上评价海河全流域河流生态系统健康（Cheng et al., 2018）。因此，评价海河流域河流生态系统健康的工作显得十分迫切和重要。

生物指数法是一种广泛用于河流生态系统健康评价的方法（Meng et al., 2009）。水生生物，如底栖动物（Smith et al., 1999）、鱼类（Karr, 1981）、藻类（Poikane et al., 2016）等是河流生态系统健康评价的常用指标。本章的河流生态系统健康评价指标主要包括水质、藻类、底栖动物、鱼类等。在水质指标中，NH_4^+-N 和 COD 是"十二五"水污染控制目标的主要限制性指标（Sun et al., 2013）。此外，借鉴其他流域的河流生态健康评价工作（Ding et al., 2016；Meng et al., 2009），DO、EC、TN 和 TP 也被选为海河流域水质评价指标。上述六种水质评价指标可以划分为两大类：水质理化指标（DO、EC 与 COD）和水质营养盐指标（TP、NH_4^+-N 与 TN）。底栖动物评价指标的选取来自 B-IBI。根据美国 B-IBI 的指标体系，32 种指标可以作为 B-IBI 的候选指标。其中，物种分类单元数、EPT 科级分类单元比（EPTr-F）、Berger-Parker 优势度指数、BMWP 指数等是常见的被选指标（Mustow, 2002；Walley Hawkes, 1996）。此外，Shannon-Wiener 多样性指数是衡量物种多样性的重要指标之一。因此，藻类、鱼类评价指标选取了物种分类单元数、Berger-Parker 优势度指数、Shannon-Wiener 多样性指数。

4.1 河流生态系统健康评价

4.1.1 指标体系

海河流域河流生态健康评价主要包括水质指标和生物指标。其中，水质指标分为水质理化指标和水质营养盐指标，用以评价河流的化学完整性。生物指标选取藻类指标、底栖动物指标和鱼类指标，用以评价河流的生物完整性。水质理化指标主要选取 DO（mg/L）、EC（μs/cm）、COD（mg/L）；水质营养盐指标主要选取 TP（mg/L）、NH_4^+-N（mg/L）与 TN（mg/L）。底栖动物指标包括物种分类单元数（S）、EPT 科级分类单元比（EPTr-F）、

BMWP 指数和 Berger-Parker 优势度指数（B-P）。浮游藻类、鱼类主要选取物种分类单元数（S）、Berger-Parker 优势度指数（B-P）与 Shannon-Wiener 多样性指数（H'）。

底栖动物 EPT 科级分类单元比（EPTr-F）计算方法如下：

$$\text{EPTr-F} = \frac{N_{\text{EPT}}}{S} \tag{4-1}$$

式中，EPTr-F 为底栖动物 EPT 科级分类单元比；N_{EPT} 为样点 EPT 分类单元科数；S 为样点包含的分类单元总数。

底栖动物 BMWP 指数计算方法如下（Walley and Hawkes，1996；Mustow，2002；耿世伟等，2012）：

$$\text{BMWP} = \sum_{i=1}^{n} t_i \tag{4-2}$$

式中，BMWP 为底栖动物 BMWP 指数；t_i 为科 i 的 BWMP 的敏感值分数。

底栖动物不同科级之间的敏感性分值范围为 1~10，分值越高表明底栖动物对环境的敏感性越强，对水质的要求越高。

藻类 Berger-Parker 优势度指数（B-P）计算方法如下（Berger and Parker，1970；Magurran，1988）：

$$\text{B-P} = \frac{N_{\text{max}}}{N} \tag{4-3}$$

式中，B-P 为 Berger-Parker 优势度指数；N_{max} 为最富集类群的细胞密度；N 为 1L 水样中全部类群的总细胞密度。

底栖动物、鱼类的 Berger-Parker 优势度指数计算方法与藻类的相同。

藻类 Shannon-Wiener 多样性指数计算方法如下（中国科学院生物多样性委员会，1994）：

$$H' = -\sum_{i=1}^{S} \frac{n_i}{N} \log_2 \frac{n_i}{N} \tag{4-4}$$

式中，H' 为 Shannon-Wiener 多样性指数；n_i 为第 i 种（或属）藻类的细胞密度；N 为采样点 1L 水样中藻类总细胞密度；S 为最小分类单元（物种或属）数。

鱼类的 Shannon-Wiener 多样性指数计算方法与藻类的相同。

4.1.2 计算方法

4.1.2.1 指标标准化

由于不同指标采用的计量单位不同，其数值之间不具备可比性。为了便于综合各类指标数据获得综合评价结果并进行河流生态系统健康等级划分，需要将各类指标进行标准化处理，将各指标得分范围标准化为 0~1，并根据评价目标和不同指标特征确定指标的期望值（指标等级最好状态值）和阈值（指标等级最差状态临界值）。各类指标的标准化方法如表 4-1 所示。

表 4-1　海河流域河流生态系统健康评价指标期望值、阈值和健康得分标准化公式

指标类别	指数	期望值	阈值	健康得分标准化公式	参考文献
水质理化指标	DO	7.5mg/L[a]	3mg/L[a]	健康得分=$\dfrac{测量值-阈值}{期望值-阈值}$	
	EC	500μs/cm[b]	2000μs/cm[b]		
	COD	15mg/L[a]	30mg/L[a]	健康得分=$\dfrac{阈值-测量值}{阈值-期望值}$	
水质营养盐指标	NH$_4^+$-N	0.15mg/L[a]	1.5mg/L[a]		
	TN	0.2mg/L[a]	1.5mg/L[a]		
	TP	0.02mg/L[a]	0.3mg/L[a]		
浮游藻类指标	分类单元数(S)	S的5%截尾[c]	S的5%截尾[c]	健康得分=$\dfrac{测量值-5\%阈值}{5\%期望值-5\%阈值}$	
	Shannon-Wiener 指数(H')	0	3	健康得分=$\dfrac{测量值-阈值}{期望值-阈值}$	
	Berger-Parker 优势度指数(B-P)	0.05[e]	0.95[e]	健康得分=$\dfrac{阈值-测量值}{阈值-期望值}$	
底栖动物指标	分类单元数(S)	S的5%截尾[c]	S的5%截尾[c]	健康得分=$\dfrac{测量值-5\%阈值}{5\%期望值-5\%阈值}$	
	山区 EPT 科级分类单元比(EPTr-F)	0.48[d]	0.0297[d]	EPTr-F>0.48, EPTr-S[*]=1.0; EPTr-F<0.48, EPTr-S=0.0297$e^{7.2601\times EPTr-F}$	Bond et al., 2011; Lenat, 1988; Penrose, 1985
	丘陵 EPT 科级分类单元比(EPTr-F)	0.36[d]	0.0364[d]	EPTr-F>0.36, EPTr-S=1.0; EPTr-F<0.36, EPTr-S=0.0364$e^{9.1382*EPTr-F}$	
	平原 EPT 科级分类单元比(EPTr-F)	0.17[d]	0.0271[d]	EPTr-F>0.17, EPTr-S=1.0; EPTr-F<0.17, EPTr-S=0.0271$e^{20.635\times EPTr-F}$	
	山区 BMWP 指数(BMWP)	131[d]	0[d]	健康得分=$\dfrac{测量值-阈值}{期望值-阈值}$	Hellawell, 1986
	丘陵、平原 BMWP 指数(BMWP)	81[d]	0[d]		
	Berger-Parker 优势度指数(B-P)	0.05[e]	0.95[e]	健康得分=$\dfrac{阈值-测量值}{阈值-期望值}$	
鱼类指标	分类单元数(S)	S的5%截尾[c]	S的5%截尾[c]	健康得分=$\dfrac{测量值-5\%阈值}{5\%期望值-5\%阈值}$	
	Shannon-Wiener 指数(H')	0	3	健康得分=$\dfrac{测量值-阈值}{期望值-阈值}$	

续表

指标类别	指数	期望值	阈值	健康得分标准化公式	参考文献
鱼类指标	Berger-Parker 优势度 指数（B-P）	0.05^e	0.95^e	健康得分 = $\dfrac{阈值 － 测量值}{阈值 － 期望值}$	

a《地表水环境质量标准》（GB 3838—2002）中地表水 I 类水质标准为期望值，地表水 IV 类水质标准为阈值；b 所有采样点测量值的前 20% 为阈值，后 20% 为阈值；c 所有采样点测量值的 5% 截尾为期望值和阈值；d 期望值和阈值参考表 4-1 中的参考文献；e 理论值 0 ~ 1 截尾的 5% 为期望值和阈值。

* EPTr-S 表示 EPTr-F 的标准化值。

4.1.2.2 评价指标期望值与阈值

评价指标期望值与阈值的大小决定着评价指标标准化得分并进而影响着评价结果。参考《地表水环境质量标准》（GB 3838—2002）、参考文献标准、专家经验值标准及实际调查样点的实测指标值等，确定了各类指标的期望值和阈值（表 4-1）。

4.1.2.3 综合得分及健康等级标准

（1）水质理化指标评价得分计算方法

水质理化指标评价得分计算方法如下。

$$S_1 = \frac{DO_S + EC_S + COD_S}{3} \tag{4-5}$$

式中，S_1 为水质理化指标评价得分；DO_S 为溶解氧标准化值；EC_S 为电导率标准化值；COD_S 为化学需氧量标准化值。

（2）水质营养盐指标评价得分计算方法

水质营养盐指标评价得分计算方法如下。

$$S_2 = \frac{TN_S + NH_4^+-N_S + TP_S}{3} \tag{4-6}$$

式中，S_2 为水质营养盐指标评价得分；TN_S 为总氮标准化值；$NH_4^+-N_S$ 为氨氮标准化值；TP_S 为总磷标准化值。

（3）浮游藻类指标评价得分计算方法

浮游藻类指标评价得分计算方法如下。

$$S_3 = \frac{N_S + H'_S + D_S}{3} \tag{4-7}$$

式中，S_3 为浮游藻类指标评价得分；N_S 为分类单元数标准化值；H'_S 为藻类 Shannon-Wiener 多样性指数标准化值；D_S 为藻类 Berger-Parker 优势度指数标准化值。

（4）底栖动物指标评价得分计算方法

底栖动物指标评价得分计算方法如下。

$$S_4 = \frac{N_S + EPTr-F_S + BMWP_S + D_S}{4} \tag{4-8}$$

式中，S_4 为底栖动物指标评价得分；N_S 为分类单元数标准化值；$EPTr-F_S$ 为 EPT 科级分类比的标准化值；BMWP$_S$ 为 BMWP 指数标准化值；D_S 为底栖动物 Berger-Parker 优势度指数标准化值。

（5）鱼类指标评价得分计算方法

鱼类指标评价得分计算方法。

$$S_5 = \frac{N_S + H'_S + D_S}{3} \tag{4-9}$$

式中，S_5 为鱼类指标评价得分；N_S 为分类单元数标准化值；H'_S 为鱼类 Shannon-Wiener 多样性指数标准化值；D_S 为鱼类 Berger-Parker 优势度指数标准化值。

（6）样点健康评价综合得分计算方法

样点健康评价综合得分计算方法如下。

$$S = \frac{S_1 + S_2 + S_3 + S_4 + S_5}{5} \tag{4-10}$$

式中，S 为样点健康评价综合得分；S_1 为水质理化指标评价得分；S_2 为水质营养盐指标评价得分；S_3 为浮游藻类指标评价得分；S_4 为底栖动物指标评价得分；S_5 为鱼类指标评价得分。

河流生态系统健康最终评价结果分为 5 个等级，每个指标的等级采用均等计算的方法进行划分，依据评价得分的高低，依次划分为优秀、良好、一般、差、极差（表 4-2）。

表 4-2　海河流域河流生态系统健康综合得分及分级

健康评估综合得分	健康等级
0.8 ~ 1.0	优秀
0.6 ~ 0.8	良好
0.4 ~ 0.6	一般
0.2 ~ 0.4	差
0 ~ 0.2	极差

4.2　水质理化评价

海河流域水质理化指标分级评价的结果显示，流域春季、秋季河流生态系统健康均呈一般状态。春季水质理化指标平均得分为 0.50，其中优秀及良好的比例和为 53.05%，超过样点总数的 50%；一般、差及极差的比例分别为 10.37%、8.54% 及 28.04%［图 4-1（a）］。秋季水质理化指标平均得分 0.52，其中优秀及良好的比例加和为 59.57%，超过样点总数的 50%；一般、差及极差的比例分别为 13.83%、19.68% 及 6.91%［图 4-1（b）］。

春季，DO 浓度为 0.27 ~ 19.57mg/L，平均浓度为 8.84mg/L，DO 平均得分为 0.81，其中优秀和良好的比例和为 78.66%，超过样点总数的 50%；一般及差的比例和为 7.93%；极差的比例为 13.41%［图 4-2（a）］。秋季，DO 浓度为 0.35 ~ 23.68mg/L，平均浓度为 8.81mg/L，DO 平均得分 0.83，一般及差的比例和为 8.51%，极差的比例为 8.51%［图 4-3（a）］。

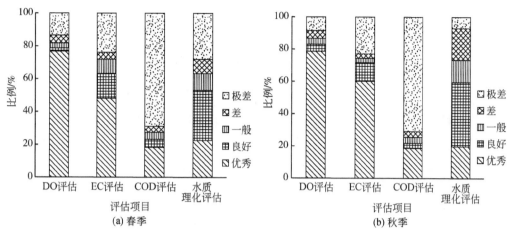

图 4-1　海河流域春季、秋季水质理化指标健康等级比例

春季，EC 为 200~17 900μs/cm，平均值为 1758μs/cm，EC 平均得分为 0.62，其中优秀和良好的比例和为 63.41%，超过样点总数的 50%；而一般、差及极差的比例分别为 8.54%、4.27% 及 23.78%〔图 4-2（b）〕。秋季，EC 为 7.9~37 203μs/cm，平均值为 1337μs/cm，EC 平均得分为 0.44，其中优秀和良好的比例和为 71.81%，超过样点总数的 50%；而一般、差及极差的比例分别为 2.66%、2.66% 及 22.87%〔图 4-3（b）〕。

春季，COD 浓度在 5~275mg/L，平均浓度为 51.37mg/L，COD 平均得分为 0.26，其中优秀和良好的比例和为 23.17%，不到样点总数的 50%；而一般及差的比例和为 7.93%；值得注意的是，极差的比例为 68.90%〔图 4-2（c）〕。秋季，COD 浓度在 5~153mg/L，平均浓度为 47.99mg/L，COD 平均得分为 0.28，其中优秀和良好的比例和为 21.81%，不到样点总数的 50%；而一般及差的比例和为 7.45%；值得注意的是，极差的比例为 70.74%〔图 4-3（c）〕。

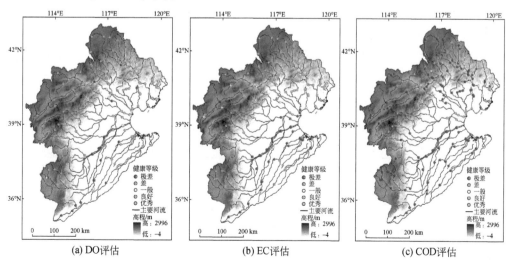

图 4-2　海河流域春季 DO、EC、COD 指标健康等级

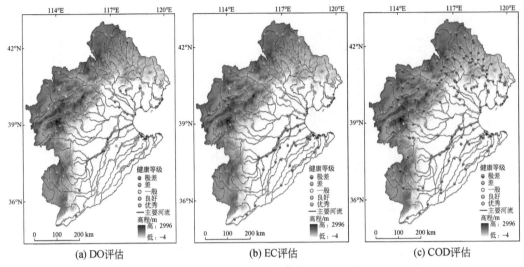

(a) DO评估　　　　　　　　(b) EC评估　　　　　　　　(c) COD评估

图 4-3　海河流域秋季 DO、EC、COD 指标健康等级

4.3　水质营养盐评价

海河流域水质营养盐指标分级评价的结果显示，春季水质营养盐呈现极差状态，秋季水质营养盐呈现差状态。春季水质营养盐指标平均得分为 0.16，其中优秀及良好的比例和为 0.61%，一般、差及极差的比例分别为 0.61%、44.51% 及 54.27% [图 4-4（a）]。秋季水质营养盐指标平均得分为 0.29，其中优秀及良好的比例和为 2.66%，一般、差及极差的比例分别为 13.30%、64.90% 及 19.14% [图 4-4（b）]。

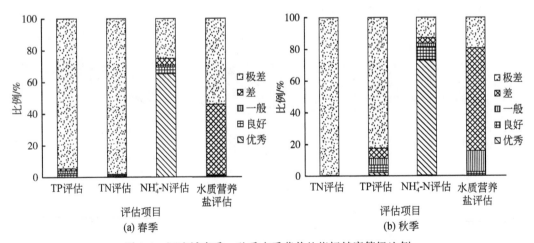

图 4-4　河流域春季、秋季水质营养盐指标健康等级比例

春季，TP 浓度为 0.08 ~ 5.23mg/L，平均浓度为 2.87mg/L，TP 平均得分为 0.03，其

中优秀和良好的比例和为2.44%，不到样点总数的10%；而一般及差的比例和为3.05%；需要特别注意的是极差的比例为94.51%，超过样点总数的90%［图4-5（a）］。秋季，TP浓度为0.04~5.46mg/L，平均浓度为1.23mg/L；TP平均得分为0.13，其中优秀和良好的比例和为6.91%，不到样点总数的10%；而一般及差的比例和为10.64%；需要特别注意的是极差的比例为82.45%，超过样点总数的80%［图4-6（a）］。

春季，TN浓度为0.30~23.70mg/L，平均浓度为6.49mg/L，TN平均得分为0.02，其中优秀和良好的比例和为1.22%；而一般及差的比例和为0.61%；极差的比例为98.17%，超过样点总数的90%［图4-5（b）］。秋季，TN浓度为1.7~25mg/L，平均浓度为6.67，所有样点TN皆处于极差水平［图4-6（b）］。

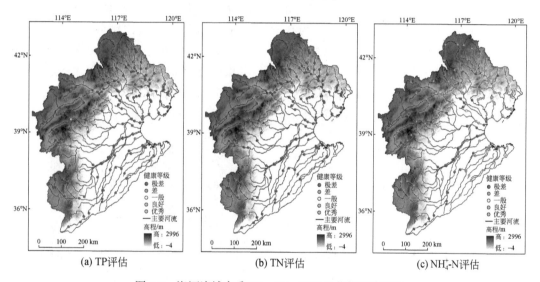

图4-5　海河流域春季TP、TN、NH$_4^+$-N指标健康等级

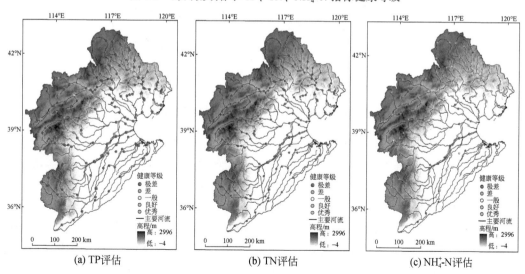

图4-6　海河流域秋季TP、TN、NH$_4^+$-N指标健康等级

春季，NH$_4^+$-N 浓度为 0.03 ~ 3.28mg/L，平均浓度为 0.88mg/L，NH$_4^+$-N 平均得分为 0.68，其中优秀和良好的比例分别为 65.24% 和 4.27%，比例和超过样点总数的 50%；而一般、差及极差的比例分别为 1.22%、4.27% 及 25.00%［图4-5（c）］。秋季，NH$_4^+$-N 浓度在 0.03 ~ 3.27mg/L，平均浓度为 0.52mg/L，NH$_4^+$-N 平均得分为 0.69，其中优秀和良好的比例分别为 72.87% 和 8.51%，比例和超过样点总数的 50%；而一般、差及极差的比例分别为 2.12%、3.72% 及 12.76%［图4-6（c）］。

4.4 藻类评价

海河流域浮游藻类分级评价的结果显示，流域春季、秋季河流生态系统健康均呈一般状态。春季，浮游藻类评估平均得分为 0.46，其中优秀和良好的比例分别为 9.94% 和 22.36%，比例和不到样点总数的 40%；一般、差及极差的比例分别为 27.33%、25.46% 及 14.91%［图4-7（a）］。秋季，浮游藻类评估平均得分为 0.56，其中优秀和良好的比例分别为 9.04% 和 34.04%，比例和不到样点总数的 50%；一般、差及极差的比例分别为 37.23%、16.49% 及 3.20%［图4-7（b）］。

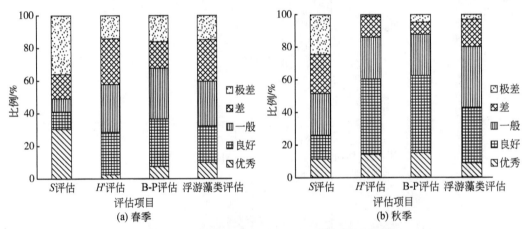

图 4-7　海河流域春季、秋季浮游藻类健康等级比例

S 评估为分类单元数评估；H' 评估为 Shannon-Wiener 多样性指数评估；

B-P 评估为 Berger-Parker 优势度指数评估；下同

春季，浮游藻类分类单元数为 1 ~ 37，平均值为 9，分类单元数平均得分为 0.47，其中优秀和良好的比例分别为 30.43% 和 10.56%，比例和不到样点总数的 50%；一般的比例为 8.07%；而差和极差的比例分别为 14.91% 和 36.03%，比例和超过样点总数的 50%［图4-8（a）］。秋季，浮游藻类分类单元数在 2 ~ 48，平均值为 17，分类单元数平均得分为 0.47，其中优秀和良好的比例分别为 11.70% 和 14.36%，比例和不到样点总数的 50%；一般的比例为 25.53%；而差和极差的比例分别为 23.94% 和 24.47%，比例和接近样点总数的 50%［图4-9（a）］。

春季，Berger-Parker 优势度指数的范围在 0.15 ~ 1.00，平均值为 0.52，Berger-Parker

优势度指数平均得分为0.49，其中优秀和良好的比例分别为7.45%和29.19%，比例和接近样点总数的40%；而一般、差及极差的比例分别为31.06%、16.15%及16.15%［图4-8（b）］。秋季，Berger-Parker优势度指数的范围为0.13~0.95，平均值为0.39；Berger-Parker优势度指数平均得分为0.66，其中优秀和良好的比例分别为15.42%和47.34%，比例和超过样点总数的50%；而一般、差及极差的比例分别为25%、7.45%及4.79%［图4-9（b）］。

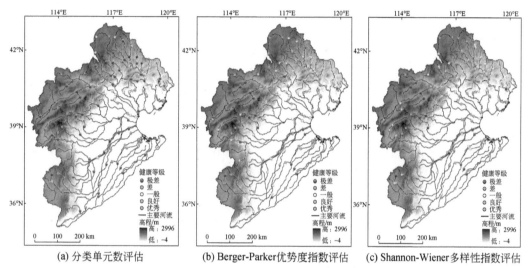

(a) 分类单元数评估　　(b) Berger-Parker优势度指数评估　　(c) Shannon-Wiener多样性指数评估

图4-8　海河流域春季藻类分类单元数、Berger-Parker优势度指数、
Shannon-Wiener多样性指数指标健康等级

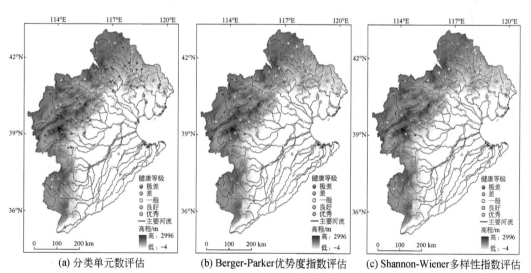

(a) 分类单元数评估　　(b) Berger-Parker优势度指数评估　　(c) Shannon-Wiener多样性指数评估

图4-9　海河流域秋季藻类分类单元数、Berger-Parker优势度指数、Shannon-Wiener
多样性指数指标健康等级

春季，Shannon-Wiener 优势度指数的范围为 0~2.80，平均值为 1.30，Shannon-Wiener 优势度指数平均得分为 0.43，其中优秀和良好的比例分别为 2.48% 和 26.09%，比例和不到样点总数的 30%；而一般、差及极差的比例分别为 29.19%、27.95% 及 14.29 [图4-8 (c)]。秋季，Shannon-Wiener 优势度指数范围为 0.26~2.87，平均值为 1.84，Shannon-Wiener 优势度指数平均得分为 0.61，其中优秀和良好的比例分别为 14.36% 和 46.28%，比例和超过样点总数的 50%；而一般、差及极差的比例分别为 25.53%、12.76% 及 1.07%（图4-9c）。

4.5 底栖动物评价

海河流域春季底栖动物多样性低，清洁指示种少，整体评价结果为差，河流生态系统健康整体状态不容乐观，亟待恢复和治理。相对于春季，海河流域秋季底栖动物多样性有所增加，但是清洁指示种依然少，整体评价结果为一般。春季，优秀和良好的比例和为 8.33%，一般的比例为 18.59%，差和极差的比例和为 73.08% [图4-10 (a)]。秋季，优秀和良好的比例和为 41.49%，差和极差的比例和为 22.34% [图4-10 (b)]。

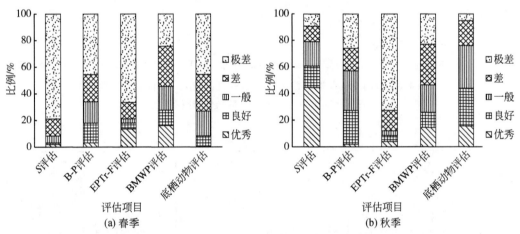

图4-10 海河流域春季、秋季底栖动物指标健康等级比例

S 评估为分类单元数评估；B-P 评估为 Berger-Parker 优势度指数评估；EPTr-F 评估为 EPT 科级
分类单元比评估；BMWP 评估为 BMWP 指数评估；下同

春季，底栖动物分类单元数为 1~31，平均值为 9，其中优秀和良好的比例分别为 1.92% 和 1.28%；一般和差的比例加和为 17.95%；值得注意的是，极差的比例达 78.85%，超过样点总数的 50% [图4-11 (a)]。秋季，底栖动物分类单元数为 1~26，平均值为 9，其中优秀和良好的比例分别为 42.02% 和 15.42%，超过样点总数的 50%；一般和差的比例和为 28.19%；极差的比例为 8.51% [图4-12 (a)]。

春季，底栖动物 Berger-Parker 优势度指数为 0.17~1.00，平均值为 0.70，其中优秀和良好的比例分别为 3.21% 和 14.74%，一般和差的比例和为 36.54%，极差的比例为 45.51%

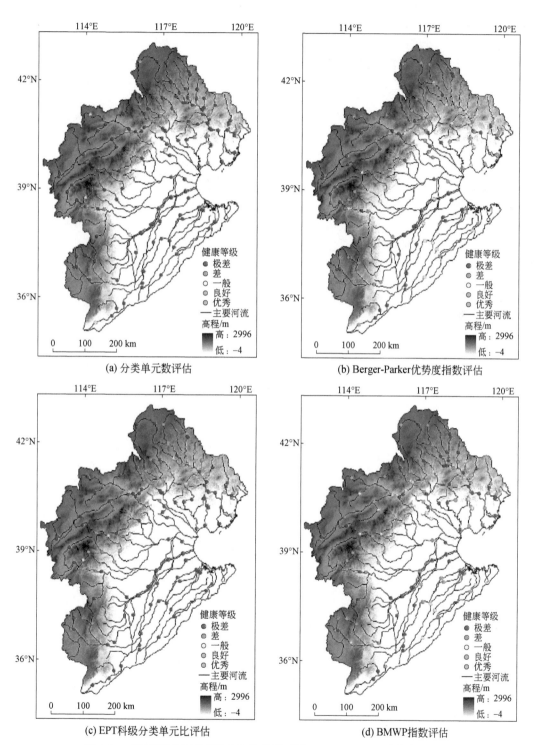

(a) 分类单元数评估

(b) Berger-Parker优势度指数评估

(c) EPT科级分类单元比评估

(d) BMWP指数评估

图 4-11　海河流域春季底栖动物分类单元数、Berger-Parker 优势度指数、
EPT 科级分类单元比、BMWP 指数指标健康等级

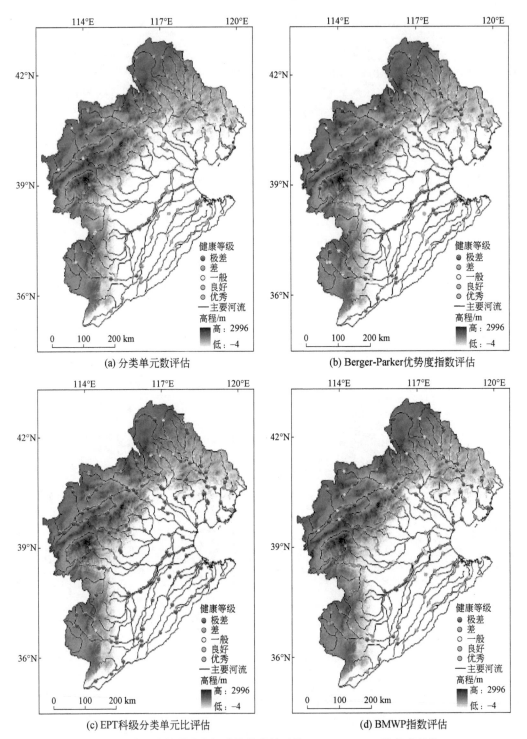

(a) 分类单元数评估

(b) Berger-Parker优势度指数评估

(c) EPT科级分类单元比评估

(d) BMWP指数评估

图4-12　海河流域秋季底栖动物分类单元数、Berger-Parker 优势度指数、
EPT 科级分类单元比、BMWP 指数指标健康等级

[图4-11 （b）]。秋季，底栖动物 Berger-Parker 优势度指数为 0.16～1.00，平均值为 0.58，其中优秀和良好的比例分别为 2.13% 和 23.94%，一般和差的比例和为 43.62%，极差的比例为 24.47%［图4-12 （b）］。

春季，EPT 科级分类单元比为 0～0.75，平均值为 0.14，其中优秀的比例仅为 13.46%，良好和一般的比例分别为 4.48% 和 3.21%，差和极差的比例和为 78.85%，可见全流域清洁指示种比例较小，导致该项评估指标总体较差［图4-11 （c）］。秋季，EPT 科级分类单元比为 0～0.5，平均值为 0.11，其中优秀的比例为 3.72%；良好和一般的比例分别为 4.25% 和 3.72%，差和极差的比例和为 82.45%，可见全流域清洁指示种比例较小，导致该项评估指标总体较差［图4-12 （c）］。

春季，BMWP 指数为 2～154，样点间 BMWP 指数差异较大，平均值为 37.77，其中优秀和良好的比例分别为 16.03% 和 11.54%，一般、差和极差的比例分别为 17.95%、30.13% 和 24.35%［图4-11 （d）］。秋季，BMWP 指数为 2～145，样点间 BMWP 指数差异较大，平均值为 43.33，其中，优秀和良好的比例分别为 13.83% 和 10.64%，一般、差和极差的比例分别为 19.68%、28.19% 和 21.81%［图4-12 （d）］。

4.6 鱼类评价

海河流域鱼类分级评价的结果显示，鱼类评估平均得分 0.61，其中优秀及良好的比例分别为 26.22% 及 29.27%，比例和超过样点总数的 50%，一般、差及极差的比例分别为 20.73%、15.85% 及 7.93%，鱼类的分级评价说明流域河流生态系统健康呈良好状态（图4-13）。其中，海河流域鱼类分类单元数为 2～19，平均值为 9；分类单元数平均得分为 0.53，其中优秀和良好的比例分别为 37.80% 和 7.32%，不到样点总数的 50%，一般的比例为 11.59%，而差及极差的比例分别为 10.98% 及 32.31%［图4-14 （a）］。Berger-Parker 优势度指数的范围为 0.17～0.97，平均值为 0.38；Berger-Parker 优势度指数平均得分为 0.64，其中优秀和良好的比例分别为 20.12% 和 43.90%，超过样点总数的 50%，而

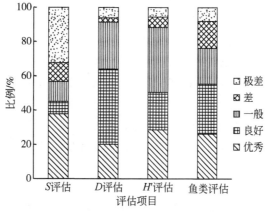

图 4-13 海河流域鱼类指标健康等级比例

S 评估为分类单元数评估；B-P 评估为 Berger-Parker 优势度指数评估；H'评估为 Shannon-Wiener 多样性指数评估；下同

一般、差及极差的比例分别为 27.44%、2.44% 及 6.10%。Shannon-Wiener 多样性指数范围为 0.16 ~ 3.71，平均值为 2.02 [图 4-14 (b)]。Shannon-Wiener 多样性指数平均得分为 0.64，其中优秀和良好的比例分别为 28.66% 和 21.95%，超过样点总数的 50%，而一般、差及极差的比例分别为 37.80%、6.10% 及 5.49% [图 4-14 (c)]。

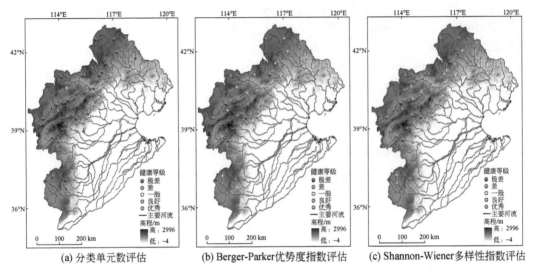

(a) 分类单元数评估   (b) Berger-Parker优势度指数评估   (c) Shannon-Wiener多样性指数评估

图 4-14 海河流域鱼类分类单元数、Berger-Parker 优势度指数、Shannon-Wiener 多样性指数指标健康等级

4.7 总体评价

海河流域水质理化指标、水质营养盐指标、浮游藻类、底栖动物和鱼类的综合评价结果显示，海河流域春季综合评估平均得分为 0.40，优秀和良好的比例分别为 0% 和 4.27%，比例和不到样点总数的 10%；一般的比例为 47.56%；差和极差的比例和为 48.17%，说明海河流域春季河流生态系统健康整体呈一般状态 [图 4-15 (a)]。从评价结果的空间分布特征来看，优秀和良好的样点主要分布于燕山山区和北部平原区，一般的样点主要分布于太行山山区，差和极差的样点主要分布于太行山山前平原区和南部平原区 [图 4-16 (a)]。海河流域秋季综合评估平均得分为 0.46，优秀和良好的比例分别为 0% 和 11.70%，一般的比例为 47.56%，差和极差的比例和为 60.64%，超过样点总数的 50%，说明海河流域秋季河流生态系统健康整体也呈一般状态 [图 4-15 (b)]。从评价结果的空间分布特征来看，优秀和良好的样点主要分布于燕山山地区和北部平原区，一般的样点主要分布于太行山山地区，差和极差的样点主要分布于太行山山前平原区和南部平原区 [图 4-16 (b)]。

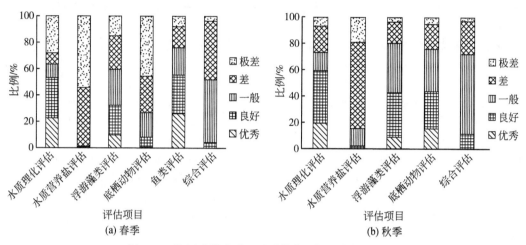

图 4-15　海河流域春季、秋季综合指标健康等级比例

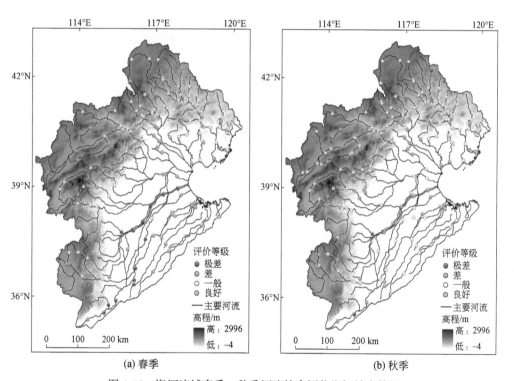

图 4-16　海河流域春季、秋季河流综合评价指标健康等级

参 考 文 献

耿世伟, 渠晓东, 张远, 等 . 2012. 大型底栖动物生物评价指数比较与应用 . 环境科学, 33 (7):
　　2281-2287.

张洪，林超，雷沛，等．2015．海河流域河流富营养化程度总体评估．环境科学学报，35（8），2336-2344.

中国科学院生物多样性委员会．1994．生物多样性研究的原理与方法．北京：中国科学技术出版社．

Berger W H, Parker F L. 1970. Diversity of planktonic foraminifera in deep-sea sediments. Science, 168 (3937): 1345-1347.

Bond N R, Liu W, Weng S C, et al. 2011. Assessment of river health in the Pearl River Basin (Gui sub-catchment). River health and environmental flow in China project. Pearl River Water Resources Commission and International Water Centre, Brisbane.

Cheng X, Chen L, Sun R, et al. 2018. Land use changes and socio-economic development strongly deteriorate river ecosystem health in one of the largest basins in China. Science of the Total Environment, 616: 376-385.

Ding J, Jiang Y, Liu Q, et al. 2016. Influences of the land use pattern on water quality in low-order streams of the Dongjiang River Basin, China: A multi-scale analysis. Science of the Total Environment, 551: 205-216.

Hellawell J M. 1986. Biological Indicators of Freshwater Pollution and Environmental Management. Amsterdam: Elsevier Applied Science Publishers.

Karr J R. 1981. Assessment of biotic integrity using fish communities. Fisheries, 6: 21-27.

Lenat D R. 1988. Water quality assessment of streams using a qualitative collection method for benthic macroinvertebrates. Journal of the North American Benthological Society, 7 (3): 222-233.

Magurran A E. 1988. Ecological Diversity and Its Measurement. New Jersey: Princeton University Press.

Meng W, Zhang N, Zhang Y, et al. 2009. Integrated assessment of river health based on water quality, aquatic life and physical habitat. Journal of Environment Sciences, 21 (8): 1017-1027.

Mustow S. 2002. Biological monitoring of rivers in Thailand: Use and adaptation of the BMWP score. Hydrobiologia, 479: 191-229.

Penrose D. 1985. An introduction to North Carolina's biomonitoring program: Benthic macroinvertebrates. Proceedings, State/EPA Region VI Water Quality Data Assessment Seminar/Workshop, Dallas.

Poikane S, KellyM. Cantonati M. 2016. Benthic algal assessment of ecological status in European lakes and rivers: Challenges and opportunities. Science of the Total Environment, 568: 603-613.

Reynolds C. 2003. Planktic community assembly in flowing water and the ecosystem health of rivers. Ecological Modelling, 160 (3): 191-203.

Shan B Q, Ding Y K, Zhao Y. 2016. Development and preliminary application of a method to assess river ecological status in the Hai River Basin, north China. Journal of Environment Sciences, 39: 144-154.

Smith M, Kay W, Edward D, et al. 1999. AusRivAS: Using macroinvertebrates to assess ecological condition of rivers in Western Australia. Freshwater Biology, 41 (2): 269-282.

Sun R H, Wang Z M, Chen L D, et al. 2013. Assessment of surface water quality at large watershed scale: Land-use, anthropogenic, and administrative impacts. Journal of the American Water Resources Association, 49 (4): 741-752.

Walley W, Hawkes H. 1996. A computer-based reappraisal of the Biological Monitoring Working Party scores using data from the 1990 river quality survey of England and Wales. Water Research, 30 (9): 2086-2094.

Yang T, Liu J, Chen Q. 2013. Assessment of plain river ecosystem function based on improved gray system model and analytic hierarchy process for the Fuyang River, Haihe River Basin, China. Ecological Modelling, 268: 37-47.

第5章 海河流域河流生态系统健康区域差异

对河流生态功能进行辨识和分区是进行流域生态管理的科学基础和重要依据。针对海河流域独特的气候、地貌、水文和人类活动特征，提出河流生态功能分区的三级指标体系。一级区、二级区针对气候、地貌、水文背景进行自上而下的分区，三级区针对人类活动对水资源、水环境、生境的影响，采用自下而上的分区方法。最终，海河流域划分了6个河流生态功能一级区（水生态区）、16个河流生态功能二级区（水生态亚区）和73个河流生态功能三级区（水生态功能区）。同时，根据河流弯曲度、河流比降、断流风险等指标，将海河流域河段划分为15种河段类型分区，为海河流域河流生态管理提供科学依据，为水资源空间调配与合理利用、产业结构布局与区域协调发展等提供服务。

本章按照河流生态功能一级区、二级区、三级区及河流类型区，系统分析了海河流域河流生态系统健康的区域特征及季节差异。其中，全面介绍了各一级区综合评价、水质理化、水质营养盐、藻类、底栖动物、鱼类的健康评价结果及季节差异，主要介绍了各二级区综合评价结果及季节差异，简要阐述了各三级区生态系统要素的主要特征，总结了各河流类型区的水质和水生生物特征。本章介绍的河流生态系统健康的区域差异，可为海河流域河流生态的区域保护提供更有针对性的参考和依据。

5.1 河流生态功能分类与分区

5.1.1 一级区和二级区

首先，根据地貌类型、干燥度和年径流深的空间异质性特征，利用插值方法分别绘制出这3个分区指标因子的分级图。然后，对每个分级图进行矢量化处理，沿边界矢量化，得到3个矢量图。在矢量化过程中，要利用地理综合的思想，忽略小的弯曲，把小斑块归并到附近的大斑块。最后，利用ArcGIS软件对这3个矢量图进行叠置分析，把3个分区指标因子综合在一起（图5-1）。具体操作过程如下。

1）空间聚类分析：在对地貌类型、干燥度和年径流深的空间异质性进行分析的基础上，利用ArcGIS软件对分区指标因子进行空间聚类。空间聚类的目的是反映分区指标因子的宏观分布规律，为叠加分析奠定基础。因为一级区属宏观尺度的分区，所以把分区指标因子聚类为较少的类型。根据分区指标因子的空间异质性特征，把地貌类型综合为2类，年径流深综合为3类，干燥度综合为4类。

2）矢量化处理：在 ArcCatalog 模块中分别为地貌类型、干燥度和年径流深建立矢量图层。在 ArcMap 模块中分别对地貌类型、干燥度和年径流深空间聚类后的栅格图进行矢量化，即沿边界矢量化，得到地貌类型、干燥度和年径流深 3 个矢量图。在矢量化过程中，对小斑块进行融合，归并到附近的大斑块。

3）叠加分析：对这 3 个矢量图进行叠置分析，根据主导性原则确定一级分区的边界，即把地貌矢量图作为底图，把干燥度矢量图叠加在其上，干燥度因子的矢量线把地貌分成更多的小区域。当地貌因子和干燥度因子的矢量线靠近时，以地貌因子作为主导因子，地貌因子的矢量线保持不变，调整干燥度因子的矢量线，从而确定二者叠加后的界线。然后以地貌因子和干燥度因子叠置后的矢量图为底图，再把年径流深矢量图叠加上去。当叠加的矢量线靠近时，主要调整年径流深因子的矢量线，从而确定叠加后的界线。

4）调整分区边界：参考子流域界线，对一级区分区边界进行适当调整。分区边界的调整只是微调，仍然遵循由地貌、干燥度和年径流深决定的宏观空间格局。

5）一级分区制图：主要包括添加辅助图层、添加地图要素和地图整饰等。添加辅助图层：主要是添加水系图层、城市分布图层、地貌图层及其晕渲图层，并设定图层次序和透明度等。添加制图要素：主要是插入图例、比例尺、经纬网、图名、附注等。制图整饰：主要是通过合理安排图层、制图要素，以及各要素的详略程度、文字大小、空间位置等，使即将完成的图内容丰富，层次分明，且协调美观。

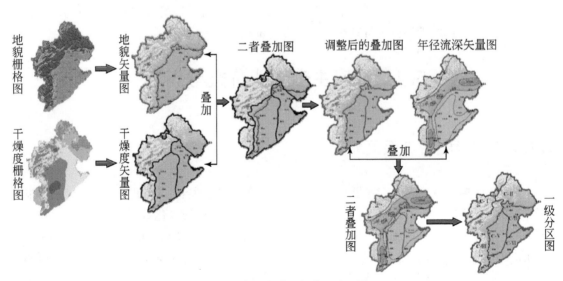

图 5-1　海河流域一级分区流程图

根据以上分区流程，海河流域共划分为 6 个河流生态功能一级区（图 5-2，表 5-1）。

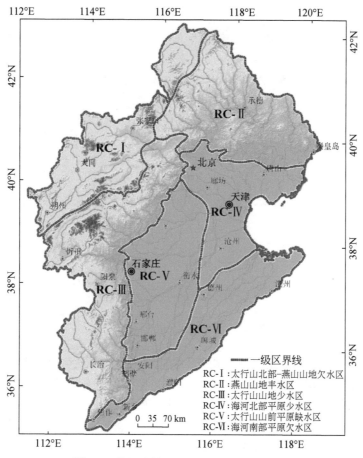

图 5-2 海河流域河流生态功能一级分区图

表 5-1 海河流域河流生态功能一级区的编码、名称和指标特点

编码	一级区名称	指标特点
RC-Ⅰ	太行山北部-燕山山地欠水区	山地，干燥度0.8～1.6，径流深≤50
RC-Ⅱ	燕山山地丰水区	山地，干燥度0.8～1.2，径流深50～200
RC-Ⅲ	太行山山地少水区	山地，干燥度0.8～1.6，径流深50～200
RC-Ⅳ	海河北部平原少水区	平原，干燥度1.2～1.4，径流深50～100
RC-Ⅴ	太行山山前平原缺水区	平原，干燥度1.4～1.8，径流深≤50
RC-Ⅵ	海河南部平原欠水区	平原，干燥度1.2～1.4，径流深≤50

在二级分区中，首先对土壤类型和植被覆盖类型进行空间聚类，根据聚类结果分别绘制出这两个指标因子的矢量图，即沿边界矢量化，得到两个矢量图。然后，利用 ArcGIS 软件对这两个矢量图和一级分区矢量图进行叠置分析。根据主导性原则确立叠置后的分区界线，沿分区界线进行数字化，确立二级分区矢量图（图5-3）。具体操作过程如下。

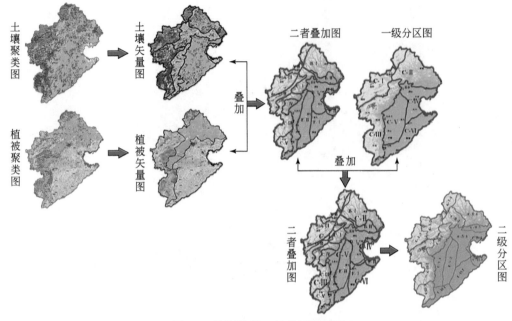

图 5-3　海河流域二级分区流程图

1）空间聚类分析：为满足二级宏观分区的需要，把几十种植被类型概括为林地植被、草地植被、耕地植被和城乡建设用地 4 种植被覆盖类型。把土壤目、土壤科属级别的众多土壤类型合并为土壤纲级别的土壤类型，共 7 大类型。

2）矢量化处理：在 ArcCatalog 模块中分别建立植被类型、土壤类型的矢量图层。在 ArcMap 模块中分别对空间聚类后的植被类型图、土壤类型图进行矢量化。矢量化过程中，把小斑块归并到附近的大斑块，得到新的矢量化的植被类型图、土壤类型图。

3）叠加分析：把植被类型、土壤类型的矢量图依次叠置在一级分区的矢量图上，植被类型因子和土壤类型因子的矢量线把一级分区图分成更多的小区域。根据主导性原则，保持一级分区图的矢量线不变。当几个分区指标因子的矢量线靠近时，主要调整植被类型因子和土壤类型因子的矢量线走向，从而确定二级分区界线。

4）调整分区边界：同一级分区一样，二级分区也参考了子流域界线以尽量保持子流域的完整性，因此需要根据子流域的界线对分区边界进行微调。分区边界的调整只是微调，不改变由植被类型和土壤类型决定的宏观空间格局。

5）二级分区制图：主要包括添加辅助图层、添加制图要素和制图整饰等。添加辅助图层：主要是添加水系图层、城市分布图层、地貌图层及其晕渲图层，并设定图层叠放次序、透明度等。添加制图要素：主要是插入图例、比例尺、经纬网、图名、附注等。制图整饰：主要是通过合理安排图层、制图要素，以及各要素的详略程度、文字大小、空间位置等，使地图的内容层次分明，协调美观。

在一级分区的基础上，把海河流域划分为 16 个河流生态功能二级区（图 5-4，表 5-2）。

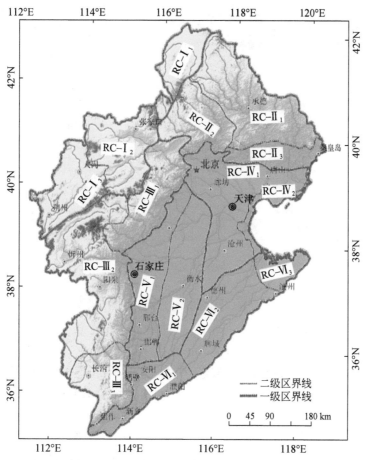

RC-I：太行山北部燕山山地欠水区　　RC-II：燕山山地下水区　　　　　　RC-III：太行山山地少水区
RC-I₁:坝上高原草原亚区　　　　　　RC-II₁:燕山北部山地丘陵森林亚区　　RC-III₁:太行山山地森林亚区
RC-I₂:太行山西部山地森林亚区　　　RC-II₂:燕山西部山地森林亚区　　　　RC-III₂:太行山山地草原亚区
RC-I₃:太行山西部山地农业亚区　　　RC-II₃:燕山东南部丘陵农业亚区　　　RC-III₃:太行山山地农业亚区

RC-IV：海河北部平原少水区　　　　　RC-V：太行山山前平原缺水区　　　　RC-VI：海河南部平原欠水区
RC-IV₁:海河北部冲积平原农业亚区　　RC-V₁:太行山山前洪积平原农业亚区　RC-VI₁:海河南部洪积平原农业亚区
RC-IV₂:海河北部滨海平原农业亚区　　RC-V₂:太行山山前冲积平原农业亚区　RC-VI₂:海河南部冲积平原农业亚区
　　　　　　　　　　　　　　　　　　　　　　　　　　　　　　　　　RC-VI₃:海河南部滨海平原农业亚区

图 5-4　海河流域河流生态功能二级分区图

表 5-2　海河流域河流生态功能二级区的编码和指标特点

编码	植被覆盖度	主要植被类型	占单元区的比例/%	主要土壤类型	占单元区的比例/%
RC-I₁	低	牧草地	80	钙层土	87
RC-I₂	较高	灌丛林地，兼有草地和耕地	50	钙层土	90
RC-I₃	稍低	耕地，兼有乔灌林地	54	钙层土	66
RC-II₁	很高	乔灌林地为主	90	淋溶土	68
RC-II₂	很高	乔木林地，兼有灌丛林地	95	半淋溶土	57
RC-II₃	较高	耕地，兼有乔灌林地	64	半淋溶土	92

编码	植被覆盖度	主要植被类型	占单元区的比例/%	主要土壤类型	占单元区的比例/%
RC-III$_1$	很高	乔木林, 兼有灌丛和草地	78	初育土	53
RC-III$_2$	较高	草地, 兼有灌丛林地和耕地	69	初育土	62
RC-III$_3$	较高	耕地, 兼有乔灌林地	45	初育土	51
RC-IV$_1$	一般	耕地, 兼有少量乔木林地	90	半水成土	93
RC-IV$_2$	较低	耕地, 兼有少量养殖场	74	盐碱土	89
RC-V$_1$	较高	耕地, 兼有少量乔木林地	93	半淋溶土	77
RC-V$_2$	一般	耕地	96	半水成	91
RC-VI$_1$	较高	耕地	94	半淋溶土	47
RC-VI$_2$	一般	耕地	97	半水成土	92
RC-VI$_3$	较低	耕地, 兼有少量养殖场	76	盐碱土	56

5.1.2　三级区

三级分区以小流域为基本单元, 利用 1：5 万数字高程模型 (digital elevation model, DEM) 和 SWAT 模型 (oil and water assessment tool) 提取子流域。利用已有河网数据作为基准, 在平原地区对 1：5 万 DEM 进行填注等前处理, 提取更加详细的河网和小流域, 最后得到小流域 2957 个, 平均流域面积为 105km^2, 计算各个小流域的累积汇水栅格、流向图、水系级别等信息。

社会经济统计数据来自流域内 8 个省 (自治区、直辖市) 2010 年的统计年鉴, 土地利用来自 2010 年的 1：10 万土地利用图。社会经济数据多基于县级行政单元, 而三级区是基于小流域集水单元进行划分。本书采取了基于土地利用赋权的方法, 如农业用水和化肥使用多集中在耕地, 工业用水和污水排放集中在城镇用地, 牲畜饲养则更多集中在农村用地。通过对不同土地利用斑块的社会经济指标进行赋权, 得到各个小流域的社会经济数据。相比单纯基于流域面积权重的社会经济指标空间化, 本书使用的方法更能体现社会经济活动的主要成因和途径, 具有更高的精度。三级分区指标及权重如表 5-3 所示。

表 5-3　海河流域河流生态功能三级分区指标及权重

影响类别	胁迫/支持	分区指标	权重	其他相关指标
人类活动对水资源的影响	水量胁迫	生活用水强度/ (t/km^2)	1/3	人口密度、地区生产总值、农田比例、城镇比例等
		工业用水强度/ (t/km^2)	1/3	
		农业用水强度/ (t/km^2)	1/3	
	水量承载	小流域面积/km^2	1/3	水库控制面积、河网密度、水闸密度、降水量等
		水库总库容/亿 m^3	1/3	
		平均汇水面积/km^2	1/3	

续表

影响类别	胁迫/支持	分区指标	权重	其他相关指标
人类活动对水环境的影响	水质胁迫	生活排水强度/（t/km²）	1/3	产业结构、工业产值、人口密度、农药使用强度、牲畜比例等
		工业排水强度/（t/km²）	1/3	
		化肥使用强度/（kg/km²）	1/3	
	水质承载	流域平均坡度/（°）	1/2	河流比降等
		流域形状指数	1/2	
人类活动对生境的影响	生境胁迫	土地利用强度/%	1	河流挖沙、人工改造等
	生境承载	湿地面积/km²	1	保护区面积等

三级分区的过程如图 5-5 所示。其中，三级分区指标的空间聚类在各个二级区内进行，

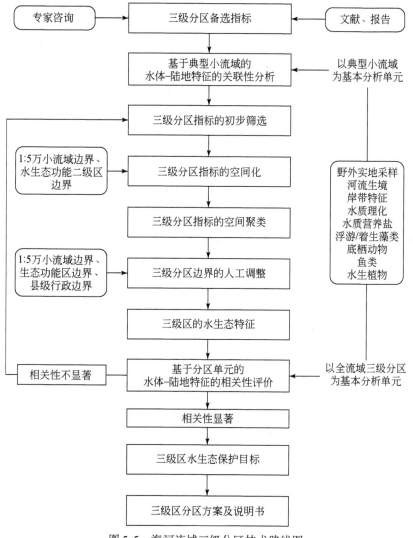

图 5-5　海河流域三级分区技术路线图

在 ArcGIS 平台的空间聚类模块下划分了三级区。但是这种划分存在很多的不确定斑块、错误斑块，需要人工的判读和取舍。取舍的原则首先是参考 DEM、河网数据，其次要尽量使不同二级区间的三级区保持连续性，最后要在分类详细程度和分类准确程度之间取得平衡。最终，将 2957 个小流域叠加二级区后划分成 3620 个斑块，通过聚类分析得到 211 个三级类型。再根据人工判读，对 508 个斑块的属性进行重命名，总体的人工判读比例为 14%，得到 73 个三级区（图 5-6）。

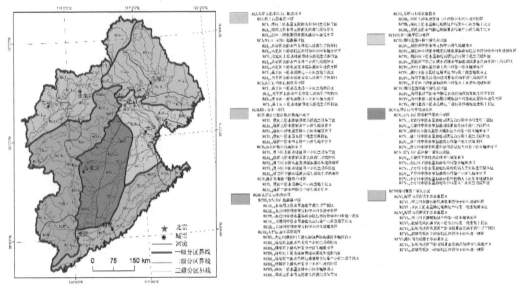

图 5-6　海河流域河流生态功能三级分区图

5.1.3　河流类型区

海河流域四级河流生态功能分区主要基于河段尺度进行划分，因此合适的河网数据是分区的基础。河网数据的详细程度决定着河流生境的一致性，过大和过小的尺度都会影响最终的四级分区。而且，海河流域下游平原区复杂的河网结构受到人类活动和工程措施的剧烈影响，无法从 DEM 直接获取。基于以上原因，我们通过汇总现有的多种分辨率、多种渠道的河网数据，并结合对海河流域的多次详细调研，对河网进行了人工的数字化和取舍。绘图的依据包括 1∶100 万水系图、1∶25 万水系图、海河水利委员会水系图、水利部水功能区图等。再根据河流生态功能三级区界限、行政区划边界等对河流进行分段，从而形成最终的 6254 个河段，总长度为 47 422km，平均每个河段的长度为 7.6km（图 5-7）。

河段尺度的河流生境特征通过河流弯曲度、河流比降等进行刻画。海河流域的山前区和滦河中游区河流弯曲度最大，说明河流弯曲度与地形条件有关；海河下游平原区河流弯曲度并不大，说明河流弯曲度也与下游区受人工措施的影响有关。此外，上游山区弯曲度也比较小。河流比降则与河流弯曲度相反，山区河流比降明显高于平原区。河段尺度的人

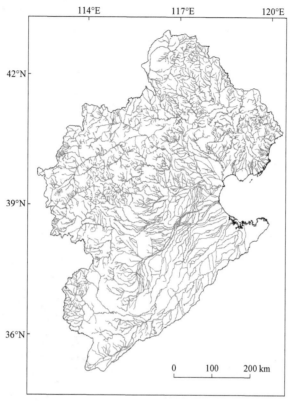

图 5-7　海河流域河段图

类活动影响主要通过断流风险进行刻画。断流风险主要分为高风险断流、中风险断流、低
风险断流，高风险断流的河段主要在海河流域南部一些河流的中上游地区和山前冲洪积
扇，在河流水量不大的情况下，这些地区的地表径流多转为地下径流，从而形成下游湖、
淀的形态；或者通过灌渠引入农田和城市，因此断流特征受自然和人为的综合控制。海河
流域多数河流的上游和源头区主要是中风险断流，主要受地形条件和气候条件的控制。海
河流域下游平原区断流风险较小，主要受人类活动的影响，如很多灌渠、饮水工程等。此
外，海河流域下游闸坝很多，水流缓慢，除雨季情况外，河流一般多呈静水状态。河流的
盐度反映了河流受海水影响的状况。因此，根据河流弯曲度、河流比降、断流风险等指标
（表 5-4），将海河流域划分为 15 种河段类型区（图 5-8、图 5-9）。

表 5-4　海河流域河流类型划分指标

对水生生物影响方式	分类指标	划分标准	等级
河段特征	弯曲度	弯曲度≤1.05	低弯曲度
		1.05<弯曲度≤1.15	中弯曲度
		弯曲度>1.15	

续表

对水生生物影响方式	分类指标	划分标准	等级
河段特征	比降	比降<0.010	缓流
		比降≥0.010	急流
断流影响	断流风险	干/雨季调查有水	低风险断流
		干季调查无水	中风险断流
		干/雨季调查无水	高风险断流
海水影响	盐度	盐度 < 1.43 g/L	正常盐度
		盐度 ≥ 1.43 g/L	高盐度

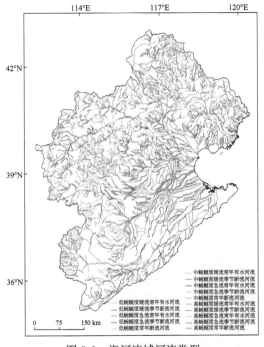

图 5-8　海河流域河流类型

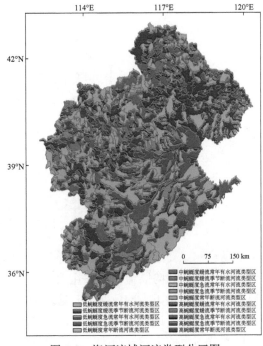

图 5-9　海河流域河流类型分区图

5.2　河流生态功能区的健康评价

5.2.1　太行山北部-燕山山地欠水区

5.2.1.1　区域整体评价

(1) 水质理化评价

该区水质理化指标分级评价的结果显示，春季水质理化指标评估值平均得分为 0.39，从水质理化性质的角度评价，春季河流生态系统健康呈差状态［图 5-10（a）］。秋季水质理化指标评估值平均得分为 0.58，从水质理化性质的角度评价，秋季河流生态系统健康也呈一般状态［图 5-10（b）］。

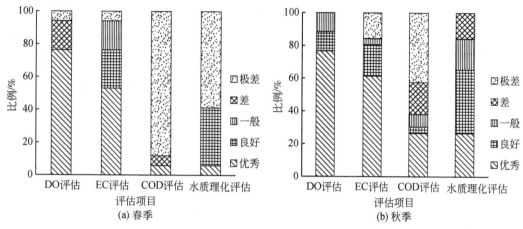

图 5-10　RCⅠ河流生态区春季、秋季水质理化健康等级比例

该区春季 DO 浓度为 1.64～11.62mg/L，平均浓度为 7.82mg/L，DO 评估值平均得分为 0.90，其中优秀的比例为 76.47%，差及极差的比例分别为 17.65% 及 5.88%。EC 值为 282～3216μs/cm，平均值为 776μs/cm，EC 评估值平均得分为 0.77，优秀的比例为 52.94%。COD 浓度为 10～70mg/L，平均浓度为 31mg/L，COD 评估值平均得分为 0.19。

该区秋季 DO 浓度为 5.06～12.66mg/L，平均浓度为 8.01mg/L，DO 评估值平均得分为 0.86，其中优秀的比例为 76.92%，超过样点总数的 50%；差及极差的比例均为 0%。EC 值为 260～3233μs/cm，平均值为 950μs/cm，EC 评估值平均得分为 0.7，优秀的比例为 61.54%。COD 浓度为 6～58mg/L，平均浓度为 27mg/L，COD 评估值平均得分为 0.23，极差的比例最大，为 42.31%。

（2）水质营养盐评价

水质营养盐指标分级评价的结果显示，该区春季水质营养盐指标评估值平均得分为 0.16，从水质营养盐指标的角度评价，春季河流生态系统健康呈极差状态［图 5-11（a）］。秋季水质营养盐指标评估值平均得分为 0.32，从水质营养盐指标的角度评价，秋季河流生态系统健康呈差状态［图 5-11（b）］。

该区春季 TP 浓度为 0.3～2.17mg/L，平均浓度为 1.01mg/L，TP 评估值平均得分为 0，极差的比例超过了 90%。TN 浓度为 2.6～7.3mg/L，平均值为 4.39mg/L，TN 评估值平均得分为 0，极差的比例也超过了 90%。NH_4^+-N 浓度为 0.03～0.23mg/L，平均浓度为 0.08mg/L，NH_4^+-N 评估值平均得分为 0.95。

该区秋季 TP 浓度为 0.12～2.17mg/L，平均浓度为 0.69mg/L，TP 评估值平均得分为 0。TN 浓度为 2.6～17mg/L，平均值为 6.3mg/L，TN 评估值平均得分为 0，极差的比例达 100%。NH_4^+-N 浓度为 0.03～3.07mg/L，平均浓度为 0.49mg/L，NH_4^+-N 评估值平均得分

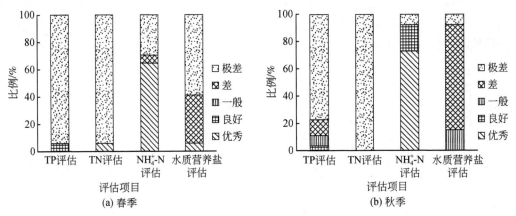

图 5-11　RC I 河流生态区春季、秋季水质营养盐健康等级比例

为 0.74，优秀的比例为 73.08% 。

（3）浮游藻类评价

浮游藻类指标分级评价的结果显示，该区春季浮游藻类指标评估值平均得分为 0.36，从浮游藻类指标的角度评价，春季河流生态系统健康呈差状态［图 5-12（a）］。秋季浮游藻类指标评估值平均得分分 0.39，从浮游藻类指标的角度评价，秋季河流生态系统健康呈差状态［图 5-12（b）］。

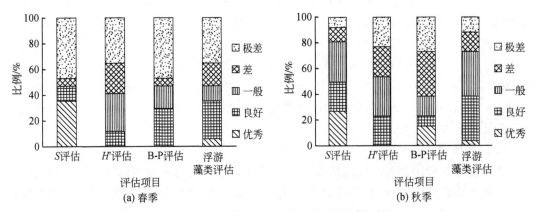

图 5-12　RC I 河流生态区春季、秋季浮游藻类健康等级比例

该区春季浮游藻类种数为 1~16，平均种数为 5，分类单元数（S）评估值平均得分为 0.46，其中差和极差比例分别为 5.88% 和 47.06% 。Berger-Parker 优势度指数在 0.23~1.00，平均值为 0.66；Berger-Parker 优势度指数评估值平均得分为 0.34，良好、一般和极差分别为 29.41% 、17.65% 和 47.06% 。Shannon-Wiener 多样性指数（H'）为 0~2.37，平均值为 0.87，Shannon-Wiener 多样性指数评估值平均得分为 0.29，优秀的比例为 0%，良好比例为 11.76% 。

该区秋季浮游藻类种数为 2~34，平均种数为 16，分类单元数评估值平均得分为

0.64，其中差和极差比例分别为 11.54% 和 7.69%。Berger-Parker 优势度指数为 0.18 ~ 0.85，平均值为 0.42，Berger-Parker 优势度指数评估值平均得分为 0.11，良、一般和极差分别为 7.69%、15.38% 和 26.92%。Shannon-Wiener 多样性指数为 0.64 ~ 2.65，平均值为 1.72；Shannon-Wiener 多样性指数评估值平均得分为 0.43，优秀比例为 0%，良好比例为 23.07%。

（4）底栖动物评价

底栖动物指标分级评价的结果显示，该区春季底栖生物指标评估得分为 0.20，多样性低，清洁指示种少，春季评价结果整体为极差［图 5-13（a）］。秋季优秀和良好的比例和为 42.31%，一般的比例为 46.15%，秋季评价结果整体为一般［图 5-13（b）］。

该区春季底栖动物分类单元数为 1 ~ 14，平均值为 6，极差的比例达到了 75.00%，超过样点总数的 50%。底栖动物 Berger-Parker 优势度指数为 0.30 ~ 1.00，平均值为 0.75，其中优秀和良好的比例分别为 0% 和 12.50%，极差的比例 56.25%。EPT 科级分类单元比为 0 ~ 0.22，平均值为 0.07，其中优秀比例为 0%，可见清洁指示种比例较小，导致该项评估指标总体很差。BMWP 指数为 2 ~ 66，样点间 BMWP 指数差异较大，平均值为 24.44，差和极差的比例和为 75.00%。

该区秋季底栖动物分类单元数为 1 ~ 16，平均值为 8，优秀及良好的比例和达 53.84%，超过样点总数的 50%。底栖动物 Berger-Parker 优势度指数为 0.16 ~ 1.00，平均值为 0.58，其中优秀和良好的比例分别为 3.85% 和 23.07%，极差的比例为 26.92%。EPT 科级分类单元比为 0 ~ 0.5，平均值为 0.1，其中优秀的比例为 3.85%，可见清洁指示种比例较小，导致该项评估指标总体很差。BMWP 指数在 3 ~ 83，样点间 BMWP 指数差异较大，平均值为 33.23。

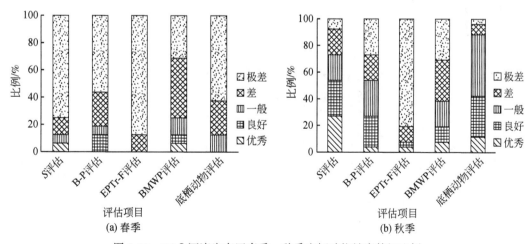

图 5-13　RC I 河流生态区春季、秋季底栖动物健康等级比例

（5）鱼类评价

该区鱼类种数为 2 ~ 11，平均种数为 7，分类单元数评估值平均得分为 0.13，其中差和极差的比例分别为 5.88% 和 82.35%。Berger-Parker 优势度指数为 0.28 ~ 0.97，平均值

为 0.57; Berger-Parker 优势度指数评估值平均得分为 0.42, 差和极差的比例分别为 11.76% 和 17.65%。Shannon-Wiener 多样性指数为 0.16~2.64, 平均值为 1.30; Shannon-Wiener 多样性指数评估值平均得分为 0.43, 优秀的比例为 5.88%。通过该区鱼类指标分级评价的结果显示, 鱼类指标评估值平均得分为 0.32, 从鱼类指标的角度评价, 该区春季河流生态系统健康呈差状态 (图 5-14)。

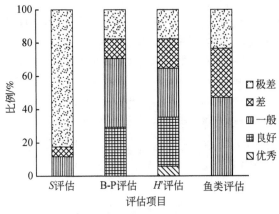

图 5-14　RC I 河流生态区鱼类健康等级比例

(6) 综合评价

通过对 RC I 河流生态区春季水质理化指标、水质营养盐指标、浮游藻类、底栖动物和鱼类的综合评价得出: 该区综合评估平均得分为 0.33, 优秀和良好的比例均为 0%, 一般的比例为 40.18%, 差和极差的比例分别为 35.29% 和 17.53%, 该区河流生态系统健康呈差状态 [图 5-15 (a)]。

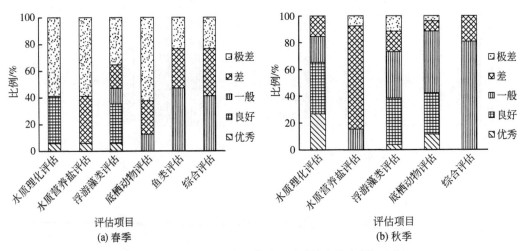

图 5-15　RC I 河流生态区春季、秋季综合健康等级比例

通过对该区秋季水质理化指标、水质营养盐指标、浮游藻类、底栖动物和鱼类的综合

评价得出：该区综合评估平均得分为 0.43，优秀和良好的比例均为 0%，一般的比例为 80.77%，说明该区河流生态系统健康呈一般状态 [图 5-15 (b)]。

5.2.1.2 坝上高原草原亚区

通过对坝上高原草原亚区（RCⅠ₁）春季水质理化指标、水质营养盐指标、浮游藻类、底栖动物和鱼类的综合评价得出：该区综合评估平均得分为 0.39，优秀和良好的比例均为 0%，一般的比例为 57.14%，差和极差的比例和为 42.86%，说明该区河流生态系统健康呈差状态 [图 5-16 (a)]。通过对该区秋季水质理化指标、水质营养盐指标、浮游藻类、底栖动物和鱼类的综合评价得出：该区综合评估平均得分为 0.5，一般的比例为 100%，说明该区河流生态系统健康呈一般状态 [图 5-16 (b)]。

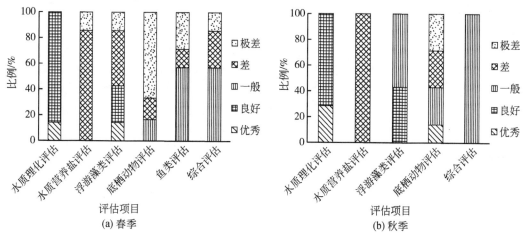

图 5-16　RCⅠ₁水生态亚区春季、秋季综合健康等级比例

RCⅠ₁水生态亚区的有水区域调查点位涵盖 RCⅠ₁₋₁水生态功能区、RCⅠ₁₋₂水生态功能区和 RCⅠ₁₋₃水生态功能区。

RCⅠ₁₋₁水生态功能区春季河流生态系统健康综合评估处于一般水平 [图 5-17 (a)]。水质理化评估评估值较高，处于良好水平；但水质营养盐评估评估值较低，为差水平，一定程度上受农业面源污染影响。浮游藻类评估处于良好水平，底栖动物评估为差水平，鱼类评估处于一般水平，水生生物一定程度上受水质的影响。该区秋季河流生态系统健康综合评估处于一般水平 [图 5-17 (b)]。水质理化评估评估值较高，处于良好水平；但水质营养盐评估值较低，为差水平，一定程度上受农业面源污染影响。浮游藻类评估处于良好水平，底栖动物评估为一般水平。

RCⅠ₁₋₂水生态功能区春季河流生态系统健康综合评估处于一般水平 [图 5-17 (a)]。水质理化评估评估值较高，处于良好水平；但水质营养盐评估值较低，为差水平，一定程度上受农业面源污染影响。浮游藻类和鱼类评估处于一般水平，但底栖动物评估评估值很低，为极差水平。该区秋季河流生态系统健康综合评估处于一般水平 [图 5-17 (b)]。水质理化评估评估值较高，处于良好水平；但水质营养盐评估值良好，评估评估值较低，为差水平，一定程度上受农业面源污染影响。浮游藻类处于良好水平，底栖动物评估为一般水平。

RCⅠ$_{1-3}$水生态功能区春季河流生态系统健康综合评估评估值较低，处于一般水平[图5-17（a）]。水质理化评估评估值较高，处于良好水平；但水质营养盐评估评估值很低，为极差水平，一定程度上受农业面源污染影响，富营养化严重。水生生物方面，浮游藻类评估、底栖动物评估和鱼类评估评估值均很低，处于极差水平，受农业面源污染影响较大。该区秋季河流生态系统健康综合评估处于一般水平[图5-17（b）]。水质理化评估评估值较高，处于良好水平；但水质营养盐评估评估值很低，为极差水平，一定程度上受农业面源污染影响，富营养化严重。水生生物方面，浮游藻类评估和底栖动物评估均处于一般水平，受农业面源污染影响较大。

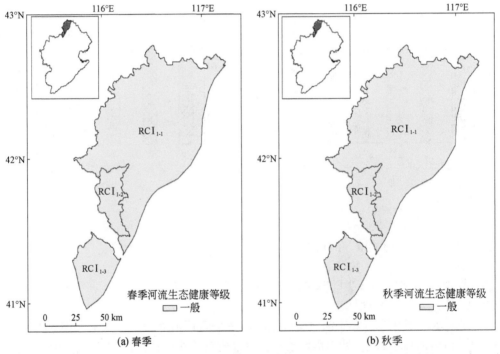

图 5-17　RCⅠ$_1$水生态亚区中水生态功能区春季、秋季河流生态系统健康等级

5.2.1.3　太行山西部山地森林亚区

通过对太行山西部山地森林亚区（RCⅠ$_2$）水质理化指标、水质营养盐指标、浮游藻类、底栖动物和鱼类的综合评价得出：该区春季综合评估平均得分为0.467，优秀和良好的比例均为0%，一般和差的比例分别为50%与50%，说明河流生态系统健康呈一般状态[图5-18（a）]；该区秋季综合评估平均得分为0.47，说明河流生态系统健康也呈一般状态[图5-18（b）]。

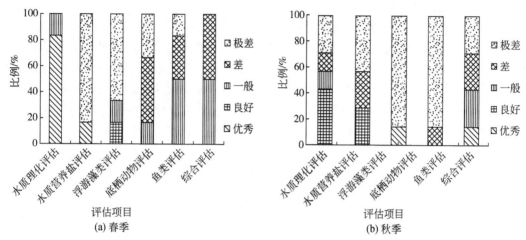

图 5-18　RC I $_2$ 水生态亚区春季、秋季综合健康等级比例

RC I $_2$ 水生态亚区内有水区域调查点位涵盖 RC I $_{2-1}$ 水生态功能区、RC I $_{2-3}$ 水生态功能区、RC I $_{2-4}$ 水生态功能区和 RC I $_{2-6}$ 水生态功能区。

RC I $_{2-1}$ 水生态功能区春季河流生态系统健康综合评估处于一般水平［图 5-19（a）］。水质理化评估评估值很高，处于优秀水平；但水质营养盐评估评估值很低，为极差水平，一定程度上受农业面源污染影响。浮游藻类评估处于良好水平，底栖动物评估和鱼类评估处于极差水平，底栖动物和鱼类受农业面源污染影响较重。该区秋季河流生态系统健康综合评估处于一般水平［图 5-19（b）］。水质理化评估评估值很高，处于优秀水平；但水质营养盐评估评估值很低，为极差水平，一定程度上受农业面源污染影响。浮游藻类评估处于良好水平，底栖动物评估处于一般水平。

RC I $_{2-3}$ 水生态功能区春季河流生态系统健康综合评估处于一般水平［图 5-19（a）］。水质理化评估评估值较高，处于良好水平；但水质营养盐评估评估值很低，为极差水平，一定程度上受农业面源污染影响。浮游藻类评估、底栖动物评估和鱼类评估均处于一般水平，受农业面源污染干扰较小。该区秋季河流生态系统健康综合评估处于一般水平［图 5-19（b）］。水质理化评估评估值较高，处于良好水平；但水质营养盐评估评估值较低，为差水平，一定程度上受农业面源污染影响。浮游藻类评估和底栖动物评估均处于一般水平，受农业面源污染干扰较小。

RC I $_{2-4}$ 水生态功能区春季河流生态系统健康综合评估处于差水平［图 5-19（a）］。水质理化评估评估值较高，处于良好水平；但水质营养盐评估评估值很低，为极差水平，一定程度上受农业面源污染影响，富营养化严重。水生生物方面，浮游藻类评估评估值很低，为极差水平，底栖动物评估评估值较低，处于差水平，受农业面源污染影响较大。鱼类位于食物链顶端，鱼类评估为一般水平，相对浮游藻类和底栖动物受污染影响较小。该区秋季河流生态系统健康综合评估处于差水平［图 5-19（b）］。水质理化评估评估值较高，处于良好水平；但水质营养盐评估评估值很低，为极差水平，一定程度上受农业面源污染影响，富营养化严重。水生生物方面，浮游藻类与底栖动物评估为一般水平，浮游藻类和底栖动物受污染影响较小。

RCI$_{2-6}$水生态功能区春季河流生态系统健康综合评估处于一般水平［图5-19（a）］。水质理化评估评估值较高，处于良好水平；但水质营养盐评估为一般水平，出现了富营养化现象。水生生物方面，浮游藻类评估评估值很低，处于极差水平；底栖动物评估和鱼类评估评估值均较低，处于差水平。该区秋季河流生态系统健康综合评估处于差水平［图5-19（b）］。水质理化评估评估值较高，处于良好水平；营养盐评估为一般水平。水生生物方面，浮游藻类评估处于一般水平；底栖动物评估评估值较高，处于良好水平。

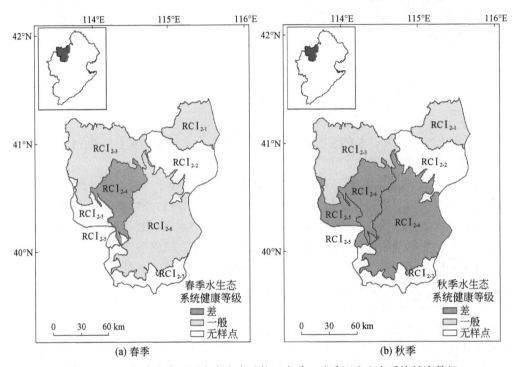

图5-19　RCI$_2$水生态亚区中水生态功能区春季、秋季河流生态系统健康等级

5.2.1.4　太行山西部山地农业亚区

通过对太行山西部山地农业亚区（RCI$_3$）水质理化指标、水质营养盐指标、浮游藻类、底栖动物和鱼类的综合评价得出：该区春季综合评估平均得分为0.16，差和极差比例和为100%，说明河流生态系统健康呈极差状态［图5-20（a）］。该区秋季综合评估平均得分为0.46，说明河流生态系统健康呈一般状态［图5-20（b）］。

RCI$_3$水生态亚区内有水区域调查点位涵盖RCI$_{3-2}$水生态功能区和RCI$_{3-3}$水生态功能区。

RCI$_{3-2}$水生态功能区春季河流生态系统健康综合评估处于极差水平［图5-21（a）］。水质理化评估和水质营养盐评估评估值均很低，为极差水平，受工业和农业面源污染影响。水生生物方面，浮游藻类评估和鱼类评估为差水平，底栖动物评估评估值很低，为极

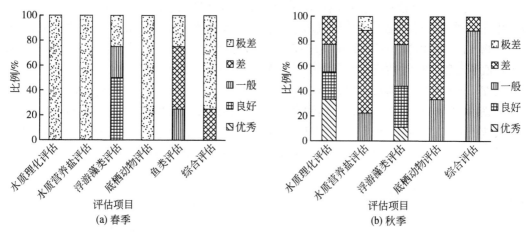

图 5-20　RCI₃水生态亚区春季、秋季综合健康等级比例

差水平，水生生物受水体污染影响严重。该区秋季河流生态系统健康综合评估处于一般水平 [图 5-21（b）]。水质理化评估评估值较低，处于差水平，水质营养盐评估评估值较低，为差水平，受工业和农业面源污染影响。水生生物方面，浮游藻类评估和底栖动物评估评估值较高，为良好水平。

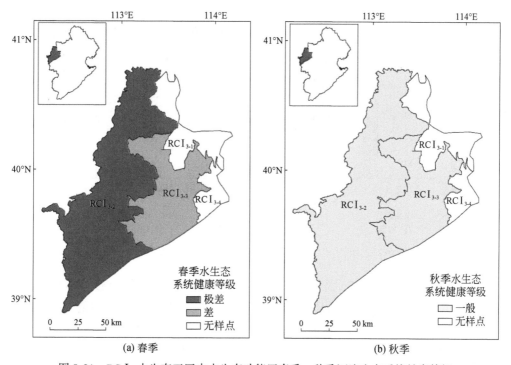

图 5-21　RCI₃水生态亚区中水生态功能区春季、秋季河流生态系统健康等级

RC I $_{3\text{-}3}$水生态功能区春季河流生态系统健康综合评估处于差水平 ［图 5-21（a）］。水质理化评估和水质营养盐评估评估值均很低，为极差水平，受工业和农业面源污染影响。水生生物方面，浮游藻类评估评估值较高，处于良好水平，浮游藻类受农业面源污染干扰较小；底栖动物评估评估值很低，处于极差水平；鱼类评估评估值较低，处于差水平；水生生物在不同程度上受到水体污染的影响。该区秋季河流生态系统健康综合评估处于一般水平 ［图 5-21（b）］。水质理化评估和水质营养盐评估评估值均很低，为极差水平，受工业和农业面源污染影响。水生生物方面，浮游藻类评估评估值较高，处于良好水平，浮游藻类受农业面源污染干扰较小；底栖动物评估处于一般水平。

5.2.2 燕山山地丰水区

5.2.2.1 区域整体评价

（1）水质理化评价

该区水质理化指标分级评价的结果显示，春季水质理化指标评估值平均得分为 0.68，春季河流生态系统健康呈良好状态 ［图 5-22（a）］；秋季水质理化指标评估值平均得分为 0.63，秋季河流生态系统健康呈良好状态 ［图 5-22（b）］。

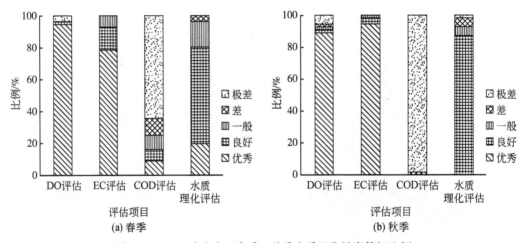

图 5-22　RC II 水生态区春季、秋季水质理化健康等级比例

该区春季 DO 浓度为 3.53～18.90mg/L，平均浓度为 9.88mg/L，DO 评估值平均得分为 0.96，其中优秀的比例为 94.64%。EC 含量为 200～994μs/cm，平均值为 538μs/cm，EC 评估值平均得分为 0.86，优秀的比例为 78.57%。COD 浓度为 9～145mg/L，平均浓度为 44mg/L，COD 评估值平均得分为 0.21，极差的比例为 64.29%。

该区秋季 DO 浓度为 0.43～23.67mg/L，平均浓度为 9.47mg/L，DO 评估值平均得分为 0.92，其中优秀的比例为 89.09%。EC 含量为 65～1196μs/cm，平均值为 532μs/cm，EC 评估值平均得分为 0.98，优秀的比例为 94.54%。COD 浓度为 27～153mg/L，平均浓度为 60mg/L，COD 评估值平均得分为 0，表现为差。

（2）水质营养盐评价

该区水质营养盐指标分级评价的结果显示，春季水质营养盐指标评估值平均得分为
0.31，春季河流生态系统健康呈差状态 ［图 5-23（a）］；秋季水质营养盐指标评估值平均
得分为 0，秋季河流生态系统健康呈极差状态 ［图 5-23（b）］。

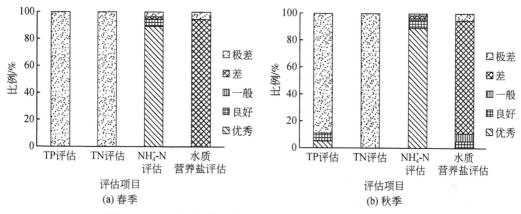

图 5-23　RC Ⅱ 水生态区春季、秋季水质营养盐健康等级比例

该区春季 TP 浓度为 0.37~5.23mg/L，平均浓度为 2.99mg/L，TP 评估值平均得分为
0，极差的比例为 100%。TN 为 1.70~23.70mg/L，平均值为 6.46mg/L，TN 的评估值平
均得分为 0，极差的比例为 100%。NH_4^+-N 浓度为 0.03~3.26mg/L，平均浓度为 0.34mg/L，
NH_4^+-N 评估值平均得分 0.92，优秀的比例为 89.29%。

该区秋季 TP 浓度为 0.04~5.07mg/L，平均浓度为 2.08mg/L，TP 评估值平均得分为
0，极差的比例高达 89.09%。TN 在 1.9~25.00mg/L，平均值为 6.59mg/L，TN 评估值平
均得分为 0，极差的比例高达 100%。NH_4^+-N 浓度为 0.03~3mg/L，平均浓度为 0.21mg/L，
NH_4^+-N 评估值平均得分为 0.95，优秀的比例为 89.09%。

（3）浮游藻类评价

浮游藻类指标分级评价的结果显示，春季浮游藻类指标评估值平均得分为 0.51，该区
春季河流生态系统健康呈一般状态 ［图 5-24（a）］；秋季浮游藻类指标评估值平均得分为
0.45，秋季河流生态系统健康呈一般状态 ［图 5-24（b）］。

该区春季浮游藻类种数为 1~32，平均种数为 8，分类单元数评估值平均得分为 0.58，
其中差和极差比例 5.45% 和 30.91%。Berger-Parker 优势度指数为 0.19~1.00，平均值
为 0.50，Berger-Parker 优势度指数评估值平均得分为 0.51，良好、一般和极差的比例分别
为 27.27%、36.36% 和 10.91%。Shannon-Wiener 多样性指数为 0~2.38，平均值为 1.32；
Shannon-Wiener 多样性指数评估值平均得分为 0.44，优秀的比例为 0%，良好的比例
为 32.73%。

该区秋季浮游藻类种数为 2~22，平均种数为 10，分类单元数评估值平均得分为
0.38，其中差和极差比例和为 70.91%，超过样点总数的 50%。Berger-Parker 优势度指

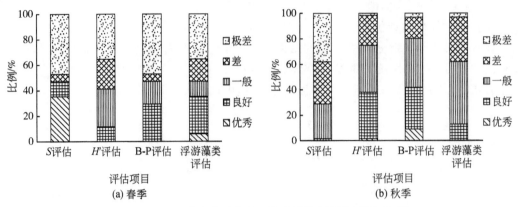

图 5-24　RCⅡ水生态区春季、秋季浮游藻类健康等级比例

数为 0.17~0.9，平均值为 0.45；Berger-Parker 优势度指数评估值平均得分为 0.55，优秀、良好、一般、差和极差的比例分别为 9.09%、32.73%、38.18%、16.36% 和 3.64%。Shannon-Wiener 多样性指数为 0.57~2.48，平均值为 1.56；Shannon-Wiener 多样性指数评估值平均得分为 0.48，优秀及极差比例均为 1.82%，良好与一般的比例均为 36.36%。

（4）底栖动物评价

底栖动物指标分级评价的结果显示，该区春季底栖动物指标健康评估值平均得分为 0.36，多样性低，清洁指示种少，春季河流生态系统健康呈差状态 ［图 5-25（a）］。秋季底栖动物指标评估值平均得分为 0.19，秋季河流生态系统健康呈差状态 ［图 5-25（b）］。

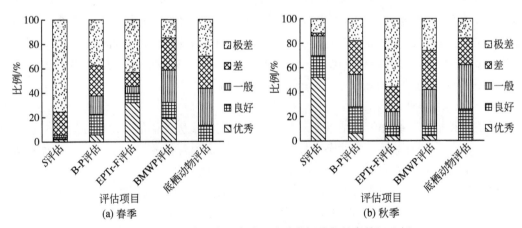

图 5-25　RCⅡ水生态区春季、秋季底栖动物健康等级比例

该区春季底栖动物分类单元数为 1~31，平均值为 9，其中极差的比例达到了 75.48%，超过样点总数的 50%。底栖动物 Berger-Parker 优势度指数为 0.19~1.00，平均值为 0.66，其中优秀和良好的比例分别为 5.67% 和 16.98%，极差的比例为 37.74%。EPT 科级分类单元比为 0~0.75，平均值为 0.25，其中优秀的比例为 32.08%，可见清洁

指示种比例较小，导致该项评估指标总体较差。BMWP 指数为 2~154，样点间 BMWP 指数差异较大，平均值为 42.79，差和极差的比例和为 41.51%。底栖动物评估整体情况是优秀和良好的比例和为 13.21%。

该区秋季底栖动物分类单元数为 1~9，平均值为 5，分类单元数评估值平均得分为 0.32，其中差和极差比例分别为 14.28% 和 28.57%。Berger-Parker 优势度指数为 0.27~1，平均值为 0.64，Berger-Parker 优势度指数评估值平均得分为 0.34，差和极差的比例分别为 28.57% 和 42.86%。EPT 科级分类单元比为 0.04~1，平均值为 0.18，EPT 科级分类单元比评估值平均得分为 0.19，极差的比例为 85.71%，可见清洁指示种比例很小，导致该项评估指标总体很差。BMWP 指数为 3~37，样点间 BMWP 指数差异较大，平均值为 17；差和极差的比例和为 100%。

（5）鱼类评价

该区鱼类种数为 3~13，平均种数为 7，分类单元数评估值平均得分为 0.54，优秀的比例为 48.21%。Berger-Parker 优势度指数为 0.25~0.97，平均值为 0.39，Berger-Parker 优势度指数评估值平均得分为 0.63，差和极差的比例分别为 0% 和 3.57%。Shannon-Wiener 多样性指数为 0.16~2.00，平均值为 1.50；Shannon-Wiener 多样性指数评估值平均得分为 0.50，优秀的比例为 0%，极差的比例为 3.57%（图 5-26）。

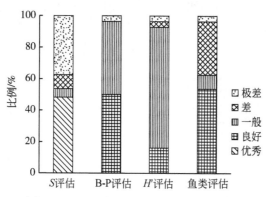

图 5-26　RCⅡ水生态区鱼类健康等级比例

（6）综合评价

通过对 RCⅡ水生态区春季水质理化指标、水质营养盐指标、浮游藻类、底栖动物和鱼类的综合评价得出：该区综合评估平均得分为 0.36，说明该区河流生态系统健康呈差状态［图 5-27（a）］。

通过对 RCⅡ水生态区秋季水质理化指标、水质营养盐指标、浮游藻类、底栖动物和鱼类的综合评价得出：该区综合评估平均得分为 0.45，良好的比例为 1.82%，一般的比例为 74.54%，差和极差的样点数分别为 23.64% 和 0%，说明该区河流生态系统健康呈一般状态［图 5-27（b）］。

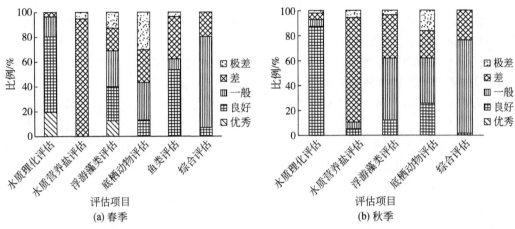

图 5-27 RCⅡ水生态区春季、秋季综合健康等级比例

5.2.2.2 燕山北部山地丘陵森林亚区

通过对燕山北部山地丘陵森林亚区（RCⅡ₁）水质理化指标、水质营养盐指标、浮游藻类、底栖动物和鱼类的综合评价得出：该区春季综合评估评估值平均得分为 0.39，说明该区河流生态系统健康呈差状态 [图 5-28（a）]；该区秋季综合评估评估值平均得分为 0.41，一般的比例为 70.00%，说明该区河流生态系统健康呈一般状态 [图 5-28（b）]。

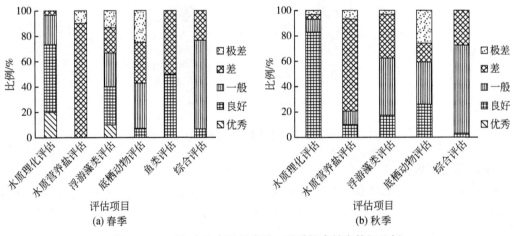

图 5-28 RCⅡ₁水生态亚区春季、秋季综合健康等级比例

RCⅡ₁水生态亚区内有水区域调查点位涵盖 RCⅡ₁₋₁水生态功能区、RCⅡ₁₋₂水生态功能区、RCⅡ₁₋₃水生态功能区、RCⅡ₁₋₄水生态功能区和 RCⅡ₁₋₅水生态功能区。

RCⅡ₁₋₁水生态功能区春季河流生态系统健康综合评估处于一般水平 [图 5-29（a）]。水质理化评估评估值较高，处于良好水平；但水质营养盐评估评估值较低，为差水平，一定程度上受农业面源污染影响。浮游藻类评估处于良好水平，底栖动物评估为一般水平，鱼类评估处于差水平，水生生物一定程度上受到水质的影响。该区秋季河流生态系统健康综合评估处于一般水平［图 5-29（b）］。水质理化评估评估值较高，处于良好水平；但水质营养盐评估评估值较低，为差水平，一定程度上受农业面源污染影响。浮游藻类评估处于一般水平，底栖动物评估为良好水平。

RCⅡ₁₋₂水生态功能区春季河流生态系统健康综合评估处于差水平［图 5-29（a）］。水质理化评估评估值较高，处于良好水平；但水质营养盐评估评估值较低，为差水平，一定程度上受农业面源污染影响。浮游藻类评估和鱼类评估处于一般水平，但底栖动物评估评估值较低，为差水平。该区秋季河流生态系统健康综合评估处于一般水平［图 5-29（b）］。水质理化评估评估值较高，处于良好水平；但水质营养盐评估评估值较低，为差水平，一定程度上受农业面源污染影响。浮游藻类评估和底栖动物评估处于一般水平。

RCⅡ₁₋₃水生态功能区春季河流生态系统健康综合评估处于一般水平［图 5-29（a）］。水质理化评估评估值较高，处于良好水平；但水质营养盐评估评估值较低，为差水平，一定程度上受农业面源污染影响，富营养化严重。水生生物方面，浮游藻类评估和鱼类评估评估值均较高，处于良好水平；但底栖动物评估评估值较低，为差水平，受农业面源污染影响较大。该区秋季河流生态系统健康综合评估处于一般水平［图 5-29（b）］。水质理化评估评估值较高，处于良好水平；但水质营养盐评估评估值较低，为差水平，一定程度上受农业面源污染影响，富营养化严重。水生生物方面，浮游藻类评估评估值较高，处于良好水平，底栖动物评估处于一般水平。

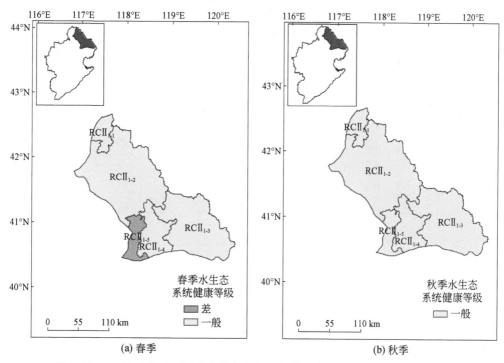

图 5-29　RCⅡ₁水生态亚区中水生态功能区春季、秋季河流生态系统健康等级

RCⅡ$_{1-4}$水生态功能区春季河流生态系统健康综合评估处于一般水平［图5-29（a）］。水质理化评估评估值较高，处于良好水平；但营养盐评估评估值低，为差水平，一定程度上受农业面源污染影响，富营养化严重。水生生物方面，浮游藻类评估和底栖动物评估处于一般水平，鱼类评估评估值较高，为良好水平。该区秋季河流生态系统健康综合评估处于一般水平［图5-29（b）］。水质理化评估评估值较高，处于良好水平；但水质营养盐评估评估值低，为差水平，一定程度上受农业面源污染影响，富营养化严重。水生生物方面，浮游藻类评估和底栖动物评估处于一般水平。

RCⅡ$_{1-5}$水生态功能区春季河流生态系统健康综合评估处于差水平［图5-29（a）］。水质理化评估处于一般水平；但水质营养盐评估评估值较低，为差水平，一定程度上受农业面源污染影响，富营养化严重。水生生物方面，浮游藻类评估为一般水平；底栖动物评估评估值较低，为差水平；鱼类评估评估值较高，为良好水平。该区秋季河流生态系统健康综合评估处于一般水平［图5-29（b）］。水质理化评估处于一般水平；但水质营养盐评估评估值较低，为差水平，一定程度上受农业面源污染影响，富营养化严重。水生生物方面，浮游藻类评估与底栖动物评估为一般水平。

5.2.2.3 燕山西部山地森林亚区

通过对燕山西部山地森林亚区（RCⅡ$_2$）水质理化指标、水质营养盐指标、浮游藻类、底栖动物和鱼类的综合评价得出：该区春季综合评估评估值平均得分为0.39，说明该区春季河流生态系统健康呈差状态［图5-30（a）］。该区秋季综合评估评估值平均得分为0.45，一般的比例为72.72%，差的比例为27.28%，说明秋季河流生态系统健康也呈一般状态［图5-30（b）］。

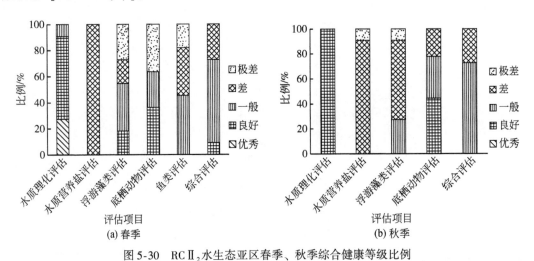

图5-30 RCⅡ$_2$水生态亚区春季、秋季综合健康等级比例

RCⅡ$_2$水生态亚区内有水区域调查点位涵盖RCⅡ$_{2-1}$水生态功能区、RCⅡ$_{2-4}$水生态功能区。

RCⅡ$_{2-1}$水生态功能区春季河流生态系统健康综合评估处于一般水平［图5-31（a）］。

水质理化评估评估值较高，处于良好水平；但水质营养盐评估评估值较低，为差水平，一定程度上受农业面源污染影响。浮游藻类评估和鱼类评估评估值较低，为差水平，底栖动物评估为一般水平，水生生物一定程度上受到水质的影响。该区秋季河流生态系统健康综合评估处于一般水平［图5-31（b）］。水质理化评估评估值较高，处于良好水平；但水质营养盐评估评估值较低，为差水平，一定程度上受农业面源污染影响。浮游藻类评估和底栖动物评估为一般水平。

RCⅡ$_{2-4}$水生态功能区春季河流生态系统健康综合评估处于差水平［图5-31（a）］。水质理化评估评估值较高，处于良好水平；但水质营养盐评估评估值较低，为差水平，一定程度上受农业面源污染影响。浮游藻类评估和鱼类评估处于一般水平。底栖动物评估评估值较低，为差水平。该区秋季河流生态系统健康综合评估值较高，处于一般水平［图5-31（b）］。水质理化评估评估值较高，处于良好水平；但水质营养盐评估评估值较低，为差水平，一定程度上受农业面源污染影响。浮游藻类评估评估值较高，处于良好水平，底栖动物评估为一般水平。

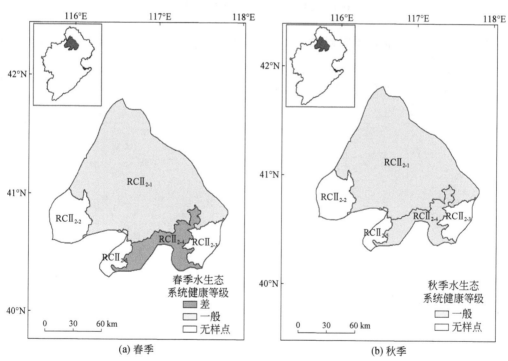

图 5-31　RCⅡ$_2$水生态亚区中水生态功能区春季、秋季河流生态系统健康等级

5.2.2.4　燕山东南部丘陵农业亚区

通过对燕山东南部丘陵农业亚区（RCⅡ$_3$）水质理化指标、水质营养盐指标、浮游藻类、底栖动物和鱼类的综合评价得出：该区春季综合评估评估值平均得分为0.53，良好的比例为6.67%，一般的比例为86.67%，说明该区春季河流生态系统健康呈一般状态［图

5-32 （a）]。该区秋季综合评估评估值平均得分为 0.46，一般的比例为 56.67%，说明该区秋季河流生态系统健康也呈一般状态 ［图 5-32 （b）］。

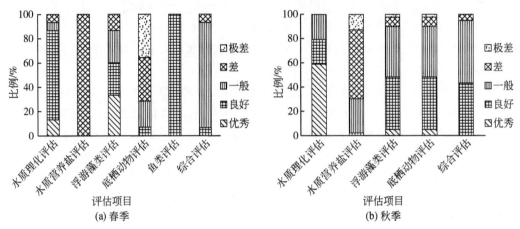

图 5-32　RCⅡ₃水生态亚区春季、秋季综合健康等级比例

　　RCⅡ₃水生态亚区内有水区域调查点位涵盖 RCⅡ₃₋₁水生态功能区和 RCⅡ₃₋₂水生态功能区。

　　RCⅡ₃₋₁水生态功能区春季河流生态系统健康综合评估处于一般水平 ［图 5-33 （a）］。

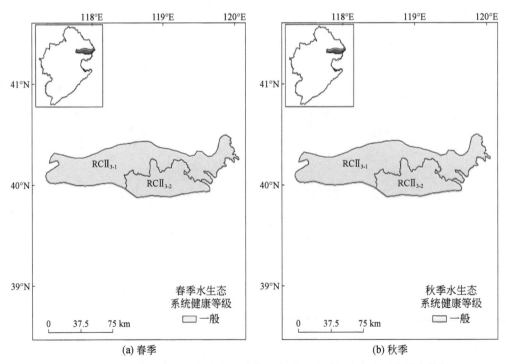

图 5-33　RCⅡ₃水生态亚区中水生态功能区春季、秋季河流生态系统健康等级

水质理化评估评估值较高,处于良好水平;但水质营养盐评估评估值较低,为差水平,一定程度上受农业面源污染影响。浮游藻类评估和鱼类评估处于一般水平,但底栖动物评估评估值较低,为差水平。该区秋季河流生态系统健康综合评估处于一般水平[图5-33(b)]。水质理化评估评估值较高,处于良好水平;但水质营养盐评估评估值较低,为差水平,一定程度上受农业面源污染影响。浮游藻类评估处于一般水平,底栖动物评估评估值较高,为良好水平。

RCⅡ$_{3-2}$水生态功能区春季河流生态系统健康综合评估处于一般水平[图5-33(a)]。水质理化评估,处于一般水平;但水质营养盐评估评估值较低,为差水平,一定程度上受农业面源污染影响。藻类评估和鱼类评估处于良好水平,底栖动物评估为差水平,底栖动物一定程度上受水质的影响。该区秋季水生态系统健康综合评估处于一般水平[图5-33(b)]。水质理化评估处于一般水平;但水质营养盐评估评估值较低,为差水平,一定程度上受农业面源污染影响。浮游藻类评估处于良好水平,底栖动物评估为一般水平。

5.2.3 太行山山地少水区

5.2.3.1 区域整体评价

(1) 水质理化评价

该区水质理化指标分级评价的结果显示,春季水质理化指标评估值平均得分为0.71,春季河流生态系统健康呈良好状态[图5-34(a)]。秋季水质理化指标评估值平均得分为0.78,秋季河流生态系统健康呈良好状态[图5-34(b)]。

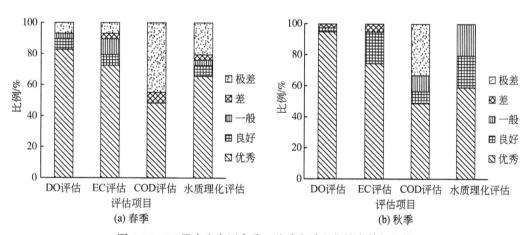

图5-34　RCⅢ水生态区春季、秋季水质理化健康等级比例

该区春季DO浓度为1.89~17.70mg/L,平均浓度为8.75mg/L,DO评估值平均得分为0.88,其中优秀的比例为82.76%。EC含量为425~1565μs/cm,平均值为812μs/cm,EC评估值平均得分为0.75,优秀的比例为72.41%。COD浓度为5~249mg/L,平均浓度为43mg/L,COD评估值平均得分为0.50,极差的比例为44.83%。

该区秋季 DO 浓度为 4.22 ~ 12.75mg/L，平均浓度为 8.67mg/L，DO 评估值平均得分为 0.82，其中优秀的比例为 94.87%。EC 含量为 352 ~ 1460μs/cm，平均值为 672μs/cm，EC 的评估值平均得分为 0.75，优秀的比例为 74.36%。COD 浓度为 10 ~ 94mg/L，平均浓度为 25mg/L，COD 评估值平均得分为 0.56，极差的比例为 33.33%。

（2）水质营养盐评价

该区水质营养盐指标分级评价的结果显示，春季水质营养盐指标评估值平均得分为 0.11，春季河流生态系统健康呈极差状态 ［图 5-35（a）］。秋季水质营养盐指标评估值平均得分为 0.29，秋季河流生态系统健康呈差状态 ［图 5-35（b）］。

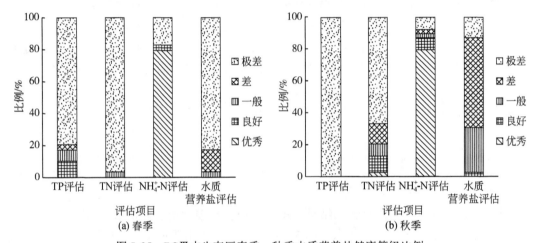

图 5-35　RCⅢ水生态区春季、秋季水质营养盐健康等级比例

该区春季 TP 浓度为 0.09 ~ 5.00mg/L，平均浓度为 1.93mg/L，TP 评估值平均得分为 0.08，极差的比例为 79.31%。TN 浓度为 0.80 ~ 15.00mg/L，平均值为 4.41mg/L，TN 评估值平均得分为 0.01，极差的比例为 96.55%。NH_4^+-N 浓度为 0.03 ~ 3.00mg/L，平均浓度为 0.54mg/L，NH_4^+-N 评估值平均得分为 0.75，优秀的比例为 79.31%。

该区秋季 TP 浓度为 0.07 ~ 1.74mg/L，平均浓度为 0.45mg/L，TP 评估值平均得分为 0.21，极差的比例为 66.67%。TN 浓度为 2.3 ~ 10.4mg/L，平均值为 6.69mg/L，TN 评估值平均得分为 0，极差的比例为 100%。NH_4^+-N 浓度为 0.03 ~ 2.97mg/L，平均浓度为 0.36mg/L，NH_4^+-N 评估值平均得分为 0.78，优秀的比例为 79.48%。

（3）浮游藻类评价

该区浮游藻类指标分级评价的结果显示，春季浮游藻类指标评估值平均得分为 0.49，春季河流生态系统健康呈一般状态 ［图 5-36（a）］。秋季浮游藻类指标评估值平均得分为 0.56，秋季河流生态系统健康呈一般状态 ［图 5-36（b）］。

该区春季浮游藻类种数为 1 ~ 31，平均种数为 8，分类单元数评估值平均得分为 0.51，其中差和极差比例为 17.24% 和 27.59%，未超过样点总数的 50%。Berger-Parker 优势度指数为 0.15 ~ 1.00，平均值为 0.49，Berger-Parker 优势度指数评估值平均得分为 0.51。Shannon-Wiener 多样性指数为 0 ~ 2.78，平均值为 1.32，Shannon-Wiener 多样性指数评估

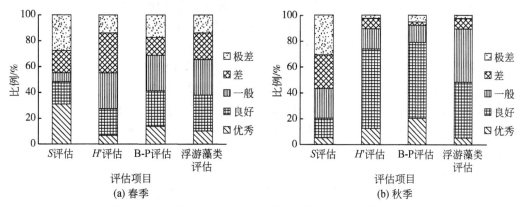

图 5-36　RCⅢ水生态区春季、秋季浮游藻类健康等级比例

值平均得分为 0.44。

该区秋季浮游藻类种数为 2~41，平均种数为 16，分类单元数评估值平均得分为 0.36。Berger-Parker 优势度指数为 0.16~0.95，平均值为 0.34，Berger-Parker 优势度指数评估值平均得分为 0.51。Shannon-Wiener 多样性指数为 0.26~2.69，平均为 1.69，Shannon-Wiener 多样性指数评估值平均得分为 0.51，优秀的比例为 12.82%，良好的比例为 61.54%。

（4）底栖动物评价

该区底栖动物指标分级评价的结果显示，春季底栖生物健康评估得分为 0.32，多样性低，清洁指示种少，春季河流生态系统健康为差状态［图 5-37（a）］。秋季底栖生物健康评估得分为 0.57，秋季河流生态系统健康处于一般状态［图 5-37（b）］。

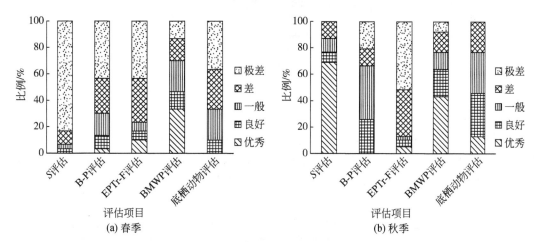

图 5-37　RCⅢ水生态区春季、秋季底栖动物健康等级比例

该区春季底栖动物分类单元数为 2~26，平均值为 12，其中极差的比例达到了 83.33%，超过样点总数的 50%。Berger-Parker 优势度指数为 0.17~1.00，平均值为 0.71，

极差的比例为 43.33%。EPT 科级分类单元比为 0～0.42，平均值为 0.17，可见清洁指示种比例较小，导致该项评估指标总体较差。BMWP 指数为 11～120，样点间 BMWP 指数差异较大，平均值为 52.30，差和极差的比例和为 30.00%。

该区秋季底栖动物分类单元数为 4～26，平均值为 12，其中优秀的比例达到了 69.23%，超过样点总数的 50%。Berger-Parker 优势度指数为 0.24～0.93，平均值为 0.55。EPT 科级分类单元比为 0～0.40，平均值为 0.17，其中优秀的比例为 5.13%，可见清洁指示种比例较小，该项评估指标总体较差。BMWP 指数为 17～145，样点间 BMWP 指数差异较大，平均值为 61.56，优秀与良好的比例和为 64.10%。

（5）鱼类评价

该区鱼类指标分级评价的结果显示，鱼类指标评估值平均得分为 0.44，该区春季河流生态系统健康处于一般状态（图 5-38）。该区鱼类种数为 2～15，平均种数为 9，分类单元数评估值平均得分为 0.26，优秀的比例为 6.67%。Berger-Parker 优势度指数为 0.28～0.92，平均值为 0.49，Berger-Parker 优势度指数评估值平均得分为 0.51，差和极差的比例分别为 6.67% 和 16.67%。Shannon-Wiener 多样性指数为 0.27～2.92，平均值为 1.61，Shannon-Wiener 多样性指数评估值平均得分为 0.54，优秀的比例为 13.33%。

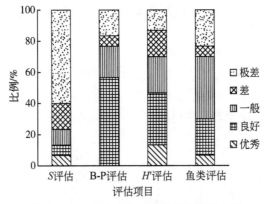

图 5-38　RCⅢ水生态区鱼类健康等级比例

（6）综合评价

通过对 RCⅢ水生态区春季水质理化指标、水质营养盐指标、浮游藻类、底栖动物和鱼类的综合评价得出：该区综合评估平均得分为 0.41，良好的比例为 3.33%，一般的比例为 56.67%，差的比例为 40.00%，说明该区春季河流生态系统健康呈一般状态［图 5-39（a）］。

通过对 RCⅢ水生态区秋季水质理化指标、水质营养盐指标、浮游藻类、底栖动物和鱼类的综合评价得出：该区综合评估平均得分为 0.55，良好的比例为 43.59%，一般的比例为 51.28%，该区秋季河流生态系统健康呈一般状态［图 5-39（b）］。

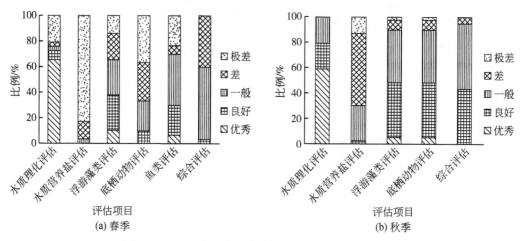

图 5-39　RCⅢ水生态区春季、秋季综合健康等级比例

5.2.3.2　太行山山地森林亚区

通过对太行山山地森林亚区（RCⅢ$_1$）水质理化指标、水质营养盐指标、浮游藻类、底栖动物和鱼类的综合评价得出：该区春季综合评估评估值平均得分为 0.43，良好的比例为 9.09%，一般的比例为 54.55%，差的比例为 36.36%，说明该区春季河流生态系统健康呈一般状态［图 5-40（a）］。该区秋季水质理化指标、水质营养盐指标、浮游藻类、底栖动物和鱼类的综合评价得出：该区综合评估评估值平均得分为 0.49，良好的比例为 43.75%，一般的比例为 50%，差的比例为 6.25%，说明该区秋季河流生态系统健康也呈一般状态［图 5-40（b）］。

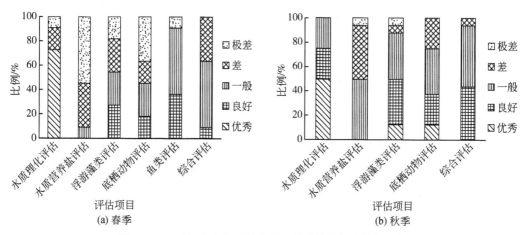

图 5-40　RCⅢ$_1$水生态亚区春季、秋季综合健康等级比例

RCⅢ$_1$水生态亚区内有水区域调查点位涵盖 RCⅢ$_{1-1}$水生态功能区、RCⅢ$_{1-2}$水生态功能、RCⅢ$_{1-3}$水生态功能和 RCⅢ$_{1-5}$水生态功能区。

　　RCⅢ₁₋₁水生态功能区春季河流生态系统健康综合评估处于一般水平［图5-41（a）］。水质理化评估评估值较高，处于良好水平；但水质营养盐评估评估值很低，为极差水平，受农业面源污染影响严重。浮游藻类评估处于一般水平，底栖动物评估为差水平，鱼类评估处于一般水平，水生生物一定程度上受水质的影响。该区秋季河流生态系统健康综合评估处于一般水平［图5-41（b）］。水质理化评估评估值较高，处于良好水平；但营养盐评估评估值较低，为差水平，受农业面源污染影响严重。浮游藻类评估与底栖动物评估处于一般水平。

　　RCⅢ₁₋₂水生态功能区春季河流生态系统健康综合评估处于差水平［图5-41（a）］。水质理化评估和水质营养盐评估评估值均较低，为差水平，一定程度上受工业和农业面源污染影响。浮游藻类评估评估值较高，为良好水平；鱼类评估处于一般水平；但底栖动物评估评估值很低，为极差水平。该区秋季河流生态系统健康综合评估处于一般水平［图5-41（b）］。水质理化评估和水质营养盐评估评估值均较低，为差水平，一定程度上受工业和农业面源污染影响。浮游藻类评估为良好一般；底栖动物评估评估值较低，为差水平；水生生物一定程度上受水质的影响。

　　RCⅢ₁₋₃水生态功能区春季河流生态系统健康综合评估处于一般水平［图5-41（a）］。水质理化评估评估值很高，处于优秀水平；但水质营养盐评估评估值较低，为差水平，一定程度上受农业面源污染影响，富营养化严重。水生生物方面，浮游藻类评估评估值较低，为差水平；鱼类评估评估值较高，处于良好水平；底栖动物评估为一般水平。该区秋季河流生态系统健康综合评价为良好水平，较春季有所改善。

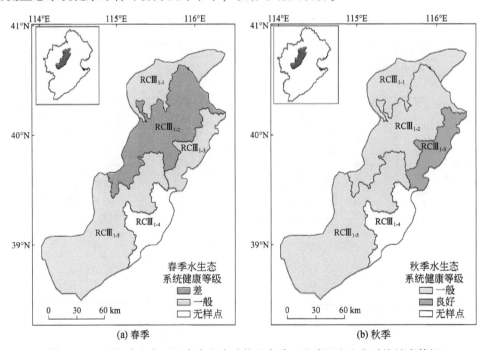

图5-41　RCⅢ₁水生态亚区中水生态功能区春季、秋季河流生态系统健康等级

RCⅢ$_{1-5}$水生态功能区春季河流生态系统健康综合评估处于一般水平 [图5-41（a）]。水质理化评估评估值很高，处于优秀水平；但水质营养盐评估评估值很低，为极差水平，受农业面源污染影响较重，富营养化严重。水生生物方面，浮游藻类评估评估值很低，为极差水平；底栖动物评估为一般水平；鱼类评估评估值较低，为差水平。该区秋季河流生态系统健康综合评估处于一般水平 [图5-41（b）]。水质理化评估评估值较高，处于良好水平；但水质营养盐评估值较低，为差水平，受农业面源污染影响较重，富营养化严重。水生生物方面，浮游藻类评估评估值较低，为差水平；底栖动物评估为一般水平。

5.2.3.3　太行山山地草原亚区

通过对太行山山地草原亚区（RCⅢ$_2$）水质理化指标、水质营养盐指标、浮游藻类、底栖动物和鱼类的综合评价得出：该区春季综合评估评估值平均得分为0.43，良好的比例为9.09%，一般的比例为54.55%，差和极差的比例和为36.36%，说明该区春季河流生态系统健康呈一般状态 [图5-42（a）]；该区秋季综合评估评估值平均得分为0.55，良好的比例为42.86%，一般的比例为52.38%，差比例为4.76%，说明该区秋季河流生态系统健康呈一般状态 [图5-42（b）]。

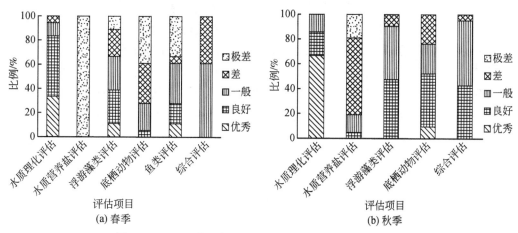

图5-42　RCⅢ$_2$水生态亚区春季、秋季综合健康等级比例

RCⅢ$_2$水生态亚区内有水区域调查点位涵盖RCⅢ$_{2-1}$水生态功能区、RCⅢ$_{2-2}$水生态功能区、RCⅢ$_{2-3}$水生态功能区、RCⅢ$_{2-5}$水生态功能区和RCⅢ$_{2-7}$水生态功能区等。

RCⅢ$_{2-1}$水生态功能区春季河流生态系统健康综合评估处于一般水平 [图5-43（a）]。水质理化评估评估值很高，处于优秀水平；但水质营养盐评估评估值很低，为极差水平，受农业面源污染影响严重。浮游藻类评估处于一般水平，底栖动物评估为差水平，鱼类评估处于良好水平，水生生物一定程度上受水质的影响。该区秋季河流生态系统健康综合评估处于一般水平 [图5-43（b）]。水质理化评估评估值很高，处于优秀水平；但水质营养盐评估评估值很低，为极差水平，受农业面源污染影响严重。浮游藻类评估处于一般水平，底栖动物评估为一般水平。

RCⅢ₂₋₂水生态功能区春季河流生态系统健康综合评估处于一般水平［图5-43（a）］。水质理化评估评估值很高，为优秀水平；但水质营养盐评估评估值很低，为极差水平，一定程度上受农业面源污染影响。浮游藻类评估和鱼类评估评估值较低，均为差水平；底栖动物评估处于一般水平。该区秋季河流生态系统健康综合评估处于良好水平［图5-43（b）］。水质理化评估为一般水平；水质营养盐评估评估值很低，为极差水平，一定程度上受农业面源污染影响。浮游藻类评估评估值较低，为差水平；底栖动物评估处于一般水平。

RCⅢ₂₋₃水生态功能区春季河流生态系统健康综合评估处于差水平［图5-43（a）］。水质理化评估评估值较高，处于良好水平；但水质营养盐评估评估值很低，为极差水平，一定程度上受农业面源污染影响，富营养化严重。水生生物方面，浮游藻类评估为一般水平；鱼类评估评估值较高，处于良好水平；但底栖动物评估评估值很低，为极差水平。该区秋季河流生态系统健康综合评估处于一般水平［图5-43（b）］。水质理化评估评估值较高，处于良好水平；但水质营养盐评估评估值较低，为差水平，一定程度上受农业面源污染影响，富营养化严重。水生生物方面，浮游藻类评估为一般水平，底栖动物评估为一般水平。

RCⅢ₂₋₅水生态功能区春季河流生态系统健康综合评估处于一般水平［图5-43（a）］。水质理化评估评估值较高，处于良好水平；但水质营养盐评估评估值很低，为极差水平，受农业面源污染影响较重，富营养化严重。水生生物方面，浮游藻类评估评估值很高，为优秀水平；底栖动物评估评估值较低，为差水平；鱼类评估评估值较高，为良好水平。该区秋季河流生态系统健康综合评估处于一般水平［图5-43（b）］。水质理化评估处于一般水平；但水质营养盐评估评估值很低，为极差水平，受农业面源污染影响较重，富营养化严重。水生生物方面，浮游藻类评估评估值较高，为良好水平；底栖动物评估为一般水平。

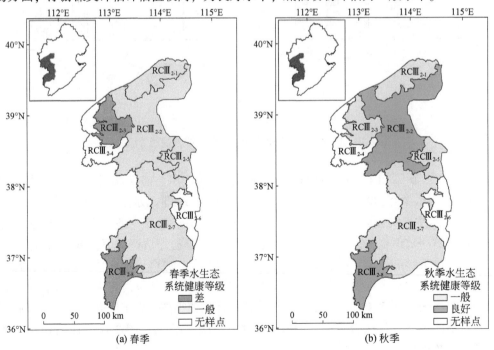

图5-43　RCⅢ₂水生态亚区中水生态功能区春季、秋季河流生态系统健康等级

RCⅢ$_{2-7}$水生态功能区春季河流生态系统健康综合评估处于一般水平［图 5-43（a）］。水质理化评估评估值较高，处于良好水平；但水质营养盐评估评估值很低，为极差水平，受农业面源污染影响较重，富营养化严重。水生生物方面，浮游藻类评估评估值较高，为良好水平；底栖动物评估评估值较低，为差水平；鱼类评估评估值较低，为差水平。该区秋季河流生态系统健康综合评估处于一般水平［图 5-43（b）］。水质理化评估评估值较高，处于良好水平；但水质营养盐评估评估值很低，为极差水平，受农业面源污染影响较重，富营养化严重。水生生物方面，浮游藻类评估为一般水平，底栖动物评估为一般水平。

5.2.3.4 太行山山地农业亚区

太行山山地农业亚区（RCⅢ$_3$）春季采样仅有浊漳河一个点位，秋季采样仅有清漳河、浊漳河两个点位。通过对 RCⅢ$_3$水生态亚区春季水质理化指标、水质营养盐指标、浮游藻类、底栖动物和鱼类的综合评价得出：该区综合评估评估值平均得分为 0.38，该区春季河流生态系统健康呈差状态。通过对 RCⅢ$_3$水生态亚区秋季水质理化指标、水质营养盐指标、浮游藻类、底栖动物和鱼类的综合评价得出：该区综合评估评估值平均得分为 0.58，该区秋季河流生态系统健康呈一般状态。

RCⅢ$_3$水生态亚区内有水区域调查点位涵盖 RCⅢ$_{3-1}$水生态功能区。该区春季河流生态系统健康综合评估处于一般水平［图 5-44（a）］。水质理化评估评估值较低，处于差水平；水质营养盐评估评估值很低，为极差水平，受农业面源污染影响严重。浮游藻类评估

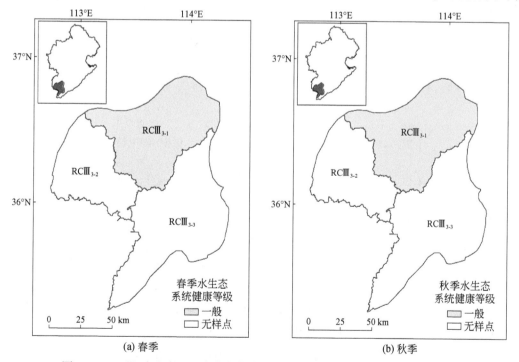

图 5-44 RCⅢ$_3$水生态亚区中水生态功能区春季、秋季河流生态系统健康等级

处于优秀水平，底栖动物评估为差水平，鱼类评估处于差水平，水生生物一定程度上受水质的影响。该区秋季河流生态系统健康综合评估处于一般水平 [图5-44（b）]。水质理化评估处于良好水平；水质营养盐评估评估值较低，为差水平，受农业面源污染影响严重。浮游藻类评估处于优秀水平，底栖动物评估为良好水平。

5.2.4 海河北部平原少水区

5.2.4.1 区域整体评价

（1）水质理化评价

该区水质理化指标分级评价的结果显示，春季水质理化指标评估值平均得分为0.29，春季河流生态系统健康呈差状态 [图5-45（a）]。秋季水质理化指标评估值平均得分为0.41，秋季河流生态系统健康呈一般状态 [图5-45（b）]。

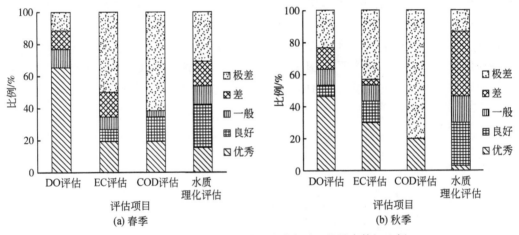

图5-45 RCⅣ水生态区春季、秋季水质理化健康等级比例

该区春季DO浓度为2.28～16.20mg/L，平均浓度为7.21mg/L，DO评估值平均得分为0.86，其中优秀的比例为66.67%。EC含量为7.9～37209μs/cm，平均值为3135μs/cm，EC评估值平均得分为0.28，极差的比例为46.67%。COD浓度为10～150mg/L，平均浓度为62mg/L，COD评估值平均得分为0.35，表现为一般水平。

该区秋季DO浓度为1.18～17.20mg/L，平均浓度为7.21mg/L，DO评估值平均得分为0.86，其中优秀的比例为44.87%。EC含量为7.9～37209μs/cm，平均值为3135μs/cm，EC评估值平均得分为0.71，优秀的比例为30.36%。COD浓度为5～105mg/L，平均浓度为62mg/L，COD评估值平均得分为0.41，表现为一般。

（2）水质营养盐评价

该区水质营养盐指标分级评价的结果显示，春季水质营养盐指标评估值平均得分为0.14，春季河流生态系统健康呈极差状态 [图5-46（a）]。秋季水质营养盐指标评估值平均得分为0.07，秋季河流生态系统健康呈极差状态［图5-46（b）］。

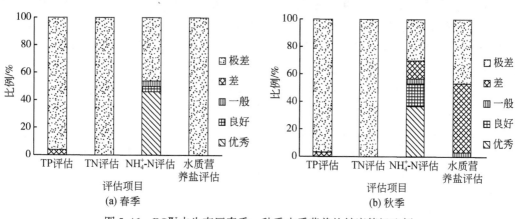

图 5-46　RCⅣ水生态区春季、秋季水质营养盐健康等级比例

该区春季TP浓度为0.19～5.00mg/L，平均浓度为3.05mg/L，TP评估值平均得分为0.02，极差的比例为96.15%。TN浓度为2.10～18.10mg/L，平均浓度为7.19mg/L，TN评估值平均得分为0，表现为极差水平。NH_4^+-N浓度为0.05～3.28mg/L，平均浓度为1.43mg/L，NH_4^+-N评估值平均得分为0.50，优秀的比例为46.15%。

该区秋季TP浓度为0.20～5.00mg/L，平均浓度为1.51mg/L，TP评估值平均得分为0.11，极差的比例为96.67%。TN浓度为2.4～25mg/L，平均值为6.25mg/L，TN评估值平均得分为0，极差的比例为100%。NH_4^+-N浓度为0.05～3mg/L，平均浓度为1.01mg/L，NH_4^+-N评估值平均得分为0.67，优秀比例为37.49%。

（3）浮游藻类评价

该区浮游藻类指标分级评价的结果显示，浮游藻类指标评估值平均得分为0.47，春季河流生态系统健康呈一般状态［图5-47（a）］。秋季藻类指标评估值平均得分为0.66，秋季河流生态系统健康呈良好状态［图5-47（b）］。

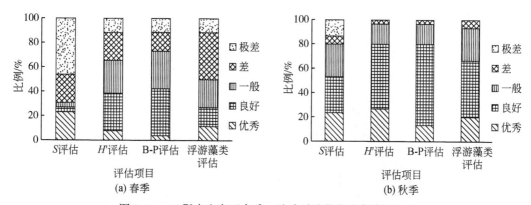

图 5-47　RCⅣ水生态区春季、秋季浮游藻类健康等级比例

该区春季浮游藻类种数为3～37，平均种数为15，分类单元数评估值平均得分为

0.37，其中差和极差比例为 23.08% 和 46.16%，比例和超过样点总数的 50%。Berger-Perker 优势度指数为 0.22 ~ 0.97，平均值为 0.49，Berger-Parker 优势度指数评估值平均得分为 0.52，极差的比例为 11.54%。Shannon-Wiener 多样性指数为 0.16 ~ 2.80，平均值为 1.54，Shannon-Wiener 多样性指数评估值平均得分为 0.51，优秀的比例为 7.69%，良好的比例为 30.77%，比例和不到样点总数的 50%。

该区秋季浮游藻类种数为 4 ~ 40，平均种数为 21，分类单元数评估值平均得分为 0.32，其中优秀和良好的比例为 25.64% 和 30.77%，比例和超过样点总数的 50%。Berger-Parker 优势度指数为 0.16 ~ 0.64，平均值为 0.33，Berger-Parker 优势度指数评估值平均得分为 0.64，良好的比例为 66.67%。Shannon-Wiener 多样性指数为 1.2 ~ 2.7，平均值为 2.1，Shannon-Wiener 多样性指数评估值平均得分为 0.54，良好的比例为 61.54%，优秀的比例为 12.82%。

（4）底栖动物评价

该区底栖动物指标分级评价的结果显示，春季底栖动物指标评估值平均得分为 0.23，多样性低，清洁指示种少，河流生态系统健康呈差状态［图 5-48（a）］。秋季底栖动物指标评估值平均得分为 0.36，多样性低，清洁指示种少，河流生态系统健康呈差状态［图 5-48（b）］。

该区春季底栖动物分类单元数为 2 ~ 31，平均值为 8，其中极差的比例达到了 77.27%，超过样点总数的 50%。Berger-Parker 优势度指数为 0.23 ~ 1.00，平均值为 0.68，其中优秀和良好的比例和为 27.27%，极差的比例为 50.00%。EPT 科级分类单元比为 0 ~ 0.30，平均值为 0.04，其中极差的比例为 90.9%，可见清洁指示种比例较小，导致该项评估指标总体较差。BMWP 指数为 5 ~ 144，样点间 BMWP 指数差异较大，平均值为 34.09，差和极差的比例加和为 68.18%。

该区秋季底栖动物分类单元数为 2 ~ 17，平均值为 8，其中优秀的比例达到了 30.77%。Berger-Parker 优势度指数为 0.25 ~ 1.00，平均值为 0.61，其中优秀的比例为 0%，良好的比例为 38.46%。EPT 科级分类单元比为 0 ~ 0.40，平均值为 0.04，其中优秀的比例为 5.13%，可见清洁指示种比例较小，导致该项评估指标总体较差。BMWP 指数为 9 ~ 77，平均值为 34.09，极差和差的比例为 76.92%。

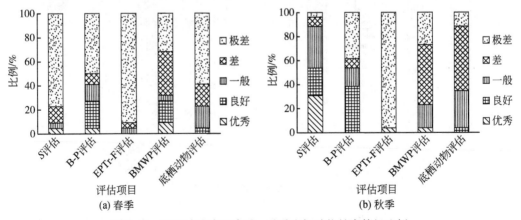

图 5-48 RCⅣ水生态区春季、秋季底栖动物健康等级比例

（5）鱼类评价

该区鱼类指标分级评价的结果显示，鱼类指标评估值平均得分为0.70，从鱼类指标评价角度，该区春季河流生态系统健康呈良好状态（图5-49）。该区鱼类种数为6~14，平均种数为9，分类单元数评估值平均得分为0.62，优秀的比例为34.62%。Berger-Parker优势度指数为0.25~0.48，平均值为0.32，Berger-Parker优势度指数评估值平均得分为0.70，优秀和良好的比例和为76.92%。Shannon-Wiener多样性指数为1.55~3.11，平均为2.25；Shannon-Wiener多样性指数评估值平均得分为0.73，优秀的比例为26.92%。

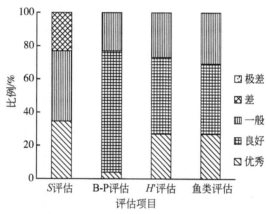

图5-49　RCⅣ水生态区春季鱼类健康等级比例

（6）综合评价

通过对RCⅣ水生态区春季水质理化指标、水质营养盐指标、浮游藻类、底栖动物和鱼类的综合评价得出：该区综合评估平均得分为0.38，良好的比例为7.69%，一般的比例为26.92%，差和极差的比例和为65.39%，说明该区河流生态系统健康呈差状态［图5-50（a）］。

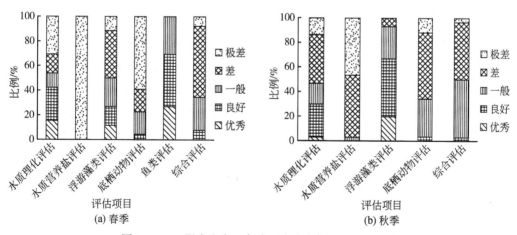

图5-50　RCⅣ水生态区春季、秋季综合健康等级比例

通过对 RCⅣ水生态区秋季水质理化指标、水质营养盐指标、浮游藻类、底栖动物和鱼类的综合评价得出：该区综合评估平均得分为 0.41，差的比例为 43.59%，一般的比例为 51.28%，该区秋季河流生态系统健康呈一般状态 ［图 5-50（b）］。

5.2.4.2 海河北部冲积平原农业亚区

通过对海河北部冲积平原农业亚区（RCⅣ₁）水质理化指标、水质营养盐指标、浮游藻类、底栖动物和鱼类的综合评价得出：该区综合评估评估值平均得分为 0.37，良好的比例为 10.00%，一般的比例为 20.00%，差和极差的比例和为 70.00%，说明该区河流生态系统健康呈差状态 ［图 5-51（a）］；该区秋季综合评估评估值平均得分为 0.35，良好的比例为 4.17%，一般的比例为 50.00%，差的比例为 45.83%，说明该区秋季河流生态系统健康也呈差状态 ［图 5-51（b）］。

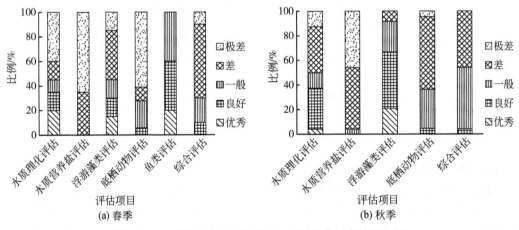

图 5-51 RCⅣ₁水生态亚区春季、秋季综合健康等级比例

RCⅣ₁水生态亚区内有水区域调查点位涵盖 RCⅣ₁₋₁、RCⅣ₁₋₂、RCⅣ₁₋₃、RCⅣ₁₋₄、RCⅣ₁₋₅、RCⅣ₁₋₆、RCⅣ₁₋₇ 和 RCⅣ₁₋₈ 8 个水生态功能区。

RCⅣ₁₋₁水生态功能区春季河流生态系统健康综合评估处于一般水平 ［图 5-52（a）］。水质理化评估评估值较高，处于良好水平；但水质营养盐评估评估值很低，为极差水平，受农业面源污染影响严重。浮游藻类评估处于一般水平，底栖动物评估为差水平，鱼类评估处于一般水平，水生生物一定程度上受水质的影响。该区秋季河流生态系统健康综合评估处于差水平 ［图 5-52（b）］。水质理化评估评估值较高，处于良好水平；但水质营养盐评估评估值很低，为极差水平，受农业面源污染影响严重。藻类评估处于一般水平，底栖动物评估为一般水平。

RCⅣ₁₋₂水生态功能区春季河流生态系统健康综合评估处于差水平 ［图 5-52（a）］。水质理化评估和水质营养盐评估评估值均很低，为极差水平，一定程度上受工业和农业面源污染影响。浮游藻类评估评估值较低，为差水平；鱼类评估评估值较高，处于良好水平；但底栖动物评估评估值较低，为差水平。该区秋季河流生态系统健康综合评估处于差水平

［图 5-52（b）］。水质理化评估和水质营养盐评估评估值均很低，为极差水平，一定程度上受工业和农业面源污染影响。浮游藻类评估为一般水平；但底栖动物评估评估值较低，为差水平。

RCⅣ$_{1-3}$水生态功能区春季水生态系统健康综合评估处于差水平［图 5-52（a）］。水质理化评估评估值较差，处于差水平；但水质营养盐评估评估值很低，为极差水平，一定程度上受农业面源污染影响，富营养化严重。水生生物方面，浮游藻类评估评估值较高，为良好水平；鱼类评估处于一般水平；但是底栖动物评估评估值很低，为极差水平。该区秋季河流生态系统健康综合评估处于差水平［图 5-52（b）］。水质理化评估处于一般水平；水质营养盐评估评估值较低，为差水平，一定程度上受农业面源污染影响，富营养化严重。水生生物方面，浮游藻类评估评估值较高，为良好水平；底栖动物评估为一般水平。

RCⅣ$_{1-4}$水生态功能区春季河流生态系统健康综合评估处于一般水平［图 5-52（a）］。水质理化评估评估值较高，处于良好水平；但水质营养盐评估评估值较低，为差水平，受农业面源污染影响较重，富营养化严重。水生生物方面，浮游藻类评估评估值很高，为优秀水平；底栖动物评估和鱼类评估评估值较高，为良好水平。该区秋季河流生态系统健康综合评估处于一般水平［图 5-52（b）］。水质理化评估评估值较高，处于良好水平；但水质营养盐评估评估值较低，为差水平，受农业面源污染影响较重，富营养化严重。水生生物方面，浮游藻类评估评估值很高，为优秀水平；底栖动物评估评估值较高，为良好水平。

RCⅣ$_{1-5}$水生态功能区春季河流生态系统健康综合评估处于一般水平［图 5-52（a）］。水质理化评估评估值很高，处于优秀水平；但水质营养盐评估评估值较低，为差水平，受农业面源污染影响严重。藻类评估和底栖动物评估为一般水平，鱼类评估处于良好水平，水生生物一定程度上受水质的影响。该区秋季河流生态系统健康综合评估处于良好水平［图 5-52（b）］。水质理化评估评估值较高，处于良好水平；但水质营养盐评估评估值很低，为极差水平，受农业面源污染影响严重。藻类评估和底栖动物评估为一般水平。

RCⅣ$_{1-6}$水生态功能区春季河流生态系统健康综合评估处于差水平［图 5-52（a）］。水质理化评估和水质营养盐评估评估值均很低，为极差水平，一定程度上受工业和农业面源污染影响。浮游藻类评估评估值较低，为差水平；鱼类评估评估值较高，处于良好水平；但底栖动物评估评估值较低，为差水平。该区秋季河流生态系统健康综合评估处于一般水平［图 5-52（b）］。水质理化评估和水质营养盐评估评估值均很低，为极差水平，一定程度上受工业和农业面源污染影响。浮游藻类评估评估值较低，为差水平；底栖动物评估评估值较低，为差水平。

RCⅣ$_{1-7}$水生态功能区春季河流生态系统健康综合评估处于差水平［图 5-52（a）］。水质理化评估评估值较高，处于良好水平；但水质营养盐评估评估值较低，为差水平，一定程度上受农业面源污染影响，富营养化严重。水生生物方面，浮游藻类评估为一般水平；鱼类评估评估值很高，处于优秀水平；底栖动物评估评估值很低，为极差水平。该区秋季河流生态系统健康综合评估处于一般水平［图 5-52（b）］。水质理化评估评估值较高，处于良好水平；但水质营养盐评估评估值较低，为差水平，一定程度上受农业面源污染影响，富营养化严重。水生生物方面，浮游藻类评估为一般水平；底栖动物评估评估值很低，为极差水平。

RCⅣ$_{1-8}$水生态功能区春季河流生态系统健康综合评估处于差水平［图5-52（a）］。水质理化评估和水质营养盐评估评估值均很低，为极差水平，受工业和农业面源污染影响较重，富营养化严重。水生生物方面，浮游藻类评估为一般水平；底栖动物评估评估值很低，为极差水平；鱼类评估评估值较高，为良好水平。该区秋季河流生态系统健康综合评估处于一般水平［图5-52（b）］。水质理化评估和水质营养盐评估评估值均较低，为差水平，受工业和农业面源污染影响，富营养化严重。水生生物方面，浮游藻类评估为一般水平；底栖动物评估评估值较低，为极差水平。

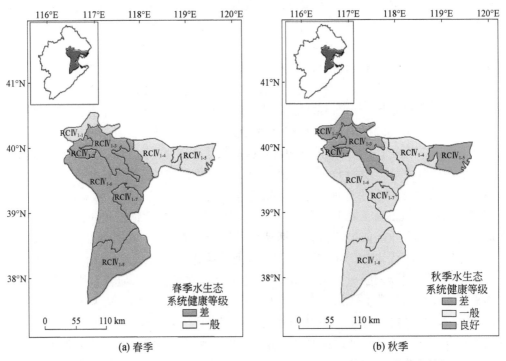

图5-52　RCⅣ$_1$水生态亚区中水生态功能区春季、秋季河流生态系统健康等级

5.2.4.3　海河北部滨海平原农业亚区

通过对海河北部滨海平原农业亚区（RCⅣ$_2$）水质理化指标、水质营养盐指标、浮游藻类、底栖动物和鱼类的综合评价得出：该区春季综合评估评估值平均得分为0.43，一般和差的比例各占50%，说明该区春季河流生态系统健康呈一般状态［图5-53（a）］。该区秋季综合评估评估值平均得分为0.32，一般和差的比例分别为33.33%和50%，极差的比例为16.7%，说明该区秋季河流生态系统健康呈差状态［图5-53（b）］。

RCⅣ$_2$水生态亚区内有水区域调查点位涵盖RCⅣ$_{2-1}$水生态功能区。

RCⅣ$_{2-1}$水生态功能区春季河流生态系统健康综合评估处于一般水平［图5-54（a）］。水质理化评估处于一般水平；但水质营养盐评估评估值较低，为差水平，受农业面源污染

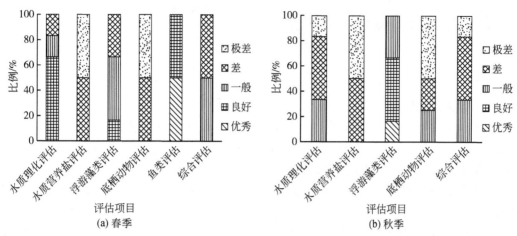

图 5-53　RCIV$_2$水生态亚区春季、秋季综合健康等级比例

影响严重。浮游藻类评估处于一般水平，底栖动物评估为差水平，鱼类评估处于良好水平，水生生物一定程度上受水质的影响。该区秋季河流生态系统健康综合评估处于差水平［图 5-54（b）］。水质理化评估处于一般水平；但水质营养盐评估评估值很低，为极差水平，受农业面源污染影响严重。浮游藻类评估处于一般水平，底栖动物评估为差水平，水生生物一定程度上受水质的影响。

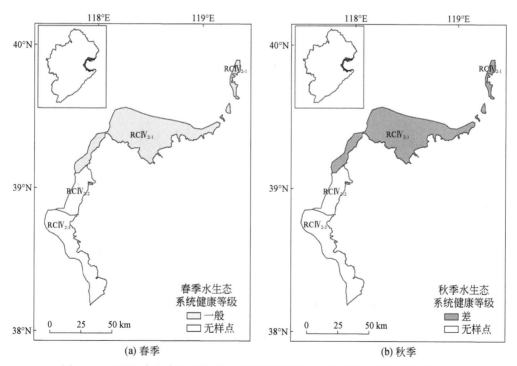

图 5-54　RCIV$_2$水生态亚区中水生态功能区春季、秋季河流生态系统健康等级

5.2.5 太行山山前平原缺水区

5.2.5.1 区域整体评价

（1）水质理化评价

该区水质理化指标分级评价的结果显示，春季水质理化指标评估值平均得分为0.07，春季河流生态系统健康呈极差状态［图5-55（a）］。秋季水质理化指标评估值平均得分为0.12，秋季河流生态系统健康呈极差状态［图5-55（b）］。

该区春季DO浓度为0.27～19.57mg/L，平均浓度为5.81mg/L，DO评估值平均得分为1，其中优秀的比例为35.7%。EC含量为806～9698μs/cm，平均值为4460μs/cm，EC评估值平均得分为0.03，图中极差比例已超过80%。COD浓度为27～155mg/L，平均浓度为87mg/L，COD评估值平均得分为0，极差的比例为92.9%。

该区秋季DO浓度为0.35～24.34mg/L，平均浓度为8.09mg/L，DO评估值平均得分为0.55，其中优秀的比例为52.94%。EC含量为538～5462μs/cm，平均值为2177μs/cm，EC评估值平均得分为0.08，极差的比例为70.59%。COD浓度为10～150mg/L，平均浓度为55mg/L，COD评估值平均得分为0.06，极差的比例为76.47%。

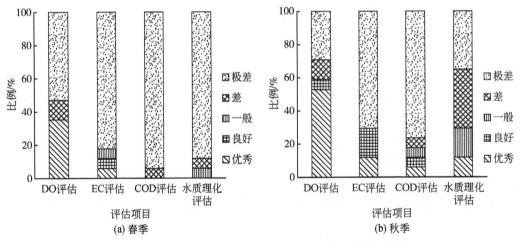

图5-55　RCⅤ水生态区春季、秋季水质理化健康等级比例

（2）水质营养盐评价

该区水质营养盐指标分级评价的结果显示，春季水质营养盐指标评估值平均得分为0.02，春季河流生态系统健康呈极差状态［图5-56（a）］。秋季水质营养盐指标评估值平均得分为0.22，秋季河流生态系统健康呈差状态［图5-56（b）］。

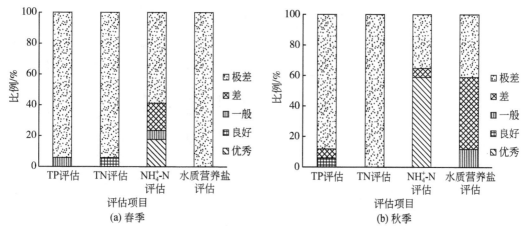

图5-56　RC V水生态区春季、秋季水质营养盐健康等级比例

该区春季 TP 浓度为 0.19~5.00mg/L，平均浓度为 1.80mg/L，TP 评估值平均得分为 0，极差的比例为 95.5%。TN 浓度为 2.20~15.00mg/L，平均浓度为 8.71mg/L，TN 评估值平均得分为 0，表现为极差。NH_4^+-N 浓度为 0.16~3.28mg/L，平均浓度为 1.88mg/L，NH_4^+-N 评估值平均得分为 0，优秀的比例为 17.5%。

该区秋季 TP 浓度为 0.12~3.45mg/L，平均浓度为 0.88mg/L，TP 评估值平均得分为 0.02，极差的比例为 88.23%。TN 浓度为 2.40~15.00mg/L，平均浓度为 8.54mg/L，TN 评估值平均得分为 0，表现为极差。NH_4^+-N 浓度为 0.05~3.08mg/L，平均浓度为 1.18，NH_4^+-N 评估值平均得分为 0.62，优秀的比例为 58.82%。

（3）浮游藻类评价

该区浮游藻类指标分级评价的结果显示，春季浮游藻类指标评估值平均得分为 0.36，春季河流生态系统健康呈差状态 [图5-57（a）]。秋季浮游藻类指标评估值平均得分为 0.62，秋季河流生态系统健康呈良好状态 [图5-57（b）]。

该区春季浮游藻类种数为 3~20，平均种数为 7，分类单元数评估值平均得分为 0.27，其中差和极差的比例为 21.43% 和 42.86%，比例和超过样点总数的 50%。Berger-Parker 优势度指数为 0.31~0.72，平均值为 0.58，Berger-Parker 优势度指数评估值平均得分为 0.41，差的比例为 50.00%。Shannon-Wiener 多样性指数为 0.56~1.97，平均值为 1.14，Shannon-Wiener 多样性指数评估值平均得分为 0.38，优秀的比例为 0%，良好的比例为 7.14%，不到样点总数的 10%。

该区秋季浮游藻类种数为 12~35，平均种数为 23，分类单元数评估值平均得分为 0.37，其中差和极差的比例为 29.41% 和 5.89%。Berger-Parker 优势度指数为 0.14~0.63，平均值为 0.37，Berger-Parker 优势度指数评估值平均得分为 0.55，良好的比例为 54.82%。Shannon-Wiener 多样性指数为 1.32~2.72，平均得分为 2.02，Shannon-Wiener 多样性指数评估值平均得分为 0.52，优秀及良好的比例和为 64.82%。

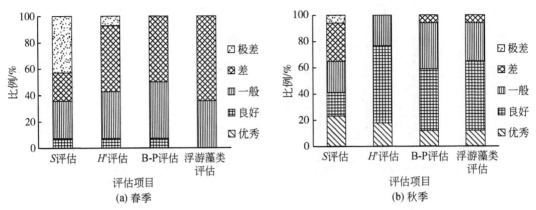

图5-57　RCV水生态区春季、秋季浮游藻类健康等级比例

（4）底栖动物评价

该区底栖动物指标分级评价的结果显示，春季底栖动物指标评估值平均得分为0.16，多样性低，清洁指示种少，河流生态系统健康呈极差状态［图5-58（a）］。秋季底栖动物指标评估值平均得分为0.34，多样性低，清洁指示种少，河流生态系统健康呈差状态［图5-58（b）］。

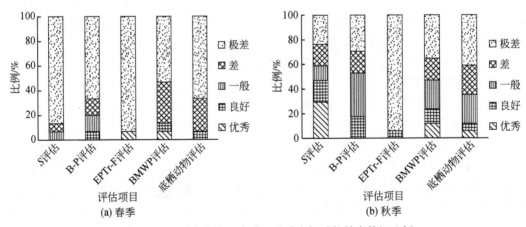

图5-58　RCV水生态区春季、秋季底栖动物健康等级比例

该区春季底栖动物分类单元数为1～17，平均值为5，其中极差的比例达到了86.67%，超过样点总数的50%。Berger-Parker优势度指数为0.31～1.00，平均值为0.80，其中优秀和良好的比例和为6.67%，极差的比例为66.67%。EPT科级分类单元比为0～0.53，平均值为0.04，其中优秀的比例为6.67%，可见清洁指示种比例较小，导致该项评估指标总体较差。BMWP指数为2～100，样点间BMWP指数差异较大，平均值为22.40，差和极差的比例和为86.67%。

该区秋季底栖动物分类单元数为 1~19，平均值为 7，通过分级评价显示，各级别分布比较均匀，优秀、良好、一般、差和极差的比例分别为 29.41%、17.65%、11.76%、17.65% 和 23.53%。Berger-Parker 优势度指数为 0.27~1.00，平均值为 0.62，其中优秀的比例为 0%，良好的比例为 17.65%，极差的比例为 29.41%。EPT 科级分类单元比为 0~0.42，平均值为 0.03，其中优秀的比例为 0%，可见清洁指示种比例较小，导致该项评估指标总体较差。BMWP 指数为 5~88，样点间 BMWP 指数差异较大，平均为 31；差和极差的比例和为 52.94%。

（5）鱼类评价

该区鱼类指标分级评价的结果显示，鱼类指标评估值平均得分为 0.94，该区春季河流生态系统健康呈优秀状态（图 5-59）。该区鱼类种数为 11~19，平均种数为 15，分类单元数评估值平均得分为 0.88，优秀的比例为 73.33%。Berger-Parker 优势度指数为 0.20~0.37，平均值为 0.22，Berger-Parker 优势度指数评估值平均得分为 0.81，优秀和良好比例和为 100%。Shannon-Wiener 多样性指数为 2.88~3.71，平均值为 3.45，Shannon-Wiener 多样性指数评估值平均得分为 1.00，优秀的比例为 100%。

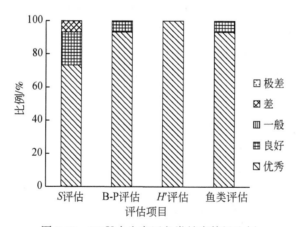

图 5-59 RC V 水生态区鱼类健康等级比例

（6）综合评价

通过对 RC V 水生态区春季水质理化指标、水质营养盐指标、浮游藻类、底栖动物和鱼类的综合评价得出：该区综合评估平均得分为 0.31，一般和差的比例分别为 13.33% 和 86.67%，说明该区春季河流生态系统健康呈差状态 [图 5-60（a）]。

通过对 RC V 水生态区秋季水质理化指标、水质营养盐指标、浮游藻类、底栖动物和鱼类的综合评价得出：该区综合评估平均得分为 0.38，说明该区秋季河流生态系统健康呈差状态 [图 5-60（b）]。

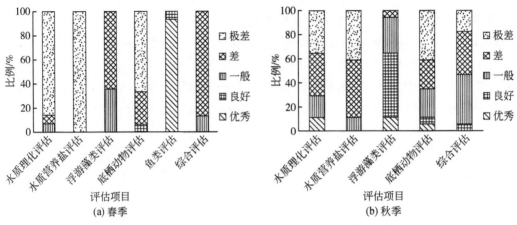

图 5-60　RC V 水生态区春季、秋季综合健康等级比例

5.2.5.2　太行山山前洪积平原农业亚区

通过对太行山山前洪积平原农业亚区（RC V₁）水质理化指标、水质营养盐指标、浮游藻类、底栖动物和鱼类的综合评价得出：该区综合评估评估值平均得分为 0.37，一般和差的比例分别为 66.67% 和 33.33%，说明该区河流生态系统健康呈差状态 ［图 5-61（a）］。该区秋季综合评估评估值平均得分为 0.47，一般的比例为 33.33%，说明该区河流生态系统健康呈一般状态 ［图 5-61（b）］。

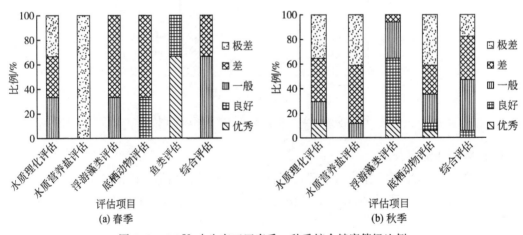

图 5-61　RC V₁水生态亚区春季、秋季综合健康等级比例

RC V₁水生态亚区内有水区域调查点位涵盖 RC V₁₋₃、RC V₁₋₄ 和 RC V₁₋₆ 3 个水生态功能区。

RC V₁₋₃水生态功能区春季河流生态系统健康综合评估处于一般水平 ［图 5-62（a）］。水质理化评估处于一般水平；但水质营养盐评估评估值很低，为极差水平，受农业面源污染影响严重。浮游藻类评估处于差水平，底栖动物评估和鱼类评估处于良好水平，浮游藻类一定程度上受到水质的影响较大。该区秋季河流生态系统健康综合评估处于良好水平 [图 5-62（b）]。水质理化评估处于一般水平；但水质营养盐评估评估值较低，为差水平，受农业面源污染影响严重。浮游藻类评估处于一般水平，底栖动物评估处于良好水平。

RC V$_{1-4}$ 水生态功能区春季河流生态系统健康综合评估处于极差水平 [图 5-62（a）]。水质理化评估和水质营养盐评估评估值均很低，为极差水平，一定程度上受工业和农业面源污染影响。浮游藻类评估评估值较低，为差水平，鱼类评估评估值很高，处于优秀水平，但底栖动物评估评估值较低，为差水平。该区秋季河流生态系统健康综合评估处于极差水平 [图 5-62（b）]。水质理化评估和水质营养盐评估评估值很低，为极差水平，一定程度上受工业和农业面源污染影响。浮游藻类评估评估值较低，为差水平；底栖动物评估评估值较低，为差水平。

RC V$_{1-6}$ 水生态功能区春季河流生态系统健康综合评估处于差水平 [图 5-62（a）]。水质理化评估评估值较低，处于差水平；但水质营养盐评估评估值很低，为极差水平，一定程度上受农业面源污染影响，富营养化严重。水生生物方面，浮游藻类评估为一般水平；鱼类评估评估值很高，处于优秀水平；但是底栖动物评估评估值较低，为差水平。该区秋季河流生态系统健康综合评估处于差水平 [图 5-62（b）]。水质理化评估处于一般水平；营养盐评估值较低，为差水平，一定程度上受农业面源污染影响，富营养化严重。水生生物方面，浮游藻类评估为一般水平；底栖动物评估值较高，为良好水平。

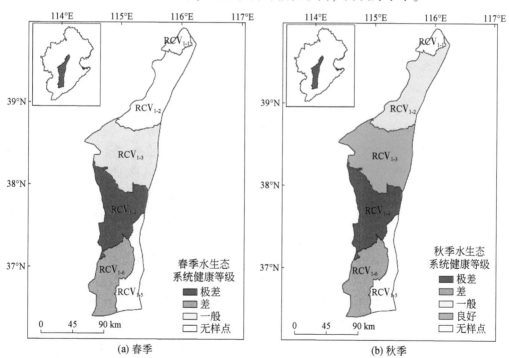

图 5-62　RC V$_1$ 水生态亚区中水生态功能区春季、秋季河流生态系统健康等级

5.2.5.3 太行山山前冲积平原农业亚区

通过对太行山山前冲积平原农业亚区（RCV$_2$）水质理化指标、水质营养盐指标、浮游藻类、底栖动物和鱼类的综合评价得出：该区春季综合评估评估值平均得分为0.29，差的比例为100%，说明该区春季河流生态系统健康呈差状态［图5-63（a）］。该区秋季综合评估评估值平均得分为0.33，一般、差与极差的比例分别为36.36%、45.45%与18.18%，说明该区春季河流生态系统健康也呈差状态［图5-63（b）］。

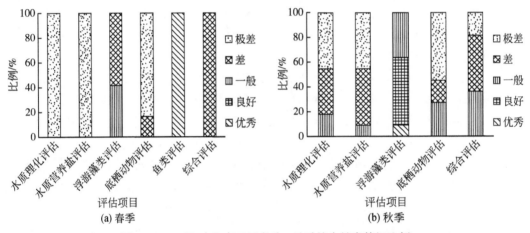

图5-63 RCV$_2$水生态亚区春季、秋季综合健康等级比例

RCV$_2$水生态亚区内有水区域调查点位涵盖RCV$_{2-3}$、RCV$_{2-4}$、RCV$_{2-5}$和RCV$_{2-6}$4个水生态功能区。

RCV$_{2-3}$三级水生态功能区春季河流生态系统健康综合评估，处于极差水平［图5-64（a）］。水质理化评估和水质营养盐评估评估值均很低，为极差水平，受农业面源污染影响严重。浮游藻类评估处于差水平，底栖动物评估处于极差水平，鱼类评估处于优秀水平，浮游藻类和底栖动物一定程度上受到水质的影响较大。该区秋季河流生态系统健康综合评估处于差水平［图5-64（b）］。水质理化评估和水质营养盐评估评估值均很低，为极差水平，受农业面源污染影响严重。浮游藻类评估处于差水平，底栖动物评估处于极差水平，浮游藻类和底栖动物一定程度上受到水质的影响较大。

RCV$_{2-4}$水生态功能区春季河流生态系统健康综合评估处于极差水平［图5-64（a）］。水质理化评估和水质营养盐评估评估值均很低，为极差水平，一定程度上受工业和农业面源污染影响。浮游藻类评估评估值较低，为差水平；鱼类评估评估值很高，处于优秀水平；但底栖动物评估评估值很低，为极差水平。该区秋季河流生态系统健康综合评估处于差水平［图5-64（b）］。水质理化评估处于一般水平；水质营养盐评估评估值很低，为极差水平，一定程度上受工业和农业面源污染影响。浮游藻类评估值较低，为差水平；底栖动物评估值较低，为差水平。

RCV$_{2-5}$水生态功能区春季河流生态系统健康综合评估处于差水平 [图5-64 (a)]。水质理化评估和水质营养盐评估评估值均很低，为极差水平，一定程度上受工业和农业面源污染影响。浮游藻类评估评估值较低，为差水平；鱼类评估评估值很高，处于优秀水平；但底栖动物评估评估值很低，为极差水平。该区秋季河流生态系统健康综合评估处于一般水平 [图5-64 (b)]。水质理化评估和水质营养盐评估评估值均很低，为极差水平，一定程度上受工业和农业面源污染影响。浮游藻类评估评估值较低，为差水平；底栖动物评估评估值很低，为极差水平。

RCV$_{2-6}$水生态功能区春季河流生态系统健康综合评估处于差水平 [图5-64 (a)]。水质理化评估和水质营养盐评估评估值很低，均为极差水平，一定程度上受农业面源污染影响，富营养化严重。水生生物方面，浮游藻类评估评估值较低，为差水平；鱼类评估评估值很高，处于优秀水平；但是底栖动物评估评估值很低，为极差水平。该区秋季河流生态系统健康综合评估值较低，处于一般水平 [图5-64 (b)]。水质理化评估评估值较低，为差水平；水质营养盐评估评估值很低，为极差水平，一定程度上受农业面源污染影响，富营养化严重。水生生物方面，浮游藻类评估评估值较低，为差水平；底栖动物评估评估值很低，为极差水平。

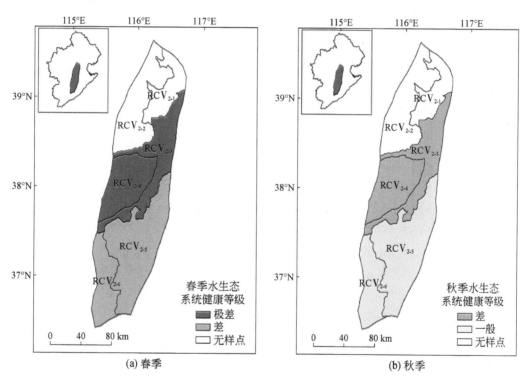

图 5-64 RCV$_2$水生态亚区中水生态功能区春季、秋季水河流态系统健康等级

5.2.6 海河南部平原欠水区

5.2.6.1 区域整体评价

（1）水质理化评价

该区水质理化指标分级评价的结果显示，水质理化指标评估值平均得分为0.18，春季河流生态系统健康呈极差状态［图5-65（a）］。秋季理化指标评估值平均得分0.33，秋季河流生态系统健康呈差状态［图5-65（b）］。

该区春季DO浓度为1.15～18.19mg/L，平均浓度为9.45mg/L，DO评估值平均得分为1，其中优秀的比例为62%。EC含量为809～8534μs/cm，平均值为2144μs/cm，EC评估值平均得分为0，极差的比例为55%。COD浓度为28～275mg/L，平均浓度为78mg/L，COD评估值平均得分为0，极差的比例为95%。

该区秋季DO浓度为2.25～19.47mg/L，平均浓度为11.4mg/L，DO评估值平均得分为0.98，其中优秀的比例为90.48%。EC含量为540～3765μs/cm，平均值为1974μs/cm，EC评估值平均得分为0.25，极差的比例为66.67%。COD浓度为16～114mg/L，平均浓度为55mg/L，COD评估值平均得分为0.08，极差的比例为85.71%。

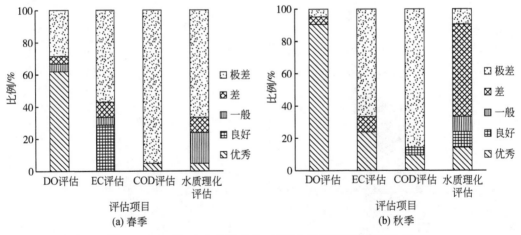

图5-65　RCⅥ水生态区春季、秋季水质理化健康等级比例

（2）水质营养盐评价

该区水质营养盐指标分级评价的结果显示，春季水质营养盐指标评估值平均得分为0，春季河流生态系统健康呈极差状态［图5-66（a）］。秋季水质营养盐指标评估值平均得分为0.44，秋季河流生态系统健康呈一般状态［图5-66（b）］。

该区春季TP浓度为1.35～5.00mg/L，平均浓度为3.27mg/L，TP评估值平均得分为0，表现为极差。TN浓度为1.60～8.50mg/L，平均浓度为5.34mg/L，TN评估值平均得分为0，表现为极差。NH_4^+-N浓度为0.15～3.00mg/L，平均浓度为1.36mg/L，NH_4^+-N评估值平均得分为 0.11，优秀的比例为 35%。

该区秋季 TP 浓度为 0.14 ~ 5.00mg/L，平均浓度为 1.03mg/L，TP 评估值平均得分为 0.05，表现为极差，极差的比例为 76.19%。TN 浓度为 2.1 ~ 20.1mg/L，平均浓度为 6.58，TN 评估值平均得分为 0，极差的比例为 100%。NH_4^+-N 浓度为 0.03 ~ 3.00mg/L，平均浓度为 0.53mg/L，NH_4^+-N 评估值平均得分为 0.83，优秀的比例为 80.95%。

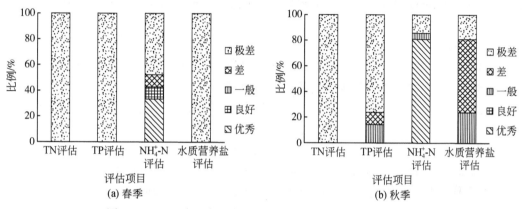

图 5-66　RC Ⅵ 水生态区春季、秋季水质营养盐健康等级比例

(3) 浮游藻类评价

该区浮游藻类指标分级评价的结果显示，浮游藻类指标评估值平均得分为 0.47，春季河流生态系统健康呈一般状态 [图 5-67 (a)]。秋季浮游藻类指标评估值平均得分为 0.67，秋季河流生态系统健康呈良好状态 [图 5-67 (b)]。

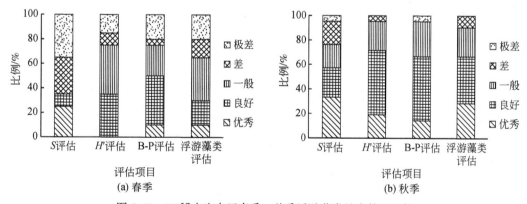

图 5-67　RC Ⅵ 水生态区春季、秋季浮游藻类健康等级比例

该区春季浮游藻类种数为 1 ~ 23，平均种数为 8，分类单元数评估值平均得分为 0.40，其中差和极差比例为 30.00% 和 35.00%，比例和超过样点总数的 50%。Berger-Parker 优势度指数为 0.19 ~ 1.00，平均值为 0.48，Berger-Parker 优势度指数评估值平均得分为 0.53，极差的比例为 20.00%。Shannon-Wiener 多样性指数为 0 ~ 2.17，平均值为 1.40，Shannon-Wiener 多样性指数评估值平均得分为 0.47，差和极差的比例分别为 10.00%

和 15.00%。

该区秋季浮游藻类种数为 6 ~ 41，平均种数为 21，分类单元数评估值平均得分为 0.45，其中优秀和良好比例分别为 33.33% 和 23.81%，比例和超过样点总数的 50%。 Berger-Parker 优势度指数为 0.13 ~ 0.81，平均值为 0.37，Berger-Parker 优势度指数评估值平均得分为 0.55，良好的比例为 47.62%。Shannon-Wiener 多样性指数为 0.93 ~ 2.87，平均值为 2.05，Shannon-Wiener 多样性指数评估值平均得分为 0.68，优秀和良好比例分别为 19.05% 和 52.38%。

（4）底栖动物评价

该区底栖动物指标分级评价的结果显示，春季底栖动物指标评估值平均得分为 0.21，多样性低，清洁指示种少，河流生态系统健康呈差状态 [图 5-68（a）]。秋季底栖动物指标评估值平均得分为 0.35，多样性低，清洁指示种少，河流生态系统健康呈差状态 [图 5-68（b）]。

该区春季底栖动物分类单元数为 1 ~ 22，平均值为 7，通过分级评价显示，极差的比例达 80.00%，超过样点总数的 50%。Berger-Parker 优势度指数为 0.33 ~ 1.00，平均值为 0.67，其中优秀和良好的比例和为 15.00%，极差的比例为 40.00%。EPT 科级分类单元比为 0 ~ 0.18，平均值为 0.01，其中优秀的比例为 0%，可见清洁指示种比例极小，导致该项评估指标总体极差。BMWP 指数为 2 ~ 124，样点间 BMWP 指数差异较大，平均值为 28.90，差和极差的比例和为 70.00%。

该区秋季底栖动物分类单元数为 1 ~ 18，平均值为 7，分类单元数评估值平均得分为 0.55。Berger-Parker 优势度指数为 0.25 ~ 1.00，平均值为 0.64，其中极差的比例为 42.10%。EPT 科级分类单元比为 0 ~ 0.43，平均值为 0.05，其中优秀的比例为 5.26%，可见清洁指示种比例极小，导致该项评估指标总体极差。BMWP 指数为 2 ~ 21，样点间 BMWP 指数差异较大，平均值为 33.69，差和极差的比例和为 57.89%。

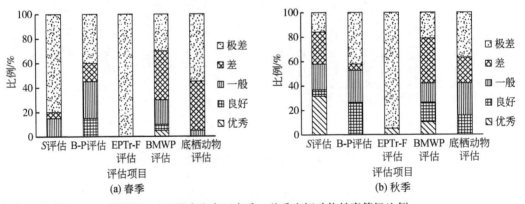

图 5-68 RCⅥ水生态区春季、秋季底栖动物健康等级比例

（5）鱼类评价

该区鱼类指标分级评价的结果显示，鱼类指标评估值平均得分为 0.93，该区春季水生

态系统健康呈优秀状态（图 5-69）。该区鱼类种数为 10~14，平均种数为 12，分类单元数评估值平均得分为 0.88，优秀的比例为 65.00%。Berger-Parker 优势度指数为 0.17~0.32，平均值为 0.21，Berger-Parker 优势度指数评估值平均得分为 0.82，优秀和良好的比例和为 100%。Shannon-Wiener 多样性指数为 2.86~3.56，平均值为 3.30，Shannon-Wiener 多样性指数评估值平均得分为 1.00，优秀的比例为 100%。

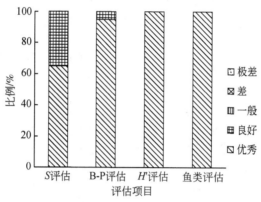

图 5-69 RCⅥ水生态区鱼类健康等级比例

（6）综合评价

通过对 RCⅥ水生态区春季水质理化指标、水质营养盐指标、浮游藻类、底栖动物和鱼类的综合评价得出：该区综合评估平均得分为 0.36，一般和差的比例分别为 20% 和 80%，说明该区河流生态系统健康呈差状态 ［图 5-70（a）］。

通过对 RCⅥ水生态区秋季水质理化指标、水质营养盐指标、浮游藻类、底栖动物和鱼类的综合评价得出：该区综合评估平均得分为 0.43，一般和差的比例分别为 61.91% 和 38.91%，说明该区秋季河流生态系统健康呈差状态 ［图 5-70（b）］。

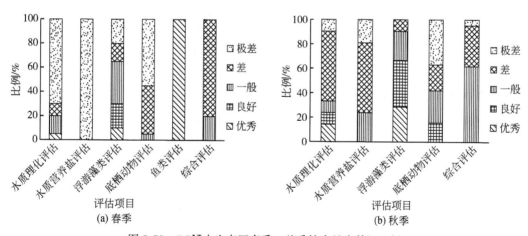

图 5-70 RCⅥ水生态区春季、秋季综合健康等级比例

5.2.6.2 海河南部洪积平原农业亚区

通过对海河南部洪积平原农业亚区（RCVI₁）水质理化指标、水质营养盐指标、浮游藻类、底栖动物和鱼类的综合评价得出：该区春季综合评估评估值平均得分为 0.30，差的比例为 100%，说明该区河流生态系统健康呈差状态 [图 5-71（a）]；该区秋季综合评估评估值平均得分为 0.39，一般与差的比例均为 44.44%，极差的比例为 11.11%，说明该区秋季河流生态系统健康也呈差状态 [图 5-71（b）]。

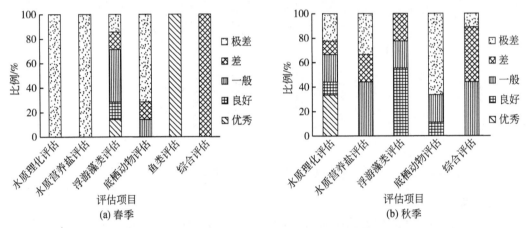

图 5-71　RCVI₁水生态亚区春季、秋季综合健康等级比例

RCVI₁水生态亚区内有水区域调查点位涵盖 RCVI₁₋₁和 RCVI₁₋₂2 个水生态功能区。

RCVI₁₋₁水生态功能区位于平原工业区，春季河流生态系统健康综合评估处于差水平 [图 5-72（a）]。水质理化评估和水质营养盐评估评估值很低，均为极差水平，受工业和农业面源污染影响严重。浮游藻类评估处于差水平；底栖动物评估处于极差水平；鱼类受水污染影响较小，其评估值很高，为优秀水平。该区秋季河流生态系统健康综合评估处于一般水平 [图 5-72（b）]。水质理化评估和水质营养盐评估评估值很低，均为极差水平，受工业和农业面源污染影响严重。浮游藻类评估处于一般水平，底栖动物评估处于极差水平。

RCVI₁₋₂水生态功能区位于平原工业区，春季河流生态系统健康综合评估处于极差水平 [图 5-72（a）]。水质理化评估和水质营养盐评估评估值均很低，为极差水平，一定程度上受工业和农业面源污染影响。浮游藻类评估为一般水平；鱼类评估评估值很高，处于优秀水平；但底栖动物评估评估值很低，为极差水平。该区秋季河流生态系统健康综合评估处于差水平 [图 5-72（b）]。水质理化评估和水质营养盐评估评估值均很低，为极差水平，一定程度上受工业和农业面源污染影响。浮游藻类评估为一般水平；底栖动物评估评估值很低，为极差水平。

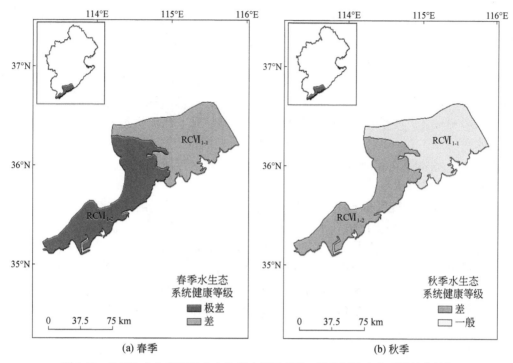

图 5-72　RC Ⅵ₁水生态亚区中水生态功能区春季、秋季河流生态系统健康等级

5.2.6.3　海河南部冲积平原农业亚区

通过对海河南部冲积平原农业亚区（RC Ⅵ₂）水质理化指标、水质营养盐指标、浮游藻类、底栖动物和鱼类的综合评价得出：该区春季综合评估评估值平均得分为 0.37，一般和差的比例分别为 22.22% 和 77.78%，说明该区春季河流生态系统健康呈差状态 [图 5-73（a）]。该区秋季综合评估评估值平均得分为 0.47，一般和差的比例分别为 87.50% 和 12.50%，说明该区秋季河流生态系统健康也呈差状态 [图 5-73（b）]。

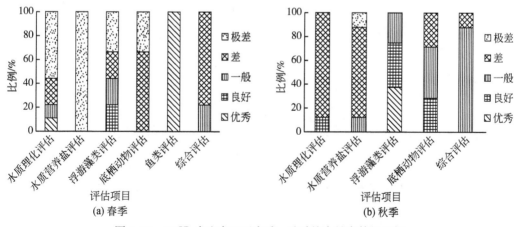

图 5-73　RC Ⅵ₂水生态亚区春季、秋季综合健康等级比例

RC Ⅵ₂水生态亚区内有水区域调查点位涵盖 RC Ⅵ₂₋₁、RC Ⅵ₂₋₂、RC Ⅵ₂₋₃和 RC Ⅵ₂₋₄ 4 个水生态功能区。

RC Ⅵ₂₋₁水生态功能区位于平原工业区,春季河流生态系统健康综合评估处于差水平 [图 5-74（a）]。水质理化评估和水质营养盐评估评估值很低,均为极差水平,受工业和农业面源污染影响严重。浮游藻类评估处于良好水平;底栖动物评估处于极差水平;鱼类受水污染影响较小,其评估值很高,为优秀水平。该区秋季河流生态系统健康综合评估处于一般水平 [图 5-74（b）]。水质理化评估评估值较低,为差水平;水质营养盐评估评估值很低,为极差水平,受工业和农业面源污染影响严重。浮游藻类评估处于良好水平,底栖动物评估处于良好水平。

RC Ⅵ₂₋₂水生态功能区位于平原工业区,春季河流生态系统健康综合评估处于差水平 [图 5-74（a）]。水质理化评估和水质营养盐评估评估值均很低,为极差水平,一定程度上受工业和农业面源污染影响。浮游藻类评估评估值较低,为差水平;鱼类评估评估值很高,处于优秀水平;但底栖动物评估评估值较低,为差水平。该区秋季河流生态系统健康综合评估处于一般水平 [图 5-74（b）]。水质理化评估和水质营养盐评估评估值均较低,为差水平,一定程度上受工业和农业面源污染影响。浮游藻类评估为一般水平;底栖动物评估评估值较高,为良好水平。

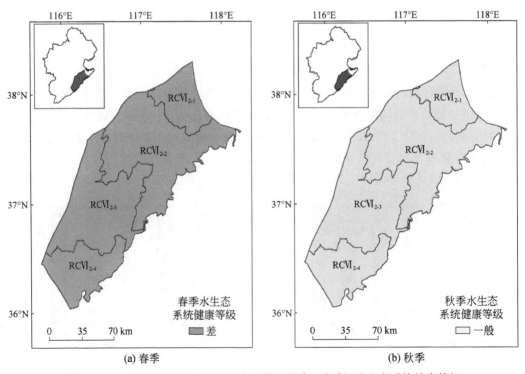

图 5-74　RC Ⅵ₂水生态亚区中水生态功能区春季、秋季河流生态系统健康等级

RC Ⅵ$_{2-3}$水生态功能区位于平原工业区,春季河流生态系统健康综合评估处于差水平 [图 5-74 (a)]。水质理化评估评估值较低,为差水平;水质营养盐评估评估值很低,为极差水平,受工业和农业面源污染影响严重。浮游藻类评估处于差水平;底栖动物评估处于差水平;鱼类受水污染影响较小,其评估值很高,为优秀水平。该区秋季河流生态系统健康综合评估处于一般水平 [图 5-74 (b)]。水质理化评估评估值较低,为差水平;水质营养盐评估评估值很低,为极差水平,受工业和农业面源污染影响严重。浮游藻类评估处于优秀水平,底栖动物评估处于良好水平。

RC Ⅵ$_{2-4}$水生态功能区位于平原工业区,春季河流生态系统健康综合评估处于差水平 [图 5-74 (a)]。水质理化评估和水质营养盐评估评估值均很低,为极差水平,一定程度上受工业和农业面源污染影响。浮游藻类评估评估值较高,为良好水平;鱼类评估评估值很高,处于优秀水平;但底栖动物评估评估值较低,为差水平。该区秋季河流生态系统健康综合评估处于一般水平 [图 5-74 (b)]。水质理化评估和水质营养盐评估评估值均较低,为差水平,一定程度上受工业和农业面源污染影响。浮游藻类评估评估值较高,为良好水平;底栖动物评估为一般水平。

5.2.6.4 海河南部滨海平原农业亚区

通过对海河南部滨海平原农业亚区 (RC Ⅵ$_3$) 水质理化指标、水质营养盐指标、浮游藻类、底栖动物和鱼类的综合评价得出:该区春季综合评估评估值平均得分为 0.43,一般和差的比例均为 50%,说明该区春季河流生态系统健康呈一般状态 [图 5-75 (a)]。该区秋季综合评估评估值平均得分为 0.42,一般和差的比例均为 50%,说明该区秋季河流生态系统健康呈一般状态 [图 5-75 (b)]。

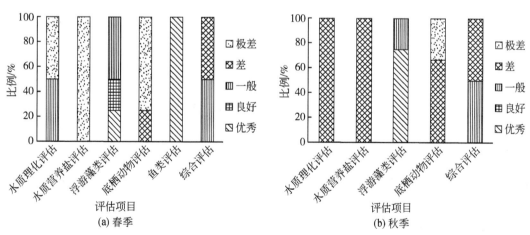

图 5-75 RC Ⅵ$_3$水生态亚区春季、秋季综合健康等级比例

RC Ⅵ$_3$水生态亚区内有水区域调查点位涵盖 RC Ⅵ$_{3-2}$水生态功能区。

RC Ⅵ$_{3-2}$水生态功能区位于平原工业区,春季河流生态系统健康综合评估处于差水平

［图5-76（a）］。水质理化评估值较低，为差水平；水质营养盐评估值很低，为极差水平，受工业和农业面源污染影响严重。浮游藻类评估处于良好水平，底栖动物评估处于差水平，鱼类受水污染影响较小，其评估值很高，为优秀水平。该区秋季河流生态系统健康综合评估处于一般水平［图5-76（b）］。水质理化评估评估值较低，为差水平；水质营养盐评估评估值较低，为差水平，受工业和农业面源污染影响严重。浮游藻类评估处于良好水平，底栖动物评估处于差水平。

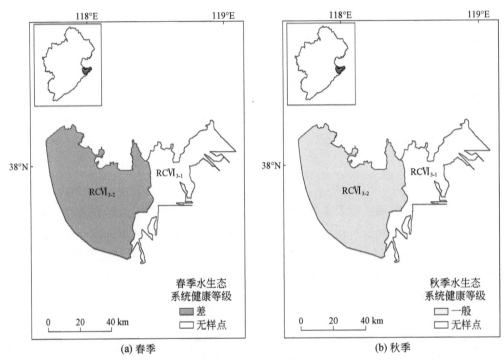

图5-76　RCⅥ₃水生态亚区中水生态功能区春季、秋季河流生态系统健康等级

5.3　河流类型区的健康评价

5.3.1　水质与水生生物特征

根据河流蜿蜒度、河流比降、断流风险等指标，可以将海河流域河段划分为15种河段类型区（表5-5）。表5-6统计了海河流域各河流类型区的水质，以及鱼类、底栖动物等水生生物特征，主要是根据各河流类型区的所有样点进行平均计算。103、203、303河流类型为高风险断流，即常年断流河流，无采样点分布；122、222、322河流类型为季节断流河流，暂无采样点分布。表5-6包括的水质指标有 DO、EC、NH_4^+-N、TN、TP、COD，

鱼类和底栖动物指标有纲数、目数、科数、属数、种数，Shannon-Wiener 多样性指数和 Berger-Parker 优势度指数、底栖 EPT 分类单元比等。结果表明，低蜿蜒度急流季节断流河流、高蜿蜒度缓流常年有水河流中营养盐含量相对较低。中蜿蜒度急流季节断流河流中 COD 含量最高，高蜿蜒度缓流常年有水河流中 COD 含量最高。低蜿蜒度急流常年有水河流、高蜿蜒度缓流季节断流河流、中蜿蜒度急流常年有水河流鱼类和底栖动物的科数、属数、种数相对较多。中蜿蜒度缓流常年有水河流、中蜿蜒度急流常年有水河流、低蜿蜒度缓流常年有水河流中鱼类 Shannon-Wiener 多样性指数最高。高蜿蜒度缓流常年有水河流、中蜿蜒度缓流常年有水河流中底栖动物 Shannon-Wiener 多样性指数最高。高蜿蜒度缓流常年有水河流、低蜿蜒度缓流常年有水河流中底栖动物 EPT 属级分类单元比最高，表明水质相对较好。

表 5-5　海河流域河流类型名称及各指标平均值

河流类型编码	河流类型名称	蜿蜒度	比降	断流风险
111	低蜿蜒度急流常年有水河流	1.0155	0.0448	低风险断流
112	低蜿蜒度缓流季节断流河流	1.0160	0.0454	中风险断流
121	低蜿蜒度急流常年有水河流	1.0210	0.0011	低风险断流
122	低蜿蜒度急流季节断流河流	1.0496	0.0011	中风险断流
103	低蜿蜒度常年断流河流	1.0167		高风险断流
211	中蜿蜒度缓流常年有水河流	1.0923	0.0329	低风险断流
212	中蜿蜒度缓流季节断流河流	1.0923	0.0261	中风险断流
221	中蜿蜒度急流常年有水河流	1.0884	0.0019	低风险断流
222	中蜿蜒度急流季节断流河流	1.0891	0.0015	中风险断流
203	中蜿蜒度常年断流河流	1.0907		高风险断流
311	高蜿蜒度缓流常年有水河流	1.4206	0.0256	低风险断流
312	高蜿蜒度缓流季节断流河流	1.3608	0.0402	中风险断流
321	高蜿蜒度急流常年有水河流	1.3040	0.0021	低风险断流
322	高蜿蜒度急流季节断流河流	1.2589	0.0014	中风险断流
303	高蜿蜒度常年断流河流	1.3786		高风险断流

表5-6 海河流域河流类型水质和水生生物特征

河流类型编码	DO/(mg/L)	电导率/(μs/cm)	NH_4^+-N/(mg/L)	TN/(mg/L)	TP/(mg/L)	COD/(mg/L)	鱼类目数	鱼类科数	鱼类属数	鱼类种数	鱼类Berger-Parker优势度指数	鱼类Shannon-Wiener多样性指数	底栖动物纲数	底栖动物目数	底栖动物科数	底栖动物属数	底栖动物EPT属级分类单元比	底栖动物Shannon-Wiener多样性指数
111	8.07	563.59	0.73	5.39	2.93	58	6	10	26	33	0.425	1.603	6	19	57	107	0.89	1.060
112	9.50	1595.20	0.33	6.03	0.87	48	2	4	7	7	0.44	1.241	5	10	20	23	0.25	0.884
121	9.45	529.79	0.37	7.47	1.82	32	2	4	15	18	0.287	1.734	6	16	42	51	3.86	1.267
122	季节断流河流类型,采样时无水																	
103	高风险断流河流类型,采样时无水																	
211	9.30	1403.26	0.48	7.00	2.21	50	4	6	24	26	0.305	1.894	7	21	57	88	2.14	1.174
212	5.56	2241.25	0.90	9.86	1.84	108	2	5	7	7	0.895	0.337	5	7	10	15	0	0.696
221	9.58	433.50	0.40	5.12	2.78	40	1	2	4	5	0.282	2.007	6	12	25	30	2.40	1.577
222	季节断流河流类型,采样时无水																	
203	高风险断流河流类型,采样时无水																	
311	9.18	1168.29	0.51	6.41	1.92	50	3	6	24	31	0.51	1.359	7	21	76	142	2.10	1.226
312	7.18	919.17	0.33	6.40	1.39	42	1	2	7	7	0.485	1.358	6	14	37	45	1	1.274
321	9.23	610.29	0.48	5.20	0.87	15	4	6	11	13	0.464	1.428	6	14	33	41	3	1.763
322	季节断流河流类型,采样时无水																	
303	高风险断流河流类型,采样时无水																	

5.3.2 河流健康综合评价

海河流域河流可以划分为 15 种类型。我们评价了采样点大于 5 个的河流类型春季、秋季综合健康状况。春季，分别评价了 111、121、211、221、321 河流类型；秋季，除了上述河流类型外，还评价了 322 河流类型。

结果表明，海河流域河流秋季综合健康状况较春季略好 ［图 5-77（a）、图 5-77（b）］。春季，无"优秀"健康等级的河流类型，且"良好"健康等级的比例较小，仅存在于 321 河流类型。"极差"健康等级分布在 121、221、321 河流类型。121 河流类型健康状况最差，平均健康等级为"差"，且"极差"健康等级所占比例相对最大 ［图 5-77（a）］。

秋季，"差"和"极差"健康等级所占比例均小于春季，且 111、121、221、321 河流类型中"良好"健康等级所占比例大于春季，无"优秀"健康等级的河流类型。111 河流类型的平均健康等级在 6 种河流类型中相对最好，"良好"健康等级所占比例最大；211 河流类型的平均健康等级相对最差，"差"健康等级所占比例最大 ［图 5-77（b）］。

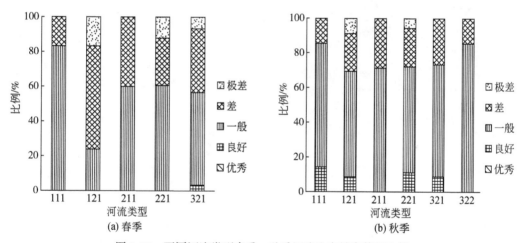

图 5-77　不同河流类型春季、秋季河流生态健康等级比例

111 是低蜿蜒度急流常年有水河流，121 是低蜿蜒度缓流常年有水河流，211 是中蜿蜒度急流常年有水河流，221 是中蜿蜒度缓流常年有水河流，321 是高蜿蜒度缓流常年有水河流，322 是高蜿蜒度缓流季节断流河流

5.4　河流生态系统健康报告卡

河流生态健康报告卡可以清晰、直观地将大量复杂的信息传递给大众，可以为河流生态监控和民众沟通提供框架，能识别区域水河流态需要集中解决的关键问题。因此，生态健康报告卡是评估区域河流生态健康的重要工具，在美国旧金山湾（San Francisco Bay）、切萨皮克湾（Chesapeake Bay），以及澳大利亚莫顿湾（Morton Bay）、吉普斯兰湖（Gippsland Lake）、大堡礁（Great Barrier Reef）等地受到广泛应用。

本节制作了海河流域河流生态系统健康评估报告卡。介绍了河流生态系统健康的概念与海河流域概况，展示了海河流域河流生态系统健康评价的采样点、采样方法、评估步骤、评价指标、评价等级、评估结果及主要结论等。报告卡既有采样图片，又有评价结果展示，能清晰、直观地展示海河流域河流生态健康评价成果，为民众了解该流域概况及河流生态系统健康状况提供了窗口和途径（图5-78）。

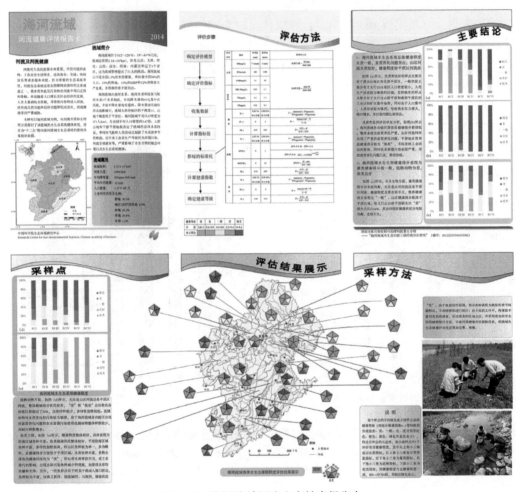

图5-78　海河流域河流生态健康报告卡

第6章 | 海河流域河流鱼类保护目标及策略

6.1 鱼类区系及研究概况

6.1.1 鱼类区系

生物区系是指在一定的地域中（同一环境或地理区域）生物的全体种类，而动物区系严格地指在一定历史条件下形成的适应某种自然环境的动物群，由分布范围大体一致的许多动物种组成。就鱼类而言，在没有外界因素干扰条件下，不同水体中的鱼类物种组成与水域的自然环境是相适应的，各水体中的鱼类具有独特的地理和历史标志（李晓杰，2017）。因此，鱼类区系指的是因鱼类物种起源、迁徙和鱼类形态学适应于形成它的环境及其栖息环境的特征（傅萃长，2003），是在不同鱼类种群的相互联系及其环境条件综合因子的长期影响和适应过程中逐渐形成的（黄亮亮，2008；宁平等，2008）。对鱼类区系的特征与划分等进行研究不仅可以为一个地区鱼类种类自然分布和起源、鱼类地理区划、河流水系等的研究提供基础资料，还可以帮助了解不同鱼类对栖息环境的适应性生物学和生态学特征，从而为该地区鱼类资源的开发、利用及保护提供依据（许宝红等，2007）。

鱼类区系的种类组成，主要受鱼类的物种来源和生存条件两个因素制约。物种在某些特定区域能够生存至今，充分说明了分布区内具备物种所要求的生存条件（李金平和郑慈英，1998）。鱼类物种的来源，一部分由物种的起源中心迁入到现存地区，另一部分由部分物种的分化而来。在一定空间范围内，多样的生存环境往往会导致不同生态环境中鱼类物种和生态类型的多样性（吕彬彬，2012）；而在较大空间尺度上，地域差异会引起更加显著的生存环境变化，从而导致鱼类群落构成和生态类型产生更大级别的差异。另外，近年来随着放生等引起的生物入侵、污水排放等人类活动引起的环境恶化也导致我国不同流域鱼类区系发生变化（李晓杰，2017）。

在世界动物地理区划中，我国隶属于东洋区和古北区（陈宜瑜和曹文宣，1986）。在此基础上，许多鱼类学家从历史发展角度出发，以区系发育在时间和空间上的相互联系为基准，对我国鱼类地理区划进行了较为深入的研究（张鹗和陈宜瑜，1997；陈宜瑜和曹文宣，1986）。20世纪50年代，我国淡水鱼类分布被划分为黑龙江、西北高原、江河平原、东洋区和怒澜区五个区（张春霖，1954）；80年代，进一步划分为北方（山麓）区、华西（中亚高原）区、宁蒙（高原）区、华东（江河平原）区、华南（东洋）区五个区和21个亚区，并对区和亚区间鱼类组成和分布特点进行了比较（李思忠，1981）；而在大约同一时期，结合动物区系复合体的概念，史为良（1985）认为我国淡水鱼类主要由中国平原、南方平原、南方山地、中亚山地、北方平原、晚第三纪早期、北方山地和北极淡水8个区系复合体构成。

海河流域鱼类组成比较复杂，分布范围相当广泛，早在1954年该流域的鱼类区系被认为属江河平原区系，跨越西北高原区，具有从南到北过渡性的特点（张春霖，1954）。随后，该流域的鱼类区系被认为大致由四个区系复合体构成：①江河平原复合体，指海河水系中的草鱼（*Ctenopharyngodon idellus*）、鲢鱼（*Hypophthalmichthys molitrix*）、麦穗鱼、北京鳊（*Parabramis pekinensis*）等数量较多的种类；②南方热带复合体，指的是原在印度平原热带和亚热带地区，生活于水草丛中，但不善于游泳且能耐氧的大多数鱼类，包括斗鱼、刺鳅、黄鳝（*Monopterus albus*）、乌鳢、黄颡鱼（*Pelteobagrus fulvidraco*）等；③古代第三纪区系复合体，指第三纪中新世以前残留下来的鱼类，包括鲤（*Cyprinus carpio*）、鲫鱼（*Carassius auratus*）、赤眼鳟（*Squaliobarbus curriculus*）、鲶鱼（*Silurus asotus*）、泥鳅（*Misgurnus anguillicaudatus*）等；④海水复合体，指银鱼、鳗鲡等北温带近海鱼类（刘修业等，1981）。

6.1.2 研究概况

海河流域鱼类群落的结构组成调查始于1887年，可以分为3个时间阶段。20世纪30年代以前，经过先后多次调查和数据的整理，发现河北省淡水鱼类共有75种（周汉藩和张春霖，1934；Mori，1934），调查区域主要在直隶省（Von Mollendorff，1887）、天津市内的白河（Abbott and Drake，1901）、河北省内的部分河流（寿振黄和张春霖，1931）。20世纪30~80年代，整理发现河北省已知淡水鱼类共118种，隶属于13目25科（李国良，1986），主要集中在海河水系（刘修业等，1981）和白洋淀（王所安和顾景龄，1981；郑葆珊等，1960；黄明显等，1959）、怀柔水库（张春生和施辉，1985）、滦河（王所安等，1985）和永定河（王所安等，1985）。

20世纪90年代以后，海河流域鱼类研究开始从鱼类群落构成研究向鱼类多样性研究与保护领域延伸。经过整理，共发现海河流域淡水鱼类共109种，隶属于11目21科（表6-1）。其中，以鲤形目种类最多，共79种，占鱼类总数的72.48%；鲈形目次之，共15种，占鱼类总数的13.76%；而胡瓜鱼目、刺鱼目、鲟形目、鲻形目、鲇形目仅各有1种（图6-1）。另外，共有47种鱼类仅在所有记录中出现1次，包括一些引殖鱼类，如虹鳟（*Oncorhynchus mykiss*）、尼罗罗非鱼（*Oreochromis niloticus*）和革胡子鲇（*Clarias gariepinus*）；以及位于江河入海处咸淡水水域的鱼类，如鲛鱼（*Liza haematocheila*）等。

表6-1 海河流域鱼类名录（1990~2018年）

序号	目	科	种	拉丁种名	记录分布
1	胡瓜鱼目	胡瓜鱼科	池沼公鱼	*Hypomesus olidus*	怀沙-怀九河（⑧）；北京及其邻近地区（⑪）；滦河（⑭）
2	鲑形目	鲑科	虹鳟	*Oncorhynchus mykiss*	怀沙-怀九河（⑧）；北京及其邻近地区（⑪）

续表

序号	目	科	种	拉丁种名	记录分布
3	鲑形目	银鱼科	大银鱼	*Protosalanx hyalocranius*	白洋淀（②）；桃林口水库水系（⑫）；山西境内桑干河、滹沱河和漳河（⑬）
4	鲤形目	鲤科	中华细鲫	*Aphyocypris chinensis*	滦河（⑭）
5	鲤形目	鲤科	马口鱼	*Opsariichthys bidens*	漳卫运河（①）；滹沱河（④）；怀沙-怀九河（⑧）；白洋淀（⑩）；北京及其邻近地区（⑪）；桃林口水库水系（⑫）；山西境内桑干河、滹沱河和漳河（⑬）；滦河（⑭）
6	鲤形目	鲤科	宽鳍鱲	*Zacco platypus*	怀沙-怀九河（⑧）；拒马河北京段（⑨）；北京及其邻近地区（⑪）；桃林口水库水系（⑫）；滦河（⑭）
7	鲤形目	鲤科	草鱼	*Ctenopharyngodon idellus*	漳卫运河（①）；白洋淀（②、⑤、⑩）；于桥水库（③）；衡水湖（⑥、⑦）；北京及其邻近地区（⑪）；桃林口水库水系（⑫）；山西境内桑干河、滹沱河和漳河（⑬）
8	鲤形目	鲤科	青鱼	*Mylopharyngodon piceus*	山西境内桑干河、滹沱河和漳河（⑬）
9	鲤形目	鲤科	洛氏鱥	*Phoxinus lagowskii*	拒马河北京段（⑨）；北京及其邻近地区（⑪）；桃林口水库水系（⑫）；山西境内桑干河、滹沱河和漳河（⑬）；滦河（⑭）
10	鲤形目	鲤科	尖头鱥	*Phoxinus oxycephalus*	怀沙-怀九河（⑧）；北京及其邻近地区（⑪）
11	鲤形目	鲤科	花江鱥	*Phoxinus czekanowskii*	拒马河北京段（⑨）
12	鲤形目	鲤科	瓦氏雅罗鱼	*Leuciscus waleckii*	山西境内桑干河、滹沱河和漳河（⑬）；滦河（⑭）
13	鲤形目	鲤科	鳡鱼	*Elopichthys bambusa*	于桥水库（③）
14	鲤形目	鲤科	赤眼鳟	*Squaliobarbus curriculus*	桃林口水库水系（⑫）；山西境内桑干河、滹沱河和漳河（⑬）
15	鲤形目	鲤科	贝氏鳘	*Hemiculter bleekeri*	漳卫运河（①）；滹沱河（④）；白洋淀（⑤）；衡水湖（⑥、⑦）
16	鲤形目	鲤科	鳘	*Hemiculter leucisculus*	漳卫运河（①）；白洋淀（②、⑤、⑩）；滹沱河（④）；于桥水库（③）；衡水湖（⑥、⑦）；拒马河北京段（⑨）；北京及其邻近地区（⑪）；桃林口水库水系（⑫）；山西境内桑干河、滹沱河和漳河（⑬）；滦河（⑭）
17	鲤形目	鲤科	红鳍原鲌	*Cultrichthys erythropterus*	漳卫运河（①）；白洋淀（②）；滹沱河（④）；于桥水库（③）；衡水湖（⑥、⑦）；北京及其邻近地区（⑪）；桃林口水库水系（⑫）；山西境内桑干河、滹沱河和漳河（⑬）；滦河（⑭）

序号	目	科	种	拉丁种名	记录分布
18	鲤形目	鲤科	蒙古鲌	*Cultrichthys mongolicus*	滹沱河（④）
19	鲤形目	鲤科	戴氏鲌	*Cultrichthys dabryi*	于桥水库（③）；北京及其邻近地区（⑪）
20	鲤形目	鲤科	翘嘴鲌	*Cultrichthys alburnus*	于桥水库（③）；白洋淀（⑤）；北京及其邻近地区（⑪）；山西境内桑干河、滹沱河和漳河（⑬）；滦河（⑭）
21	鲤形目	鲤科	北京鳊	*Parabramis pekinensis*	滹沱河（④）；白洋淀（⑤）；衡水湖（⑥、⑦）；北京及其邻近地区（⑪）
22	鲤形目	鲤科	三角鲂	*Megalobrama terminalis*	白洋淀（⑤）；桃林口水库水系（⑫）
23	鲤形目	鲤科	团头鲂	*Megalobrama amblycephala*	滹沱河（④）；于桥水库（③）；衡水湖（⑥、⑦）；北京及其邻近地区（⑪）；山西境内桑干河、滹沱河和漳河（⑬）
24	鲤形目	鲤科	银鲴	*Xenocypris argentea*	滹沱河（④）
25	鲤形目	鲤科	鳙	*Aristichthys nobilis*	滹沱河（④）；于桥水库（③）；白洋淀（⑤、⑩）；衡水湖（⑥、⑦）；北京及其邻近地区（⑪）；桃林口水库水系（⑫）；山西境内桑干河、滹沱河和漳河（⑬）
26	鲤形目	鲤科	鲢鱼	*Hypophthalmichthys molitrix*	漳卫运河（①）；白洋淀（②、⑤、⑩）；滹沱河（④）；于桥水库（③）；衡水湖（⑥、⑦）；北京及其邻近地区（⑪）；桃林口水库水系（⑫）；山西境内桑干河、滹沱河和漳河（⑬）
27	鲤形目	鲤科	花鲭	*Hemibarbus maculatus*	白洋淀（②、⑤）；衡水湖（⑥、⑦）；桃林口水库水系（⑫）；山西境内桑干河、滹沱河和漳河（⑬）
28	鲤形目	鲤科	似白鮈	*Paraleucogobio notacantus*	滹沱河（④）
29	鲤形目	鲤科	麦穗鱼	*Pseudorasbora parva*	漳卫运河（①）；白洋淀（②、⑤、⑩）；滹沱河（④）；于桥水库（③）；衡水湖（⑥、⑦）；怀沙-怀九河（⑧）；拒马河北京段（⑨）；桃林口水库水系（⑫）；山西境内桑干河、滹沱河和漳河（⑬）；滦河（⑭）
30	鲤形目	鲤科	长麦穗鱼	*Pseudorasbora elongata*	山西境内桑干河、滹沱河和漳河（⑬）
31	鲤形目	鲤科	华鳈	*Sarcocheilichthys sinensis*	北京及其邻近地区（⑪）
32	鲤形目	鲤科	黑鳍鳈	*Sarcocheilichthys nigripinnis*	白洋淀（②、⑤）；衡水湖（⑦）；怀沙-怀九河（⑧）；拒马河北京段（⑨）；北京及其邻近地区（⑪）；滦河（⑭）
33	鲤形目	鲤科	清徐胡鮈	*Huigobio chinssuensis*	怀沙-怀九河（⑧）；滦河（⑭）

续表

序号	目	科	种	拉丁种名	记录分布
34	鲤形目	鲤科	兴凯银鮈	*Squalidus chankaensis*	滦河（⑭）
35	鲤形目	鲤科	点纹银鮈	*Squalidus wolterstorffi*	北京及其邻近地区（⑪）
36	鲤形目	鲤科	中间银鮈	*Squalidus intermedius*	北京及其邻近地区（⑪）
37	鲤形目	鲤科	细体鮈	*Gobio tenuicorpus*	滦河（⑭）
38	鲤形目	鲤科	凌源鮈	*Gobio lingyuanensis*	滦河（⑭）
39	鲤形目	鲤科	棒花鮈	*Gobio rivuloides*	北京及其邻近地区（⑪）；桃林口水库水系（⑫）；滦河（⑭）
40	鲤形目	鲤科	黄河鮈	*Gobio huanghensis*	山西境内桑干河、滹沱河和漳河（⑬）
41	鲤形目	鲤科	似铜鮈	*Gobio coriparoides*	怀沙-怀九河（⑧）
42	鲤形目	鲤科	鸭绿小鳔鮈	*Microphysogobio yaluensis*	北京及其邻近地区（⑪）
43	鲤形目	鲤科	凌河小鳔鮈	*Microphysogobio linghensis*	北京及其邻近地区（⑪）
44	鲤形目	鲤科	点纹颌须鮈	*Gnathopogon wolterstorffi*	拒马河北京段（⑨）；桃林口水库水系（⑫）
45	鲤形目	鲤科	东北颌须鮈	*Gnathopogon mantschuricus*	怀沙-怀九河（⑧）；拒马河北京段（⑨）；北京及其邻近地区（⑪）
46	鲤形目	鲤科	银色颌须鮈	*Gnathopogon argentatus*	漳卫运河（①）
47	鲤形目	鲤科	济南颌须鮈	*Gnathopogon tsinanensis*	山西境内桑干河、滹沱河和漳河（⑬）
48	鲤形目	鲤科	蛇鮈	*Saurogobio dabryi*	衡水湖（⑦）
49	鲤形目	鲤科	棒花鱼	*Abbottina rivularis*	漳卫运河（①）；白洋淀（②、⑤）；于桥水库（③）；衡水湖（⑥、⑦）；怀沙-怀九河（⑧）；拒马河北京段（⑨）；北京及其邻近地区（⑪）；桃林口水库水系（⑫）；山西境内桑干河、滹沱河和漳河（⑬）；滦河（⑭）
50	鲤形目	鲤科	鳅鮀	*Gobiobotia pappenheimi*	桃林口水库水系（⑫）
51	鲤形目	鲤科	兴凯鱊	*Acheilognathus chankaensis*	于桥水库（③）；怀沙-怀九河（⑧）；北京及其邻近地区（⑪）；滦河（⑭）
52	鲤形目	鲤科	大鳍鱊	*Acheilognathus macropterus*	北京及其邻近地区（⑪）；滦河（⑭）
53	鲤形目	鲤科	无须鱊	*Acheilognathus gracilis*	于桥水库（③）
54	鲤形目	鲤科	短须鱊	*Acheilognathus barbatulus*	北京及其邻近地区（⑪）
55	鲤形目	鲤科	黑龙江鳑鲏	*Rhodeus sericeus*	山西境内桑干河、滹沱河和漳河（⑬）
56	鲤形目	鲤科	中华鳑鲏	*Rhodeus sinensis*	于桥水库（③）；白洋淀（⑤、⑩）；衡水湖（⑦）；拒马河北京段（⑨）；山西境内桑干河、滹沱河和漳河（⑬）；滦河（⑭）

序号	目	科	种	拉丁种名	记录分布
57	鲤形目	鲤科	彩石鳑鲏	*Rhodeus lighti*	白洋淀（②）；怀沙-怀九河（⑧）；北京及其邻近地区（⑪）；滦河（⑭）
58	鲤形目	鲤科	高体鳑鲏	*Rhodeus ocellatus*	北京及其邻近地区（⑪）；滦河（⑭）
59	鲤形目	鲤科	黑臀刺鳑鲏	*Acanthoshodens atranalis*	白洋淀（⑤、⑩）；衡水湖（⑦）
60	鲤形目	鲤科	越南刺鳑鲏	*Acanthoshodens tonkinensis*	漳卫运河（①）；白洋淀（⑤）
61	鲤形目	鲤科	逆鱼	*Acanthobrama simoni*	漳卫运河（①）
62	鲤形目	鲤科	鲤	*Cyprinus carpio*	漳卫运河（①）；白洋淀（②、⑤、⑩）；滹沱河（④）；于桥水库（③）；衡水湖（⑥、⑦）；北京及其邻近地区（⑪）；桃林口水库水系（⑫）；山西境内桑干河、滹沱河和漳河（⑬）；滦河（⑭）
63	鲤形目	鲤科	鲫	*Carassius auratus*	漳卫运河（①）；白洋淀（②、⑤、⑩）；滹沱河（④）；于桥水库（③）；衡水湖（⑥、⑦）；怀沙-怀九河（⑧）；拒马河北京段（⑨）；北京及其邻近地区（⑪）；桃林口水库水系（⑫）；山西境内桑干河、滹沱河和漳河（⑬）；滦河（⑭）
64	鲤形目	脂鲤科	短盖巨脂鲤	*Colossoma brachypomum*	白洋淀（⑤）
65	鲤形目	鳅科	北鳅	*Lefua costata*	拒马河北京段（⑨）；桃林口水库水系（⑫）；山西境内桑干河、滹沱河和漳河（⑬）；滦河（⑭）
66	鲤形目	鳅科	北方须鳅	*Barbatula nuda*	怀沙-怀九河（⑧）；拒马河北京段（⑨）；北京及其邻近地区（⑪）；滦河（⑭）
67	鲤形目	鳅科	粗壮高原鳅	*Triplophysa robusta*	山西境内桑干河、滹沱河和漳河（⑬）
68	鲤形目	鳅科	达里湖高原鳅	*Triplophysa dalaica*	北京及其邻近地区（⑪）；山西境内桑干河、滹沱河和漳河（⑬）
69	鲤形目	鳅科	安氏高原鳅	*Triplophysa angeli*	山西境内桑干河、滹沱河和漳河（⑬）
70	鲤形目	鳅科	短尾高原鳅	*Trilophysa brevicauda*	山西境内桑干河、滹沱河和漳河（⑬）
71	鲤形目	鳅科	酒泉高原鳅	*Trilophysa hsutschouensi*	山西境内桑干河、滹沱河和漳河（⑬）
72	鲤形目	鳅科	武威高原鳅	*Trilophysa wuweiensis*	山西境内桑干河、滹沱河和漳河（⑬）
73	鲤形目	鳅科	隆头高原鳅	*Triplophysa alticeps*	山西境内桑干河、滹沱河和漳河（⑬）
74	鲤形目	鳅科	尖头高原鳅	*Trilophysa cuneicephala*	滦河（⑭）北京及其近临地区⑪
75	鲤形目	鳅科	北方花鳅	*Cobitis granoci*	怀沙-怀九河（⑧）；滦河（⑭）
76	鲤形目	鳅科	花鳅	*Cobitis taenia*	白洋淀（②）；桃林口水库水系（⑫）

续表

序号	目	科	种	拉丁种名	记录分布
77	鲤形目	鳅科	中华花鳅	*Cobitis sinensis*	衡水湖（⑦）；拒马河北京段（⑨）；北京及其邻近地区（⑪）
78	鲤形目	鳅科	北方泥鳅	*Misgurnus bipartitus*	山西境内桑干河、滹沱河和漳河（⑬）
79	鲤形目	鳅科	泥鳅	*Misgurnus anguilicaudatus*	漳卫运河（①）；白洋淀（②、⑤、⑩）；于桥水库（③）；衡水湖（⑥、⑦）；怀沙-怀九河（⑧）；拒马河北京段（⑨）；北京及其邻近地区（⑪）；桃林口水库水系（⑫）；山西境内桑干河、滹沱河和漳河（⑬）；滦河（⑭）
80	鲤形目	鳅科	北方条鳅	*Nemacheilus toni*	桃林口水库水系（⑫）
81	鲤形目	鳅科	大鳞副泥鳅	*Paramisgurnus dabryanus*	白洋淀（②、⑤、⑩）；衡水湖（⑥、⑦）；拒马河北京段（⑨）；山西境内桑干河、滹沱河和漳河（⑬）；滦河（⑭）
82	鲤形目	鳅科	黄沙鳅	*Botia xanthi*	漳卫运河（①）
83	鲇形目	鲇科	鲇	*Parasilurus asotus*	漳卫运河（①）；白洋淀（②、⑤、⑩）；滹沱河（④）；于桥水库（③）；衡水湖（⑥、⑦）；怀沙-怀九河（⑧）；拒马河北京段（⑨）；北京及其邻近地区（⑪）；桃林口水库水系（⑫）；山西境内桑干河、滹沱河和漳河（⑬）；滦河（⑭）
84	鲇形目	胡子鲇科	革胡子鲇	*Clarias gariepinus*	山西境内桑干河、滹沱河和漳河（⑬）
85	鲇形目	鲿科	黄颡鱼	*Pelteobagrus fulvidraco*	白洋淀（②、⑤、⑩）；滹沱河（④）；于桥水库（③）；衡水湖（⑥、⑦）；怀沙-怀九河（⑧）；拒马河北京段（⑨）；北京及其邻近地区（⑪）；桃林口水库水系（⑫）；山西境内桑干河、滹沱河和漳河（⑬）；滦河（⑭）
86	鲇形目	鲿科	瓦氏黄颡鱼	*Pelteobagrus vachelli*	白洋淀（⑤）；拒马河北京段（⑨）；北京及其邻近地区（⑪）
87	鲇形目	鲿科	乌苏里拟鲿	*Pseudobagrus ussuriensis*	白洋淀（⑤）；衡水湖（⑥、⑦）；拒马河北京段（⑨）；北京及其邻近地区（⑪）；山西境内桑干河、滹沱河和漳河（⑬）；滦河（⑭）
88	鲇形目	鲿科	盎堂拟鲿	*Pseudobagrus ondon*	山西境内桑干河、滹沱河和漳河（⑬）
89	刺鱼目	刺鱼科	中华多刺鱼	*Pungitius sinensis*	于桥水库（③）；怀沙-怀九河（⑧）；北京及其邻近地区（⑪）；滦河（⑭）
90	鳉形目	鳉科	青鳉	*Oryzias latipes*	白洋淀（②、⑤、⑩）；衡水湖（⑥、⑦）；怀沙-怀九河（⑧）；北京及其邻近地区（⑪）；滦河（⑭）

序号	目	科	种	拉丁种名	记录分布
91	鲻形目	鲻科	鲛鱼	*Liza haematocheila*	滦河（⑭）
92	合鳃目	合鳃科	黄鳝	*Monopterus albus*	白洋淀（②、⑤、⑩）；于桥水库（③）；衡水湖（⑥、⑦）；北京及其邻近地区（⑪）；桃林口水库水系（⑫）
93	合鳃目	刺鳅科	中华刺鳅	*Sinobdella sinensis*	白洋淀（②、⑤、⑩）；于桥水库（③）；怀沙-怀九河（⑧）；拒马河北京段（⑨）；衡水湖（⑥、⑦）；北京及其邻近地区（⑪）；滦河（⑭）
94	鲈形目	鳢科	乌鳢	*Channa argus*	白洋淀（②、⑤、⑩）；于桥水库（③）；衡水湖（⑥、⑦）；北京及其邻近地区（⑪）；滦河（⑭）
95	鲈形目	鮨科	鳜	*Siniperca chuatsi*	于桥水库（③）；白洋淀（⑤）；衡水湖（⑥、⑦）
96	鲈形目	鮨科	大眼鳜	*Siniperca kneri*	衡水湖（⑦）
97	鲈形目	丽鱼科	尼罗罗非鱼	*Oreochromis niloticus*	衡水湖（⑥、⑦）；滦河（⑭）
99	鲈形目	虾虎鱼科	褐吻虾虎鱼	*Rhinogobius brunneus*	滦河（⑭）
100	鲈形目	虾虎鱼科	子陵吻虾虎鱼	*Rhinogobius giurinus*	白洋淀（②、⑤、⑩）；于桥水库（③）；衡水湖（⑦）；怀沙-怀九河（⑧）；拒马河北京段（⑨）；北京及其邻近地区（⑪）；山西境内桑干河、滹沱河和漳河（⑬）；滦河（⑭）
101	鲈形目	虾虎鱼科	普氏吻虾虎鱼	*Rhinogobius pflaumi*	滦河（⑭）
102	鲈形目	虾虎鱼科	波氏吻虾虎鱼	*Rhinogobius cliffordpopei*	北京及其邻近地区（⑪）；山西境内桑干河、滹沱河和漳河（⑬）；滦河（⑭）
103	鲈形目	虾虎鱼科	黄带克丽虾虎鱼	*Chloea laevis*	滦河（⑭）
104	鲈形目	虾虎鱼科	纹缟虾虎鱼	*Tridentiger trigonocephalus*	滦河（⑭）
105	鲈形目	虾虎鱼科	普氏细棘虾虎鱼	*Acanthogobius pflaumi*	桃林口水库水系（⑫）
106	鲈形目	虾虎鱼科	黄鳍刺虾虎鱼	*Acanthogobius flavimanus*	滦河（⑭）
107	鲈形目	塘鳢科	黄黝鱼	*Hypseleotris swinhonis*	白洋淀（②、⑤、⑩）；衡水湖（⑥、⑦）；怀沙-怀九河（⑧）；拒马河北京段（⑨）；山西境内桑干河、滹沱河和漳河（⑬）；滦河（⑭）
108	鲈形目	塘鳢科	小黄黝鱼	*Micropercops swinhonis*	北京及其邻近地区（⑪）

序号	目	科	种	拉丁种名	记录分布
109	鲈形目	丝足鲈科	圆尾斗鱼	*Macropodus chinensis*	白洋淀（②、⑤、⑩）；于桥水库（③）；衡水湖（⑥、⑦）；拒马河北京段（⑨）；北京及其邻近地区（⑪）；滦河（⑭）
110	鲉形目	牛尾鱼科	鲬鱼	*Platycephalus indicus*	滦河（⑭）

注：①-曹玉萍和王所安，1990；②-韩希福等，1991；③-李明德和杨竹舫，1991；④-王安利，1991；⑤-曹玉萍等，2003a；⑥-曹玉萍，2003b；⑦-韩九皋，2007；⑧-邢迎春等，2007；⑨-杨文波等，2008；⑩-谢松和贺华东，2010；⑪-张春光等，2011；⑫-周勇等，2013；⑬-朱国清等，2014；⑭-王晓宁等，2018。

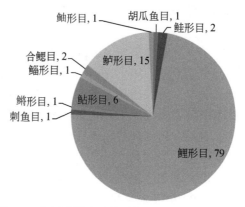

图 6-1　海河流域鱼类物种构成（1990～2018 年）

6.2　鱼类保护的科学意义

6.2.1　鱼类区系的保护意义

20 世纪 50 年代，海河流域鱼类资源相当丰富，白洋淀、胜芳等地都享有"鱼米之乡"的美称。然而，80 年代以后，海河流域的土著鱼类物种多样性急剧减少，鱼类资源和鱼类多样性明显下降的原因主要包括自然降水减少和持续干旱引起的水域面积减小、兴修水利和水资源分布不均产生的河道干涸和自然水域改变、城市化建设和人类活动导致的水环境质量严重下降等（郭斌和王立明，2011；张春光等，2011）。海河流域鱼类多样性的历史与现状比较说明海河流域鱼类已经受到了严重的影响，具体表现为耐污杂食性鱼类（如鲫鱼、麦穗鱼）成为优势种，天然鱼类资源几乎消失殆尽（郭斌和王立明，2011）；在大量土著鱼类消失、物种组成异质性降低、物种多样性减少。北京及其邻近山区的鱼类物种从目到种各分类阶元的消失率均超过 40%，原生野生鱼类的消失率更是接近 50%（张春光等，2011）。因此，维持海河流域内的鱼类区系、保护和恢复该流域的鱼类资源和鱼类多样性极为迫切。

海河流域鱼类多属于江河平原区系，广布种较多，如马口鱼（*Opsariichthys bidens*）、宽鳍鱲（*Zacco platypus*）、棒花鱼、麦穗鱼、鲤（*Cyprinus carpio*）、鲫、中华花鳅（*Cobitis sinensis*）、泥鳅、子陵吻虾虎鱼（*Rhinogobius giurinus*）等，因而仅就这些广布种的鱼类区系而言，保护海河流域鱼类物种的意义并不突出。但是从整体来讲，海河流域鱼类区系具有从南向北过渡的特点，如细鳞鲑（*Brachymystax lenok*）、中华多刺鱼（*Pungitius sinensis*）、北方须鳅（*Barbatula nudus*）和高原鳅属（*Triplophysa*）等海河流域鱼类属于北部山地高原物种，这就突显了保护海河鱼类区系的重要性，从而保障鱼类群落从南至北区系的完整性。

6.2.2　鱼类资源的保护意义

鱼类资源是指天然水域中具有渔业开发利用价值的鱼类种类和数量。我国鱼类资源十分丰富，按地理分布可以区分为内陆土著淡水鱼类、过河口洄游性鱼类及河口半咸水鱼类、国外引进的养殖鱼类和沿海海水鱼类。具体来讲，我国内陆淡水鱼类共 804 种（陈宜瑜，1998；中国自然资源丛书编撰委员会，1995；朱松泉，1995），以几乎占所有淡水鱼类种数一半的鲤科鱼类为主，并且对当地自然环境具有高度适应性的特有鱼类非常多；过河口洄游性鱼类及河口半咸水鱼类共 238 种（中国自然资源丛书编撰委员会，1995），多分布在各江河水系下游河口水域，其中绝大多数过河口洄游性鱼类是具有较高经济价值的鱼类（唐启升，2011）；20 世纪 90 年代末，我国从国外引进尼罗罗非鱼、虹鳟等养殖鱼类 80 多种；沿海海水鱼类现有记录的有 1500 多种，鱼类种群组成主要为温带及亚热带鱼类，现有的经济型鱼类主要是中下层鱼类。

鱼类资源是一种再生资源，只要调节合理，资源数量将会始终处于动态平衡（傅剑夫，1996）。资源鱼类正常的生存繁殖、种群稳定性与较高的水生生物多样性和优质的生态环境密切相关（李渊等，2016；张建禄等，2016）。稳定的河流和湖库生态系统为资源鱼类生命周期的不同阶段提供了适当的栖息地（洄游和寄生物种的迁徙型鱼类除外）（Elliott et al.，2007），而这种动态平衡在近年来被破坏。随着我国经济社会的发展和人口的不断增长，在多种因素的影响下，我国自然水域生态环境不断恶化，部分水域生态荒漠化和富营养化程度呈现逐渐加重趋势，加之过度捕捞、外来物种入侵危害日益严重以及人工养殖和新种的引入等原因，导致大多数流域的鱼类总体资源衰退（Viana et al.，2012）；同时围湖造田、筑坝造成的江湖阻隔使半洄游性鱼类逐渐消失，许多河流和湖库的鱼类资源在逐渐下降，鱼类多样性不断降低，小型化、低龄化、杂鱼化的现象凸显（李杰钦，2013；黄玉瑶，1993）。

以水生生物为主体的水生态系统在维系自然界物质循环、净化环境、缓解温室效应等方面发挥着重要作用。而在所有水生生物中，鱼类是脊椎动物类群中多样性最高的类群，是与人类日常生活联系最密切的类群。在自然水生态系统中，鱼类群落与周围环境以及其他水生生物之间彼此依赖、互相作用，组成了一个内在组分联系密切而且相对稳定的系统结构（李晓杰，2017）。然而，这一系统常常因外界自然和人为影响而发生变化，从而引起鱼类群落结构和多样性在一定时空上产生变化，进而对其他水生生物的组成、分布、丰度、生物量等许多方面产生影响。例如，经典理论认为，鱼类群落在受到外界因素的严重干扰之前，会保持一种平衡状态，此时的鱼类群落会表现出一种内禀的物种多样性，当群落受到严重的人为干扰时，如过度捕捞，这种内禀的物种多样性将会丧失（Rice，2000）。因此，鱼类资源的利用不仅影响鱼类群落自身的种类和数量（杨剑等，2010），也会对整个水生态系统产生影响，这就凸显了鱼类资源保护不仅仅是单纯的物种保护工作，还涉及生态环境的整体保护，同时也是生物多样性保护工程的有机组成部分（严娟等，2018）。为了有效保护渔类资源，维护生态系统健康，渔业管理正在采取科学合理的渔业措施，也正在经历从单种类或多种类资源管理向基于生态系统的渔业管理模式的转变（姜亚洲2008）。总之，养护和合理利用鱼类资源不仅在研究鱼类起源及区系方面具有重要意义，而且在促进渔业可持续发展、维护国家生态安全方面也具有重要意义。

就海河流域而言，鱼类资源不仅有内陆淡水鱼，还有半咸水鱼和海水鱼（王所安等，2001；刘修业等，1981）。海河流域重要的淡水鱼类资源种群主要是草鱼、鲢鱼、鳙鱼（*Aristichthys nobilis*）、鲫鱼和鲤鱼等常见鲤科种类，其主产区和重要栖息地多分布在海河流域中下游河流以及大小湖库中；咸淡水鱼类主要是指各河口淡水与渤海咸水交汇区域的鱼类，种类十分丰富。然而，海河流域内部分自然水生态系统完全遭到破坏，如湖库水面承包给个人用于非生态养殖等活动给自然鱼类资源带来很大影响；另外，海河流域平均人口密度为 384 人/km²，其中平原地区平均人口密度为 608 人/km²（卢明龙，2010），鱼类资源市场需求较大。从以上两个方面可以看出，保护海河流域的鱼类资源非常急迫并具有重要的意义。

6.2.3　鱼类多样性的保护意义

生物多样性是由自然界所有生物（含动物、植物、微生物等）与其生存环境所构成的生态复合体，以及与之相关联的各类生态过程的总和。生物多样性是维持生态系统平衡和生产力持续发展的重要条件，也是人类赖以生存与持续发展的物质基础，因而具有极其重要的价值，具体表现为经济效益、社会效益和生态效益的统一，这关乎人类的生存与发展，其丰富程度也已成为衡量一个国家的综合实力和可持续发展能力的重要指标（彭隆，2014）。

近年来，生物多样性保护与可持续利用是全球环境保护的重点之一。2008 年，环境保护部联合中国科学院启动了《中国生物多样性红色名录》的编制工作，并分别在 2013 年9 月和 2015 年 5 月发布了《中国生物多样性红色名录—高等植物卷》和《中国生物多样性红色名录—脊椎动物卷》。每一物种的评估过程都是基于其地理分布、种群现状以及威胁因素等数据，因此《中国生物多样性红色名录》的编制完成推动了我国生物多样性保护与资源合理利用的研究工作，为政府部门制定物种保护政策和规划以及生物资源的合理利用等相关决策提供了重要的科学依据，同时为开展科学研究和普及教育提供了指导，这对我国生物多样性的保护与管理产生了深远的影响（臧春鑫等，2016）。

　　生物多样性包括遗传多样性、物种多样性、生态系统多样性等多个层次和水平，其中物种多样性是研究生态系统的基础，也是所有基本层次中最明显直观的（马克平，1993）。物种是生物多样性研究的主要对象，常见的物种对其群落的结构和功能至关重要，甚至可以显著影响生态系统功能（Gaston and Fulle，2007），因此对物种多样性科学本质与变化规律的深入探讨是整个生物多样性研究领域中的关键一环（周红章，2000）。在具体研究中，通常采用物种多样性指数（species diversity）来度量生物多样性以及反映时空分布特征，它包括丰富度指数、均匀度指数和多样性指数三个生态学参数，广泛地应用于群落结构变化以及生态系统环境质量评价等研究中（Gessner et al.，2004；尚占环等，2002）。

　　作为水生态系统食物链的重要环节，鱼类对其他水生生物种群的存在和丰富度有着重要作用，常常作为衡量一个地区水生态环境优劣的重要指示物种，也是衡量水域生态系统稳定的相对标志（郭斌等，2013；Whitfield and Harrison，2008）。因此，根据鱼类生存现状及濒危等级确定优先保护鱼类顺序，对保护生物多样性和水域生态系统多样性具有重要意义（王家楫等，2017）。我国鱼类物种多样性丰富，据《中国脊椎动物大全》（刘明玉等，2000）和《中国动物志》（李思忠等，1995）统计，现有鱼类3862种，占中国脊椎动物的60.8%，特有种属达404种；其中淡水（包括沿海河口）鱼类有1050种，隶属于18目52科。近年来，工业化程度的提高和人类活动的增加，导致了大范围的水质污染、围湖造田、筑坝、水位的波动；商业化捕捞、人工养殖、新种的引入以及全球变暖的变化，致使当前淡水鱼类多样性下降，物种衰减的总体趋势逐渐加剧（Viana et al.，2012）。目前，我国鱼类多样性保护与管理面临的问题主要是①濒危物种增多，生物多样性下降，如过去丰富的长江鲥鱼、黄河鲤、黄河刀鱼、中华鲟（Acipenser sinensis）、大麻哈鱼（Oncorhynchus keta）等近年来几乎或者面临野外的绝迹（傅萃长，2003）；②水质污染和水利工程等严重破坏了鱼类栖息地，如产卵场和索饵场；③外来物种严重威胁土著物种，如云南滇池原来的26种土著鱼类现在已很少发现；④鱼类转基因物种培育和引种繁殖水平的成熟导致原有鱼类种质处于退化过程中，遗传资源丧失。

　　与历史数据比较，海河流域近年来鱼类多样性降低表现在3个方面：①原生土著野生鱼类的消失率几乎接近50%，一些特有种和区域性代表种消失，如黄线薄鳅（Leptobotia flavolineata）、东方薄鳅（Leptobotia orientalis）（张春光等，2011）；②物种多样性降低，海河流域鱼类从目到种各分类阶元的消失率均超过40%，从20世纪80年代初至2010年，物种下降了30种左右，几乎平均每年减少1种（张春光等，2011），多数河流和湖库中的天然鱼类资源几乎消失殆尽，而耐污杂食性鱼类（如鲫鱼、麦穗鱼）成为优势种（郭斌和王立明，2011）；③气候变化、兴修水利、水资源调控不均致使海河流域河流和湖库生态系统的退化和丧失，造成一些在分布上具有特殊动物地理学意义物种的生境急剧缩小或丧失，如细鳞鲑、瓦氏雅罗鱼（Leuciscus waleckii）等。为了能使原有土著鱼类资源和鱼类多样性尽快得到有效的保护和恢复，海河流域应进一步加强渔政管理，包括对现有水生生物保护区的管理、筹建新的水生生物保护区、建立种质资源库、订立地方性水生野生动物保护名录、加强对水生野生动物保护的宣传教育、严控引入鱼种等。

6.3 优先保护的鱼类物种

6.3.1 优先保护物种的选择依据

在生态系统中，稀有种和濒危物种是最先也是最容易受到生存威胁的种类，它们种类或者数量的减少常常标志着其所在生态系统已经或者正在或者将会受到威胁，这是因为稀有种和濒危物种个体数量相对少、种群数量少且规模小、且分布范围狭窄，同时它们对环境的适应能力以及对外来入侵种的抵抗能力差。因此，保护稀有种和濒危物种是保护物种多样性、生态系统多样性以及生态安全最基本的工作（刘凤丽，2013）。

优先保护物种是指根据需要对物种保护的紧要程度加以区别，排出优先保护顺序，从而便于将有限的资源用于最应该保护的物种，或者使用有限的资源用于最多物种的保护（刘凤丽，2013）。因此，如何准确划分物种濒危程度和优先保护级别成为一个地区或一定区域进行物种保护的重要内容（何平等，2003；刘小雄等，2001）。《世界自然资源保护大纲》率先提出了确定优先保护物种顺序的方案（Lucas and Synge，1980），随后国际濒危物种等级新标准强调了量化指标（解焱和汪松，1995）。近年来，多个物种保护的成功案例证明了优先保护物种顺序的确定有助于合理利用有限的资源，减缓或遏制濒危物种的灭绝风险，增加其种群数量及种群规模，从而提高物种保护效率（陈瑞冰等，2015）。

物种生存现状及物种濒危等级是确定物种保护优先顺序和实施保护计划的科学依据，而不是取决于人类的喜好（范宇光和图力古尔，2008）。世界自然保护联盟（IUCN）先后拟定了定性分析确定保护顺序的方案和定量分析的国际濒危物种等级新标准（Lucas and Synge，1980）。优先保护物种的选择应遵循独特性、濒危性和实用性原则。独特性原则指在分类学地位上，与拥有多数物种的科属相比较，单一种或少种科属等分类上独特的类群更具有保护价值；在遗传上，特有种群比典型种群更容易受到保护。濒危性原则指濒临灭绝的物种更容易受到关注，按照物种的濒危等级，濒危等级越高，优先保护的价值越大。实用性原则指与没有明显实用价值的物种相比较，对人类具有现实价值或特殊价值或潜在价值的物种更易受到关注，具有特殊文化代表性的物种容易受到优先保护（刘凤丽，2013）。

物种优先保护顺序大多是采用综合评价值进行排序，划分优先保护等级。综合评价值是基于物种的濒危系数、遗传价值系数和物种价值系数按一定的权重计算后累加得到。在最后累加计算时，为避免权重确定的主观性和随意性，常常在借鉴前人研究经验的基础上，采取"专家确定法"得出三者的权重比例（刘军，2004；傅志军和张萍，2001；任毅等，1999；吴征镒，1991；薛达元等，1991；许再富和陶国达，1987）。另外，也可以采用基于信息熵原理的客观赋权法计算指标权重（彭涛等，2011；郭显光，1998），并以理想点法（technique for order preference by similarity to ideal solution，TOPSIS）进行方案排序，这也是处理多目标决策的多方案排序和选择的经典方法之一（叶义成等，2006）。

鱼类优先保护目标和顺序的确立也依据上述原则和方法,主要基于由濒危系统、遗传价值系统和物种价值系统组成的鱼类优先保护评价指标体系(王家樵等,2017;徐建新等,2014;牛建功等,2012;彭涛等,2011)。具体来讲,濒危系统由物种濒危系数(threatened coefficient)来表征,指某种鱼类在自然分布状态下其种群的濒危程度,包括分布河段长度、调查出现率、相对数量比例、相对怀卵量、繁殖年龄、繁殖方式及生境范围等指标(徐薇等,2013;刘军,2004);遗传价值系统由遗传价值系数(genetic coefficient)来表征,指某物种灭绝后,对生物多样性可能产生遗传基因损失的程度,是对濒危物种潜在遗传价值的定量评价;物种价值系统由物种价值系数(specific value coefficient)来表征,指某种特有鱼类所具有的科学研究以及经济价值的大小,包括学术价值和经济价值两个指标,也有人用生态价值和经济价值两个指标(彭涛等,2011)。

6.3.2 海河流域的优先保护鱼类

海河流域优先保护鱼类物种指海河流域内世界、中国和地方上的所有濒危种、特有种和具有经济和研究价值物种的总和。由于海河流域所调查到的一些物种的生物学和生态学特征没有文献资料,致使这些物种的物种濒危系数、遗传价值系数和物种价值系数所涉及的指标会有缺失,从而影响最后结果。另外,现有的不同等级的优先保护鱼类资料多是基于上述原则和方法确定的优先保护鱼类名录。所以本书中海河流域的鱼类保护物种的选择与保护重要度排序没有按照上述方法进行数据处理,而是主要参考了现有资料:①世界濒危动物红色名录(IUCN,2014);②国家重点保护野生动物名录(林业部和农业部,1989)和《中国濒危动物红皮书》(汪松,2003);③海河流域内各行政区域的重点保护野生鱼类。

世界:鱼类濒危物种红色名录(IUCN,2014)是全球动植物物种保护现状最全面的名录,也被认为是生物多样性状况最权威的指标,于1963年开始根据数目下降速度、物种总数、地理分布、群族分散程度等准则,评估数以千计物种及亚种的绝种风险,将物种保护级别分为9类:最高级别是绝灭(EX),其次是野外绝灭(EW),极危(CR)、濒危(EN)和易危(VU)3个级别统称"受威胁",其他顺次是近危(NT)、无危(LC)、数据缺乏(DD)、未评估(NE)。依据文献统计和实际调查,海河流域尚未发现有鱼类进入世界濒危鱼类红色名录。

国家重点保护野生动物名录(林业部和农业部,1989)是我国按照物种的科学价值、经济价值、资源数量、濒危程度以及是否为中国所特有等多项因素综合评价、论证而制定的,具体分为两级:Ⅰ级指我国特产稀有或濒于绝灭的野生动物;Ⅱ级指数量稀少,分布地区狭窄,有绝灭危险的野生动物。就海河流域的鱼类而言,仅文献记载的秦岭细鳞鲑(*Brachymystax lenok tsinlingensis*)(李国良,1986)是中国Ⅱ级重点保护野生鱼类,但是有学者认为该物种应是细鳞鲑(王所安等,1985)。

《中国濒危动物红皮书:鱼类》(汪松,2003)的物种等级划分参照1996年版IUCN濒危物种红色名录,根据中国的国情,将现有鱼类分为四级。①绝灭(Ex):野生状态下已经绝迹,但人工饲养或放养的尚有残存;②濒危(E):野生种群数量已降低到濒临灭绝或绝迹的临界程度，且致危因素仍在继续；③渐危（V）：野生种群数量明显下降，如不采取有效保护措施，势必沦为"濒危"者，或因接近某"濒危"级别，而必须予以保护以确保"濒危"种的生存；④稀有（R）：从分类定名以来，总共只有为数有限的发现纪录者。就海河流域的鱼类而言，仅文献记载的秦岭细鳞鲑（李国良，1986）、香鱼（*Plecoglossus altivelis*）和鳡（*Luciobrama macrocephalus*）（王所安等，2001；李国良，1986）是《中国濒危动物红皮书：鱼类》中稀有等级的野生鱼类。

除了上述国际和我国列出的保护野生鱼类物种，各地方政府根据《中华人民共和国野生动物保护法》确定了各自的地方保护物种。在海河流域不同行政区域划分范围内，北京市Ⅱ级保护水生野生动物名录共涉及 17 种鱼类，山东省重点保护野生动物名录包含 1 种鱼类，辽宁省重点保护野生动物名录包含 8 种鱼类。此外，河北省和内蒙古自治区均制定了各自辖区的重点保护陆生野生动物名录，但水生生物（含鱼类）没有包括在内。

基于以上资料中的鱼类物种名录，根据文献中记录的鱼类和本次野外采集的数据，海河流域优先保护的鱼类物种确定为 22 种（表6-2）。

表6-2　海河流域野生鱼类保护物种名录

序号	科	种	拉丁种名	中国重点保护野生动物	中国濒危动物红皮书	北京保护野生动物	辽宁重点保护野生动物
1	鲑科	秦岭细鳞鲑	*Brachymystax lenok tsinlingensis*	Ⅱ	稀有		
2	香鱼科	香鱼	*Plecoglossus altivelis*		稀有		是
3	鲤科	鳡	*Luciobrama macrocephalus*		稀有		
4	鳀科	刀鲚	*Coilia ectenes*				是
5	鳀科	凤鲚	*Coilia mystus*				是
6	鲑科	细鳞鲑	*Brachymystax lenok*			Ⅱ级	
7	鲤科	中华细鲫	*Aphyocypris chinensis*			Ⅱ级	
8	鲤科	马口鱼	*Opsariichthys bidens*			Ⅱ级	
9	鲤科	宽鳍鱲	*Zacco platypus*			Ⅱ级	
10	鲤科	鱥	*Phoxinus spp.*			Ⅱ级	
11	鲤科	瓦氏雅罗鱼	*Leuciscus waleckii*			Ⅱ级	
12	鲤科	赤眼鳟	*Squaliobarbus curriculus*			Ⅱ级	
13	鲤科	北京鳊	*Parabramis pekinensis*			Ⅱ级	
14	鲤科	华鳈	*Sarcocheilichthys sinensis*			Ⅱ级	
15	鲤科	黑鳍鳈	*Sarcocheilichthys nigripinnis*			Ⅱ级	
16	鲤科	多鳞白甲鱼	*Onychostoma macrolepis*			Ⅱ级	
17	鲤科	潘氏鳅鮀	*Gobiobotia pappenheimi*			Ⅱ级	
18	鳅科	尖头高原鳅	*Triplophysa cuneicephala*			Ⅱ级	

序号	科	种	拉丁种名	中国重点保护野生动物	中国濒危动物红皮书	北京保护野生动物	辽宁重点保护野生动物
19	鳅科	东方薄鳅	*Leptobotia orientalis*			Ⅱ级	
20	鳅科	黄线薄鳅	*Leptobotia flavolineata*			Ⅱ级	
21	刺鱼科	中华多刺鱼	*Pungitius sinensis*			Ⅱ级	
22	真鲈科	鳜	*Siniperca chuatsi*			Ⅱ级	

6.4 优先保护的空间区域

6.4.1 优先保护区域的选择依据

物种的自然分布本身常常有着显著的区域差异，同样人类活动在物种分布区内也会存在巨大的空间差别，这就会引起生物多样性及其生境在其分布区内减少或丧失的程度出现迥异。因此，在某一或某些物种的分布区，针对性地确定优先保护区域并探讨保护的效益最大化，已成为生物多样性保护的研究热点（林金兰等，2013）。另外，在生物多样性保护上可投入的资源有限，从根本上无法针对某些物种的所有生境进行全面的保护，这就凸显了集中资源和力量优先保护一些重要地区的重要性，这也是目前较为现实和高效的生物多样性保护途径。

不同项目、区域、对象的优先保护区划分有不同的视角和各自的侧重。例如，生物多样性热点地区（hot spots）指生物多样性最丰富又最敏感地区，旨在确定一类或多类物种多样性或特有化程度很高的地区，以及稀有或受威胁物种种类丰富的地区（Myers et al.，2000；Olson and Dinerstein，1998）。世界自然基金会（WWF）以生态区为保护单元，按主要生境类型将具有代表性的生物多样性丰富的地区划分成 238 个热点地区就是很好的例证（Olson and Dinerstein，1998），其中大多以物种的特有程度、丰富度、稀有性等为评价基础（徐卫华等，2006）。另外，从生态系统角度也可以确定优先保护地区，该方法强调的是具有重要功能或濒危的生态系统以及物种的栖息地，但不一定是物种多样性高的地区（朱万泽等，2011；徐卫华等，2006；Sierra et al.，2002），通常称其为生物多样性关键地区（critical regions）或生态重要区。

尽管对保护优先区的理解在具体项目中有所差别（林金兰等，2013；邢迎春，2011；李迪强等，2002），但多数以物种多样性高、特有物种多、或者物种受到灭绝威胁的生态系统为主要标准（何飞，2009）。因此，保护优先区指的是根据物种的特有性、物种丰富度、生态系统保护优先性、干扰程度等指标，对一个确定的地区进行保护优先性评估，提出具有重要保护价值的区域（李迪强和宋迎龄，2000；Wright，1996）。由此可见，优先保护区的划分能够很好地应用于区域规划、自然资源及生物多样性保护等方面（林金兰，2013）。

目前，优先保护区的确定方法有很多，主要包括热点分析法（李迪强和宋迎龄，2000；Meffe et al.，1994）、专家调查法（吴波等，2006）、GAP 分析法（杨娜等，2008；李迪强和宋迎龄，2000）、层次分析法（栾晓峰等，2009）、景观分析法（赵明辉，2007）和系统保护规划方法（张路等，2011；栾晓峰等，2009）等。但是，这些方法多数都包括以下主要内容和步骤：单元区划、指标选取、数据获取和保护优先区域评估等。其中，获取有效的数据和数据处理是基础，选取合适的单元分区方法和评价指标体系是关键，保护优先区评估是核心（林金兰，2013）。

生物多样性保护优先区划分过程中需要建立一套具体的指标体系，该指标体系可以从多个角度进行构建。从物种角度，以物种的丰富性、稀有性及特有性为评价基础（刘敏超等，2006；Myers et al.，2000）；从生态系统角度，考虑生态重要性、生态系统功能及服务价值（孙工棋等，2013）；从压力角度，考虑外来干扰对生物多样性造成的影响，包括污染、外来种入侵以及捕捞、人类采掘、沿海开发等干扰的影响（Terán et al.，2006；刘敏超等，2006）；或从经济和管理制度角度，考虑研究区域的保护成效，包括资金的投入、当地保护措施的实施以及优先保护区的分布和管理成效等（林金兰等，2013）。

6.4.2　保护物种和空间单元

6.4.2.1　优先保护区指示物种

在优先保护区划定时，物种能够提供基础的生境需求和时空分布等重要信息，并且是较容易确定和方便统计的分类单元，因而物种丰富度是评价生物多样性的理想指标。在海河流域，大多数河流的鱼类物种信息不能满足评估过程中众多指标的需要，加之国际上较为关注的物种（如 IUCN 红色名录物种）在该流域没有出现，本书确定的海河流域优先保护鱼类主要包括国家 I、II 级重点保护物种、《中国濒危动物红皮书》所列濒危和稀有鱼类、海河流域内各行政区域的重点保护野生鱼类等指示物种，共 22 种（表 6-3）。其中，9 种鱼类仅在 30 年前的文献中有记录，而在近年（1990 年后）海河流域实地调查中没有发现，如秦岭细鳞鲑、细鳞鲑、香鱼、鲸、刀鲚（*Coilia ectenes*）、凤鲚（*Coilia mystus*）；多鳞白甲鱼（*Onychostoma macrolepis*）、东方薄鳅、黄线薄鳅。因此，选择本次调查发现或者近年文献中有分布记录的 13 种鱼类作为鱼类优先保护区划分的指示物种。

6.4.2.2　空间单元提取

对于河流生态系统来说，鱼类优先保护区单元区划的确定是确定鱼类物种多样性在河流水系中的空间分布单元。鱼类在河流中的分布是由气候、地质、水文及地球演化进程等因素共同决定的，并且在空间上并不是均匀的，因此在进行优先区选划时，首先要选择合适的方法。

本书基于海河流域 1:5 万 DEM 数据，利用 SWAT 模型提取小流域。具体的步骤包括利用手工绘制的河网作为基准，在平原地区对 1:5 万 DEM 进行填挖等前处理；以原始河网的结点为小流域分界点，提取更加详细的河网和小流域。海河全流域共划分为 2957 个小流域，平均流域面积是 105km²。上述小流域是海河流域保护性鱼类优先保护区划分的基本空间单元。

6.4.2.3 鱼类数据获取

海河流域的鱼类数据包括现有资料和现场调查数据。现有资料指文献或历史调查资料中可以获得的信息，但是部分信息（如具体样点及其生境等）往往在较早河流鱼类多样性调查中没有详细记载而且缺乏历史数据，或记录不够全面。因此，本书选择 1990 年以后的文献，并从中提取了物种分布区和栖息地等比较详细的信息和数据；现场调查是基于 2013～2014 年在海河流域鱼类调查中获得的信息（详见 3.6）。

对于文献资料所记载的鱼类，根据文献提到的河流或者区域，基于本书所提取的空间单元—小流域，划分出记录鱼类的分布区。例如，王晓宁等（2018）调查到马口鱼、宽鳍鱲、洛氏鱥、瓦氏雅罗鱼等物种分布的滦河山区，故本书将滦河流域海拔大于 400m 的小流域作为这些鱼类的分布区。

对于调查中发现的鱼类物种，根据国家基础地理信息数据中的全国主要河流数据图进行区域划分。详细来讲，由于水系干流和支流的差异、重要交汇节点等对鱼类的栖息生境有着较大的影响，依据样点所在的河段，考虑物种栖息生境需求的因素，分别向上游和下游追溯重要交汇节点，将该样点上下游之间的流域确定为该调查鱼类物种的分布区。例如，调查样点在武烈河仅有 1 个，发现宽鳍鱲存在，全国主要河流数据图显示该河流没有其他支流，因此确定其下游与滦河交汇点以上的所有小流域为该物种的分布区。

6.4.3 保护物种的潜在分布

（1）中华细鲫（*Aphyocypris chinensis*）

中华细鲫属鲤形目、鲤科、细鲫属。对该物种生长和分布所需的海拔、温度、水质等生态学特性和生物学特征了解较少，现主要了解该物种属集群性小型鱼类，生活于水田、沟渠、池塘、湖泊等静止水体或河流缓流处，繁殖季节在 5～6 月。在海河流域中，中华细鲫因被列为北京Ⅱ级保护野生动物而作为该流域的优先保护物种，其仅在滦河水系冀东独流入海河流有记录分布（王晓宁等，2018），而在此次调查中没有发现。因此，中华细鲫在海河流域的具体分布见图 6-2。海河流域河流健康综合评价结果显示，分布区的春季河流健康等级为一般（图 6-2）。

（2）马口鱼（*Opsariichthys bidens*）

马口鱼属鲤形目，鲤科，马口鱼属。对该物种生长和分布所需的海拔、温度、水质等生态学特性和生物学特征了解较少，现了解该物种主要栖息于底质以砂石和砾石为主的山区溪流，喜低温、水流较急且水质清澈，为肉食性鱼类。在海河流域中，马口鱼因被列为北京Ⅱ级保护野生动物而作为该流域的优先保护物种，该物种在海河流域有 8 个记录分布，且在 3 个河段调查到分布（表 6-3）。因此，马口鱼在海河流域的具体分布见图 6-3。

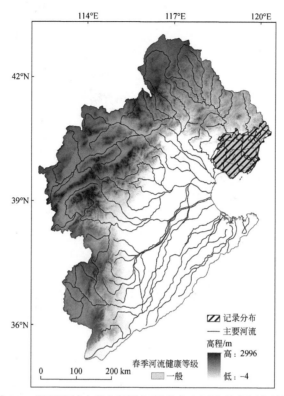

图 6-2　海河流域中华细鲫的记录分布和河流健康评价等级

海河流域河流健康综合评价结果显示，分布区的春季河流健康等级为一般、差、极差（图 6-3）。其中，极差的区域主要分布在桑干河上游。

表 6-3　海河流域马口鱼的记录分布和调查分布

记录分布	调查分布		
	样点经度/(°)	样点纬度/(°)	所属河流
北京周边山区河流（张春光等，2011；张春光和赵亚辉，2013）	115.536 23	40.356 4	永定河
桃林口水库水系（周勇等，2013）	113.601 05	36.938 8	清漳东源
怀沙河-怀九河（邢迎春，2007）	115.354 95	40.356 4	桑干河
漳卫新河上游支流漳河（曹玉萍和王所安，1990）			
滹沱河（小觉镇-平山县）（王安利，1991）			
山西境内桑干河、滹沱河和漳河（朱国清等，2014）			
白洋淀（谢松和贺华东，2010）			
滦河山区河流（王晓宁等，2018）			

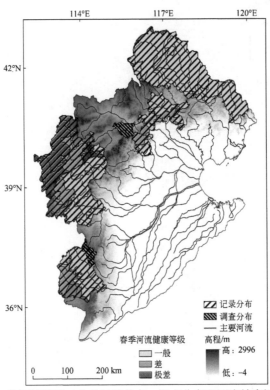

图 6-3　海河流域马口鱼的记录分布、调查分布和河流健康评价等级

（3）宽鳍鱲（*Zacco platypus*）

宽鳍鱲属鲤形目，鲤科，鱲属。对该物种生长和分布所需的海拔、温度、水质等生态学特性和生物学特征了解较少，现了解该物种栖息于底质以砂石和砾石为主的山区溪流，喜低温、水流较急且水质清澈杂，为肉食性鱼类。在海河流域中，宽鳍鱲因被列为北京 II 级保护野生动物而作为该流域的优先保护物种，该物种在海河流域有 5 个记录分布，且在 3 个河段调查到分布（表 6-4）。因此，宽鳍鱲在海河流域的具体分布见图 6-4。海河流域河流健康综合评价结果显示，分布区的春季河流健康等级为一般和差（图 6-4）。其中，差的面积所占的比例相对较小。

表 6-4　海河流域宽鳍鱲的记录分布和调查分布

记录分布	调查分布		
	样点经度/(°)	样点纬度/(°)	所属河流
桃林口水库水系（周勇等，2013）	119.142 2	39.462 53	滦河
怀沙-怀九河（邢迎春等，2013）	118.042 9	41.309 93	武烈河
拒马河北京段（杨文波等，2008）	116.526 3	40.710 05	白河
北京周边山区河流（张春光和赵亚辉，2013；张春光等，2011）			
滦河山区河流（王晓宁等，2018）			

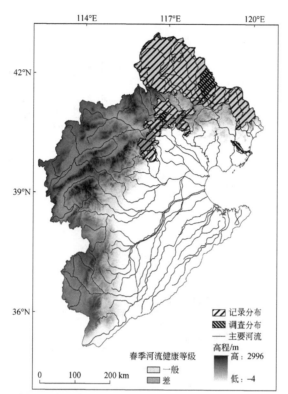

图 6-4　海河流域宽鳍鱲的记录分布、调查分布和河流健康评价等级

（4）洛氏鱥（*Phoxinus lagowskii*）

洛氏鱥属鲤形目，鲤科，鱥属。对该物种生长和分布所需的海拔、温度、水质等生态学特性和生物学特征了解较少，现了解该物种主要生活在海拔为 1500～1710 m 的山区溪流之中，水质清澈高且水温较低的河段，为杂食性鱼类，繁殖季节在 5～7 月。在海河流域中，洛氏鱥因被列为北京Ⅱ级保护野生动物而作为该流域的优先保护物种，该物种在海河流域有 5 个记录分布，且在 13 个河段调查到分布（表6-5）。因此，洛氏鱥在海河流域的具体分布见图6-5。海河流域河流健康综合评价结果显示，分布区的春季河流健康等级为一般、差、极差（图6-5）。其中，极差的区域主要分布在桑干河上游和洋河。

表 6-5　海河流域洛氏鱥的记录分布和调查分布

记录分布	调查分布		
	样点经度/(°)	样点纬度/(°)	所属河流
桃林口水库水系（周勇等，2013）	113.601 1	36.938 8	清漳东源
山西境内桑干河（朱国清等，2014）	113.870 5	40.932 0	后河
北京周边山区河流（张春光和赵亚辉，2013；张春光等，2011）	113.998 4	39.390 3	唐河
滦河山区河流（王晓宁等，2018）	113.671 1	38.889 1	清水河
拒马河北京段（杨文波等，2008）	115.291 0	40.450 8	洋河
	115.110 8	39.415 3	拒马河

记录分布	调查分布		
	样点经度/(°)	样点纬度/(°)	所属河流
	116. 322 2	41. 234 5	汤河
	118. 211	40. 787 77	老牛河
	118. 042 9	41. 309 93	武烈河
	116. 969 9	42. 146	小滦河
	115. 961 2	42. 240 23	闪电河
	116. 097 1	40. 943 85	黑河
	116. 526 3	40. 710 05	白河

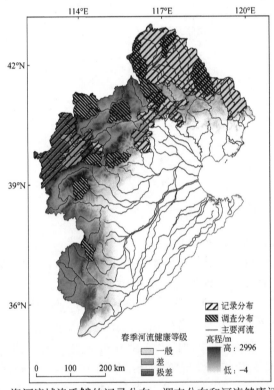

图 6-5 海河流域洛氏鱥的记录分布、调查分布和河流健康评价等级

(5) 瓦氏雅罗鱼 (*Leuciscus waleckii*)

瓦氏雅罗鱼属鲤形目, 鲤科, 雅罗鱼属。对该物种生长和分布所需的海拔、温度、水质等生态学特性和生物学特征了解较少, 现了解该物种主要生活于水流较缓、底质多砂砾、水质清澄的江河口或山区河流的中上层, 为杂食性鱼类。在海河流域中, 瓦氏雅罗鱼因被列为北京 Ⅱ 级保护野生动物而作为该流域的优先保护物种, 该物种在海河流域有 2 个记录分布, 且在 1 个河段调查到分布 (表 6-6)。因此, 瓦氏雅罗鱼在海河流域的具体分布见图 6-6。海河流域河流健康综合评价结果显示, 分布区的春季河流健康等级为一般、差、极差 (图 6-6)。其中, 极差和差的面积所占的比例相对较小。

表 6-6 海河流域瓦氏雅罗鱼的记录分布和调查分布

记录分布	调查分布		
	样点经度/(°)	样点纬度/(°)	所属河流
山西境内滹沱河（朱国清等, 2014）	115.6670	39.6078	拒马河
滦河山区河流（王晓宁等, 2018）			

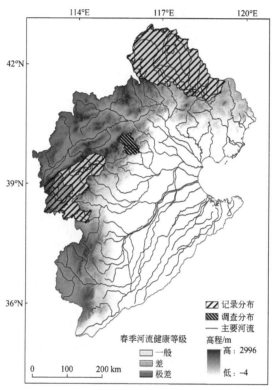

图 6-6 海河流域瓦氏雅罗鱼的记录分布、调查分布和河流健康评价等级

（6）赤眼鳟（*Squaliobarbus curriculus*）

赤眼鳟属鲤科，雅罗鱼亚科，赤眼鳟属。对该物种生长和分布所需的海拔、温度、水质等生态学特性和生物学特征了解较少，现了解该物种一般栖息于流速较慢的水体中，属中层鱼类，杂食性鱼类，一般在 4~9 月繁殖。在海河流域中，赤眼鳟因被列为北京 II 级保护野生动物而作为该流域的优先保护物种，该物种在海河流域有 2 个记录分布，分别是桃林口水库和上游水系（周勇等, 2013）、山西境内漳河（朱国清等, 2014），而在此次调查中没有发现。因此，赤眼鳟在海河流域的具体分布见图 6-7。海河流域河流健康综合评价结果显示，分布区的春季河流健康等级为一般和差（图 6-7）。其中，差的面积所占的比例相对较小，主要分布在漳河上游。

（7）北京鳊（*Parabramis pekinensis*）

北京鳊属鲤形目，鲤科，鲌亚科，鳊属。对该物种生长和分布所需的海拔、温度、水

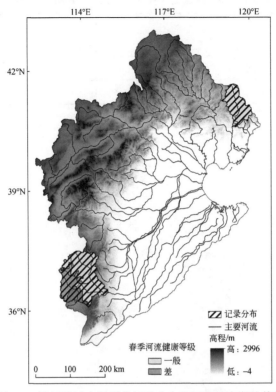

图 6-7　海河流域赤眼鳟的记录分布和河流健康评价等级

质等生态学特性和生物学特征了解较少，现了解该物种生活范围较广，不论静水或流水都能生存，成鱼多栖居于水中下层，尤其喜欢在河床上有大岩石的流水中活动，为杂食性鱼类。在海河流域中，北京鳊因被列为北京Ⅱ级保护野生动物而作为该流域的优先保护物种，该物种在海河流域有 4 个记录分布，分别是滹沱河（小觉镇—平山县）（王安利，1991）、白洋淀（曹玉萍等，2003a）、衡水湖（韩九皋，2007；曹玉萍等，2003b）、密云水库（张春光和赵亚辉，2013；张春光等，2011），而在此次调查中没有发现。因此，北京鳊在海河流域的具体分布见图 6-8。海河流域河流健康综合评价结果显示，分布区的春季河流健康等级为一般、差、极差（图 6-8）。其中，极差和差的面积所占的比例相对较小，主要分布在衡水湖周边区域。

（8）华鳈（*Sarcocheilichthys sinensis*）

华鳈属鲤形目、鲤科、鳈属。对该物种生长和分布所需的海拔、温度、水质等生态学特性和生物学特征了解较少，现主要了解该物种多栖息于山溪支流河段的中下层，喜流水生活，为杂食性鱼类。在海河流域中，华鳈因被列为北京Ⅱ级保护野生动物而作为该流域的优先保护物种，其记录分布仅出现在北京及其邻近地区的山区河流（张春光等，2011），而在此次调查中没有发现。因此，华鳈在海河流域的具体分布见图 6-9。海河流域河流健康综合评价结果显示，分布区的春季河流健康等级为一般和差（图 6-9）。

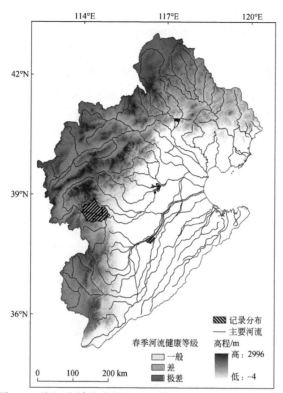

图 6-8 海河流域北京鳊的记录分布和河流健康评价等级

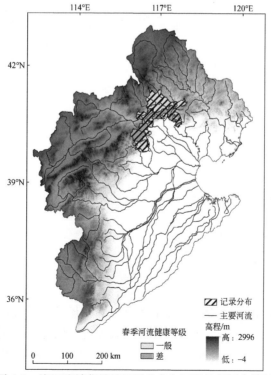

图 6-9 海河流域华鳈的记录分布和河流健康评价等级

（9） 黑鳍鳈（*Sarcocheilichthys nigripinnis*）

黑鳍鳈属鲤形目、鲤科、鳈属。对该物种生长和分布所需的海拔、温度、水质等生态学特性和生物学特征了解较少，现主要了解该物种多栖息于山溪小河流水环境，多活动在水体的中下层，为杂食性鱼类。在海河流域中，黑鳍鳈因被列为北京Ⅱ级保护野生动物而作为该流域的优先保护物种，其记录分布出现在白洋淀（曹玉萍等，2003；韩希福等，1991）、衡水湖（韩九皋，2007）、怀沙−怀九河（邢迎春等，2007）、拒马河北京段（杨文波等，2008）、北京及其邻近地区山区河流（张春光等，2011）、滦河山区河流（王晓宁等，2018），而在此次调查中没有发现。因此，黑鳍鳈在海河流域的具体分布见图6-10。海河流域河流健康综合评价结果显示，分布区的春季河流健康等级为一般、差、极差（图6-10）。其中，极差和差的面积所占的比例相对较小。

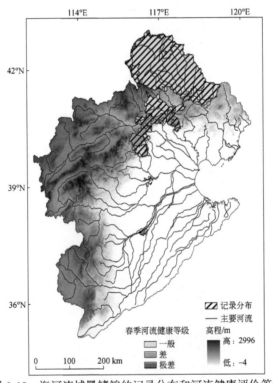

图6-10　海河流域黑鳍鳈的记录分布和河流健康评价等级

（10） 鳜鲌（*Gobiobotia pappenheimi*）

鳜鲌属鲤形目、鲤科、鳜鲌属。对该物种生长和分布所需的海拔、温度、水质等生态学特性和生物学特征了解较少，现了解该物种属底层小型鱼类，喜在江河缓流沙底处活动，多以底栖无脊椎动物和昆虫幼虫为食。在海河流域中，鳜鲌因被列为北京Ⅱ级保护野生动物而作为该流域的优先保护物种，该物种在海河流域的记录分布出现在桃林口水库及上游水系（周勇等，2013），而在此次调查中没有发现。因此，鳜鲌在海河流域的具体分布见图6-11。海河流域河流综合健康评价结果显示，分布区的春季河流健康等级为一般（图6-11）。

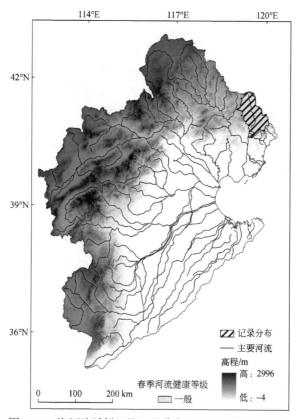

图 6-11　海河流域鳅鮀的记录分布和河流健康评价等级

(11) 尖头高原鳅（*Triplophysa cuneicephala*）

尖头高原鳅属鲤形目，鳅科，高原鳅属。对该物种生长和分布所需的海拔、温度、水质等生态学特性和生物学特征了解较少，现了解该物种个体较小，生活在山区河流。在海河流域中，尖头高原鳅因被列为北京Ⅱ级保护野生动物而作为该流域的优先保护物种，该物种在海河流域有 2 个记录分布，且在 3 个河段调查到分布（表6-7）。因此，尖头高原鳅在海河流域的具体分布见图6-12。海河流域河流健康综合评价结果显示，分布区的春季河流健康等级为一般和差、（图6-12）。其中，差的面积所占的比例相对较小。

表6-7　海河流域尖头高原鳅的记录分布和调查分布

记录分布	调查分布		
	样点经度/(°)	样点纬度/(°)	所属河流
永定河水系山区河段（张春光和赵亚辉，2013）	113.4085	38.4448	滹沱河
滦河山区河流（王晓宁等，2018）	114.6263	40.2215	桑干河
	116.3222	41.2345	汤河

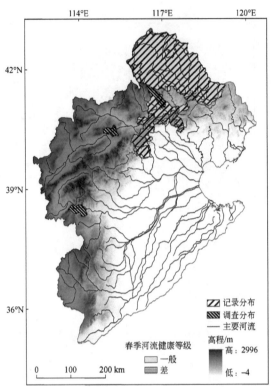

图 6-12　海河流域尖头高原鳅的记录分布、调查分布和河流健康评价等级

(12) 中华多刺鱼 (Pungitius sinensis)

中华多刺鱼属刺鱼目，刺鱼科，多刺鱼属。对该物种生长和分布所需的海拔、温度、水质等生态学特性和生物学特征了解较少，现了解该物种主要生活于山区溪流的缓流和平稳的水域集群活动，其食物主要为摇蚊幼虫、枝角类、桡足类、介形类等。4 月中下旬至 6 月为中华多刺鱼的繁殖期。在海河流域中，中华多刺鱼因被列为北京 II 级保护野生动物而作为该流域的优先保护物种，该物种在海河流域有 4 个记录分布，且在 2 个河段调查到分布（表 6-8）。因此，中华多刺鱼在海河流域的具体分布见图 6-13。海河流域河流健康综合评价结果显示，分布区的春季河流健康等级为一般和差（图 6-13）。其中，差的面积所占的比例相对较小。

表 6-8　海河流域中华多刺鱼的记录分布和调查分布

记录分布	调查分布		
	样点经度/(°)	样点纬度/(°)	所属河流
怀柔水库及其所属的怀沙河–怀九河流域（张春光等，2011；张春光和赵亚辉，2013）	116.9699	42.146	小滦河
于桥水库（李明德和杨竹舫，1991）	115.9612	42.24023	闪电河
怀沙河–怀九河（邢迎春等，2013）			
滦河山区河流（王晓宁等，2018）			

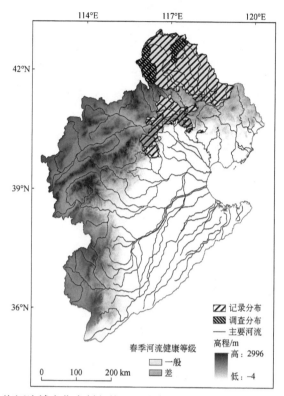

图 6-13 海河流域中华多刺鱼的记录分布、调查分布和河流健康评价等级

（13）鳜（*Siniperca chuatsi*）

鳜属鲈形目、鮨科、鳜属。对该物种生长和分布所需的海拔、温度、水质等生态学特性和生物学特征了解较少，现了解该物种多栖息于水质清澈的河流或湖库等的静水或缓流处，喜水草，属凶猛肉食性鱼类。在海河流域中，鳜因被列为北京Ⅱ级保护野生动物而作为该流域的优先保护物种，该物种在海河流域有 3 个记录分布，具体为于桥水库（李明德和杨竹舫，1991）、白洋淀（曹玉萍等，2003a）、衡水湖（韩九皋，2007；曹玉萍等，2003b），而在此次调查中没有发现。因此，鳜在海河流域的具体分布见图 6-14。海河流域河流健康综合评价结果显示，分布区的春季河流健康等级为差和极差（图 6-14），分布在衡水湖周边区域。白洋淀无调查样点分布。

基于上述 13 种保护性鱼类的记录分布和调查分布，汇总出海河流域保护性鱼类多样性分布图（图 6-15）。海河流域保护性鱼类多样性为 1~8 种，最高的 8 种分布在滦河山区河流和北京周边山区河流。此外，桃林口水库及其上游河流的保护性鱼类多样性也较高，为 7 种。最低的 1 种主要分布在滦河流域下游平原河流、桑干河流域中游和后河采样点区域，以及黑河采样点区域。山西境内的滹沱河、桑干河和漳河流域的保护性鱼类多样性为 2~3 种。

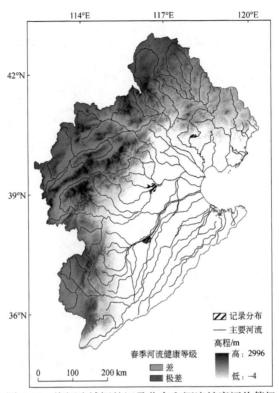

图 6-14　海河流域鳜的记录分布和河流健康评价等级

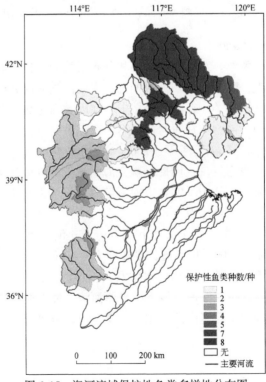

图 6-15　海河流域保护性鱼类多样性分布图

6.4.4 人类活动干扰及保护等级

6.4.4.1 人类活动干扰等级

海河流域鱼类受干扰程度主要基于土地利用强度判断。其中，城镇建设用地、耕地、林地、草地是刻画土地利用强度高低的主要指标。城镇建设用地、耕地所占比例越高，表明人类干扰越强烈；反之，林地、草地所占比例越高，表明人类活动干扰程度越小。基于此，本书构建了小流域尺度上人类活动对保护性鱼类的干扰指数，计算公式如下：

$$干扰指数 = 0.6 \times 城镇建设用地比例 + 0.4 \times 耕地比例 - 1.0 \times 林草比例 \qquad (6-1)$$

其中，0.6、0.4、1.0为土地利用权重，主要来自专家打分和经验。本书所利用的土地利用数据来源于2010年Landsat-TM遥感影像。

为了便于分析和比较，将计算出的干扰指数进行标准化0~1，标准化公式如下：

$$干扰标准化指数 = (干扰指数 - 最小值)/(最大值 - 最小值) \qquad (6-2)$$

根据上述计算公式，计算出海河流域保护性鱼类分布区的人类活动干扰标准化指数（图6-16）。结果表明，滦河山区、桃林口水库及其上游河流、黑河样点河段、山西境内滹

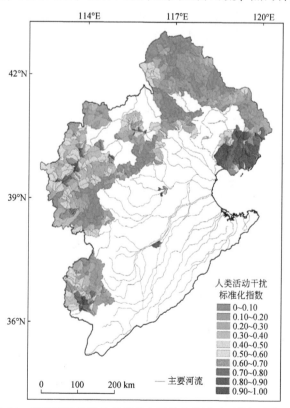

图6-16　海河流域保护性鱼类分布区的人类活动干扰标准化指数

沱河等区域受人类活动干扰相对较小。上述区域主要地形为高原或山地，林地、草地所占比例相对较大，城镇建设用地、耕地所占比例相对较小。滦河流域下游地区受人类活动干扰相对较大，区域内城镇建设用地、耕地所占比例相对较大，林地、草地所占比例相对较小。

6.4.4.2　基于鱼类保护重要性和人类干扰的优化策略

通过叠加分析构建指示物种和重要生境的指标体系。首先，应筛选具有地区代表性及保护意义的指示物种和生境；其次，根据指示物种和生境的分布范围，确定不同指示物种的生态重要区的空间分布；最后，采用直接叠加的方法（WWF，2006）或优化算法（Terán et al.，2006）叠加所有生态重要区，选择较多生态重要区重合的地区为保护优先区域。该方法运用 ArcGIS 软件，对构建的指标进行制图、分级、赋值和叠加，以显示指标要素的空间分布，确定生物多样性格局或压力干扰强度等。

本书运用叠加分析的方法确定海河流域鱼类优先保护区等级。根据海河流域保护性鱼类多样性分布图（图6-15），将鱼类物种数进行标准化 0~1，标准化方法同前文 6.5.3.4。同时，叠加人类活动干扰标准化指数。具体方法：0~1 的保护性鱼类物种数减去 0~1 的人类干扰指数，得到了 -1~1 的优先保护区指数。将优先保护区指数平均划分为 4 个等级，分别是 -1~-0.5、-0.5~0、0~0.5、0.5~1，对应的优先保护区等级分别为四级、三级、二级、一级。其中，四级最低，一级最高。

海河流域鱼类优先保护区等级图显示（图6-17），滦河流域山区和北京周边山区河流

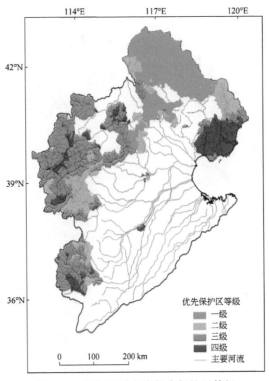

图 6-17　海河流域鱼类优先保护区等级

流域优先保护等级最高，为一级；滹沱河（小觉镇—平山县段）等区域优先保护等级；其次，为二级；海河流域西部太行山区优先保护等级从次，为三级；最后，滦河流域下游平原等区域优先保护等级为四级。

参 考 文 献

曹玉萍, 王所安. 1990. 漳卫运河水系渔业环境现状的评价. 河北大学学报（自然科学版）, 10（4）: 37-40.

曹玉萍, 王伟, 张永兵. 2003a. 白洋淀鱼类组成现状. 动物学杂志, 38（3）: 65-69.

曹玉萍, 袁杰, 马丹丹. 2003b. 衡水湖鱼类资源现状及其保护利用与发展. 河北大学学报（自然科学版）, 23（3）: 293-297.

陈瑞冰, 张光富, 刘娟, 等. 2015. 江苏宝华山国家森林公园珍稀植物的濒危等级及优先保护. 生态与农村环境学报, 31（2）: 174-179.

陈宜瑜, 曹文宣. 1986. 珠江鱼类区系及其动物地理区划的讨论. 水生生物学报, 3（10）: 228-236.

陈宜瑜. 1998. 中国动物志 硬骨鱼纲 鲤形目（中卷）. 北京: 科学出版社.

范宇光, 图力古尔. 2008. 长白山自然保护区大型真菌物种优先保护的量化评价. 东北林业大学学报, 36（11）: 86-91.

傅萃长. 2003. 长江流域鱼类多样性空间格局与资源分析——兼论银鱼的生物多样性与系统发育. 上海: 复旦大学.

傅剑夫. 1996. 从抚州地区鱼类资源调查情况谈鱼类资源保护举措. 江西农业经济, 1: 5-9.

傅志军, 张萍. 2001. 太白山国家保护植物优先保护顺序的定量分析. 山地学报, 19（2）: 161-164.

郭斌, 王立明. 2011. 海河流域平原河流生态系统的演变及生态修复对策. 海河水利, 6: 10-15.

郭显光. 1998. 改进的熵值法及其在经济效益评价中的应用. 系统工程理论与实践, 18（12）: 98-102.

韩九皋. 2007. 衡水湖鱼类资源调查. 水利渔业, 27（6）: 68-70.

韩希福, 王所安, 曹玉萍, 等. 1991. 白洋淀重新蓄水后鱼类资源状况初报. 淡水渔业, 5: 20-22.

何飞. 2009. 川西植物区系地理研究与优先保护区域分析. 北京: 北京林业大学.

何平, 肖宜安, 李晓红. 2003. 江西珍稀濒危植物优先保护定量研究. 武汉植物学研究, 21（5）: 423-428.

黄亮亮. 2008. 赣西北溪流鱼类区系及其资源现状研究. 南昌: 南昌大学.

黄明显, 欧阳惠卿, 张崇洲, 等. 1959. 白洋淀冬季渔业生物学基础调查. 动物学杂志, 3: 89-95.

黄玉瑶. 1993. 白洋淀鱼类资源变化及影响因素分析. 动物学集刊, 3（10）: 33-42.

姜亚洲. 2008. 东海北部鱼类群落多样性和结构特征变化研究. 青岛: 中国科学院海洋研究所.

李迪强, 林英华, 陆军. 2002. 尤溪县生物多样性保护优先地区分析. 生态学报, 22（8）: 1315-1322.

李迪强, 宋延龄. 2000. 热点地区与 GAP 分析研究进展. 生物多样性, 8（2）: 208-214.

李国良. 1986. 关于河北省淡水鱼类区系的探讨. 动物学杂志, 4: 4-9, 12.

李杰钦. 2013. 洞庭湖鱼类群落生态研究及保育对策. 长沙: 中南林业科技大学.

李金平, 郑慈英. 1998. 韩江淡水鱼类区系. 暨南大学学报（自然科学版）, 19（3）: 100-104, 110.

李明德, 杨竹舫. 1991. 于桥水库鱼类年龄、生长与繁殖. 生态学报, 11（3）: 269-273.

李思忠, 王惠民, 陈宜瑜. 1995. 中国动物志: 硬骨鱼纲、鲽形目. 北京: 科学出版社.

李思忠. 1981. 中国淡水鱼类的分布区划. 北京: 科学出版社.

李晓杰. 2017. 广东南岭溪流鱼类群落结构及多样性的研究. 信阳: 信阳师范学院.

李渊, 张静, 张然, 等. 2016. 南沙群岛西南部和北部湾口海域鱼类物种多样性. 生物多样性, 2: 166-174.

林金兰，陈彬，黄浩，等. 2013. 海洋生物多样性保护优先区域的确定. 生物多样性，21（1）：38-46.

林金兰. 2013. 近岸海域生物多样性优先保护区确定技术方法研究. 厦门：国家海洋局第三海洋研究所.

刘风丽. 2013. 甘肃省稀有濒危植物物种优先保护评价. 兰州：甘肃农业大学.

刘军. 2004. 长江上游特有鱼类受威胁及优先保护顺序的定量分析. 中国环境科学，24（4）：395-399.

刘敏超，李迪强，温琰茂，等. 2006. 基于 GIS 的三江源地区物种多样性保护优先性分析. 干旱区资源与环境，20（4）：51-54.

刘明玉，解玉浩，季达明，等. 2000. 中国脊椎动物大全. 沈阳：辽宁大学出版社.

刘小雄，颜立红，刘享平，等. 2001. 珍稀植物优先保护分级指标研究. 湘潭师范学院学报（自然科学版），23（2）：42-46.

刘修业，王良臣，杨竹舫，等. 1981. 海河水系鱼类资源调查. 淡水渔业，2：36-42，46.

卢明龙. 2010. 海河流域土地利用变化特征及趋势分析. 天津：天津大学硕士学位论文.

栾晓峰，黄维妮，王秀磊，等. 2009. 基于系统保护规划方法东北生物多样性热点地区和保护空缺分析. 生态学报，29（1）：144-150.

吕彬彬. 2012. 黄河小浪底至入海口渔业资源现状与保护对策研究. 水生态学杂志，33（3）：73-79.

马克平. 1993. 试论生物多样性的概念. 生物多样性，1（1）：20-22.

宁平，俞存根，虞聪达，等. 2008. 浙江南部外海渔场鱼类区系特征研究. 浙江海洋学院学报（自然科学版），27（3）：266-270.

牛建功，蔡林钢，刘建，等. 2012. 哈巴河土著特有鱼类优先保护等级的定量研究. 干旱区资源与环境，26（3）：172-176.

彭隆. 2014. 甘孜州野生脊椎动物地理格局与生物多样性保护优先性评价. 成都：成都理工大学.

彭涛，陈晓宏，王高旭，等. 2011. 河口及邻近海域鱼类优先保护次序的评价模型. 长江流域资源与环境，20（4）：404-409.

任毅，黎维平，刘胜祥. 1999. 神农架国家重点保护植物优先保护的定量研究. 吉首大学学报（自然科学版），20（3）：20-24.

尚占环，姚爱兴，郭旭生. 2002. 国内外生物多样性测度方法的评价与综述. 宁夏农学院学报，23（3）：68-73.

史为良. 1985. 鱼类动物区系复合体学说及其评价. 水产科学，4（2）：42-45.

寿振黄，张春霖. 1931. 河北省鳅科之调查. 静生生物调查所汇报，2（5）：65-84（英文）.

孙工棋，曲艺，唐美庆，等. 2013. 基于我国陆生濒危哺乳动物保护的生态功能区优先保护规划. 生物多样性，21（1）：47-53.

唐启升. 2011. 碳汇渔业与又好又快发展现代渔业江西水产科技. 江西水产科技，1（2）：5-7.

汪松. 2003. 中国濒危动物红皮书：鱼类. 北京：科学出版社.

王安利. 1991. 滹沱河平山段鱼类种类组成和生长状况初探. 河北大学学报（自然科学版），11（2）：32-37.

王家樵，黄良敏，李军，等. 2017. 闽江口及附近海域主要拖网鱼类的保护等级评价. 海洋渔业，39（5）：481-489.

王所安，顾景龄. 1981. 白洋淀环境变化对鱼类组成和生态的影响. 动物学杂志，4：8-11.

王所安，柳殿钧，曹玉萍. 1985. 滦河水系的鱼类种群与分布. 河北大学学报（自然科学版），1：45-51.

王所安，柳殿钧，曹玉萍. 1987. 永定河系的环境条件和自然鱼类资源. 河北大学学报（自然科学版），4：36-41.

王所安，王志敏，李国良，等. 2001. 河北动物志：鱼类. 石家庄：河北科学技术出版社.

王晓宁, 彭世贤, 张亚, 等. 2018. 滦河流域鱼类群落结构空间异质性与影响因子分析. 环境科学研究, 31 (2): 273-282.

吴波, 朱春全, 李迪强, 等. 2006. 长江上游森林生态区生物多样性保护优先区确定——基于生态区保护方法. 生物多样性, 14 (2): 87-97.

吴征镒, 王荷生. 1987. 中国自然地理: 植物地理 (上册). 北京: 科学出版社.

吴征镒. 1991. 中国繁缕属的一些分类问题. 云南植物研究, 13 (4): 1-139.

谢松, 贺华东. 2010. "引黄济淀"后河北白洋淀鱼类资源组成现状分析. 科技信息, 9: 433, 491.

解焱, 汪松. 1995. 国际濒危物种等级新标准. 生物多样性, 3 (4): 234-239.

邢迎春, 赵亚辉, 李高岩, 等. 2007. 北京市怀沙-怀九河市级水生野生动物保护区鱼类物种多样性及其资源保护. 动物学杂志, 42 (1): 29-38.

邢迎春. 2011. 基于 GIS 的中国内陆水域鱼类物种多样性、分布格局及其保育研究. 上海: 上海海洋大学.

徐建新, 党晓菲, 肖伟华. 2014. 长江上游 (宜宾至重庆段) 梯级开发规划对鱼类的影响及保护措施研究. 华北水利水电大学学报 (自然科学版), 35 (6): 1-5.

徐薇, 杨志, 乔晔. 2013. 长江上游河流开发受威胁鱼类优先保护等级评估. 人民长江, 44 (10): 109-112.

徐卫华, 欧阳志云, 黄璜, 等. 2006. 中国陆地优先保护生态系统分析. 生态学报, 26 (1): 271-280.

许宝红, 肖调义, 谢正旺. 2007. 3 座水库浮游生物种群结构特性及渔业利用. 水利渔业, 27 (1): 62-64.

许再富, 陶国达. 1987. 地区性的植物受威胁及优先保护综合评价方法探讨. 云南植物研究, 9 (2): 193-202.

薛达元, 蒋明康, 李正方, 等. 1991. 苏浙皖地区珍稀濒危植物分级指标的研究. 中国环境科学, 11 (3): 161-166.

严娟, 李旭, 周伟, 等. 2018. 中国鮡科褶鮡属鱼类的分布、习性与资源保护. 广西师范大学学报 (自然科学版), 36 (2): 111-117.

杨剑, 潘晓赋, 陈小勇, 等. 2010. 李仙江鱼类资源的现状及保护对策. 水生态学杂志, 3 (2): 54-60.

杨娜, 王正军, 张向新, 等. 2008. GAP 分析的方法及研究进展. 生物技术通报, 1: 100-107.

杨文波, 李继龙, 李绪兴, 等. 2008. 拒马河北京段鱼类组成及其多样性, 17 (2): 175-180.

叶义成, 柯丽华, 黄德育. 2006. 系统综合评价技术及其应用. 北京: 冶金工业出版社.

臧春鑫, 蔡蕾, 李佳琦, 等. 2016. 《中国生物多样性红色名录》的制定及其对生物多样性保护的意义. 生物多样性, 24 (5): 610-614.

张春光, 赵亚辉, 邢迎春, 等. 2011. 北京及其邻近地区野生鱼类物种多样性及其资源保育. 生物多样性, 19 (5): 597-604.

张春光, 赵亚辉. 2013. 北京及其邻近地区的鱼类——物种多样性、资源评价和原色图谱. 北京: 科学出版社.

张春霖. 1954. 中国淡水鱼类的分布. 地理学报, 20 (3): 279-285.

张春生, 施辉. 1985. 怀柔水库鱼类资源调查. 北京师院学报 (自然科学版), 2: 81-89.

张鹗, 陈宜瑜. 1997. 赣东北地区鱼类区系特征及我国东部地区动物地理区划. 水生生物学报, 21 (3): 254-261.

张建禄, 边坤, 靳铁治, 等. 2016. 秦岭黑河流域鱼类资源现状调查. 淡水渔业, 46 (1): 103-108.

张路, 欧阳志云, 肖燚, 等. 2011. 海南岛生物多样性保护优先区评价与系统保护规划. 应用生态学报, 22 (8): 2105-2112.

赵明辉. 2007. 南海北部海洋景观格局与海洋生物多样性保护研究. 广州：中山大学.

郑葆珊，范勤德，戴定远. 1960. 白洋淀鱼类. 保定：河北人民出版社.

中国自然资源丛书编撰委员会. 1995. 中国自然资源丛书：渔业卷. 北京：中国环境科学出版社.

中华人民共和国国务院农业农村部（原农业部）. 2006. 中国水生生物资源养护行动纲要. http：//www. gov. cn/zwgk/2006-02/27/content-212335.

中华人民共和国林业部、农业部令. 1989. 国家重点保护野生动物名录.

周汉藩，张春霖. 1934. 河北习见鱼类图说. 北平：静生生物调查所.

周红章. 2000. 物种与物种多样性. 生物多样性，8（2）：215-226.

周勇，郭万友，韩正田. 2013. 桃林口水库水系鱼类区系种群调查评析. 河北渔业，7：45-47.

朱国清，赵瑞亮，胡振平，等. 2014. 山西省主要河流鱼类分布及物种多样性分析. 水产学杂志，27（2）：38-45.

朱松泉. 1995. 中国淡水鱼类检索. 南京：江苏科学出版社.

朱万泽，王玉宽，范建容，等. 2011. 长江上游优先保护生态系统类型及分布. 山地学报，29（5）：520-528.

Abbott J F, Drake N F. 1901. List of Fishes Collected in the River Pei-Ho at Tien-Tsin, China, by Noah Field Drake：With Description of Seven New Species. United States National Museum.

Elliott M , Whitfield A K , Potier I C , et al. 2007. The guild approach to categorizing estuarine fish assemblages：A global review. Fish and Fisheries, 8：241-268.

Gaston K, Fulle R. 2007. Commonness, population depletion and conservation biology. Trends in Ecology and E-volution, 23：14-19.

Gessner M O, Inchausti P, Persson L. 2004. Biodiversity effects on ecosystem functioning：insights from aquatic systems. Oikos, 104：419-422.

IUCN. 1994. IUCN Red List Categories. Gland, Switzerland：IUCN.

IUCN. 2014. IUCN red list of threatened species. http：//www. icunredlist. org/. ［2014-03-01］.

Lucas G, Synge H. 1980. The IUCN Plant Red Data Book. Dawn：The Gresham Press.

Martinho F, Leitão R, Viegas I, et al. 2007. The influence of an extreme drought event in the fish community of a southern Europe temperate estuary. Estuarine, Coastal and Shelf Science, 75：537-546.

Meffe G K, Carroll C R, et al. 1994. Principles of Conservation Biology. Sunderland：Sinauer Associates.

Mori T. 1934. The freshwater fishes of Jehol. Rept. Firt. Sci. Exp. Manchoukuo. Tokyo, sect. 5, Part I：1-61, pl：1-21.

Myers N, Mittermeier R A, Mittermeier C G, et al. 2000. Biodiversity hotspots for conservation priorities. Nature, 403（6772）：853-858.

Olson D M, Dinerstein E. 1998. The Global 200：A representation approach to conserving the earth's most biologically valuable ecoregions. Conservation Biology, 12（3）：502-515.

Rice J C. 2000. Evaluating fishery impacts using metrics of community structure. ICES Journal of Marine Science, 57：682-688.

Sierra R, Campos F, Chamberlin J. 2002. Assessing biodiversity conservation priorities：ecosystem risk and repre-sentativeness in continental Ecuador. Landscape and Urban Planning, 59：95-110.

Terán M C, Clark K, Suárez C, et al. 2006. High-priority areas identification and conservation gap analysis of the marine biodiversity from continental Ecuador. Quito：Ministerio del Ambiente.

Trefzer A, Fischer C, Stockert S, et al. 2002. Assessing biodiversity conservation priorities：ecosystem risk and representativeness in continental Ecuador. Landscape and Urban Planning, 59 (2): 95-110.

Von Mollendorff O F. List of freshwater fishes of the Province Chihii, with their Chinese Name. Jour. North-China Brauch. Roy Asiatic Soc. Shanghai, (N. S.) XL: 105-111.

Viana A P, Fredou F L, Fredou T. 2012. Measuring the ecological integrity of an industrial district in the Amazon Estuary, Brazil. Marine Pollution Bulletin, 64: 489-499.

Whitfield A K, Harrison T D. 2008. Fishes as indicators of estuarine health and estuarine importance. Encyclopedia of Ecology, 1593-1599.

Wright R D. 1996. Ecosystem management: An appropriate concept for parks. In: Wright. R. G. ed. National parks and protected areas, their role in environmental protection. New York: Buckuell Sciences, 31-61.

WWF. 2006. Korea ocean Research and Development Institute (KORDI), Korea Environment Institute (KEI). Potential Priority Areas for Biodiversity Conservation of the Yellow Sea Ecoregion. http://www.wwf.or.jp/activities/lib/pdf/200710y-seamap08e.pdf.

附录 海河流域调查采样鱼类标本照片

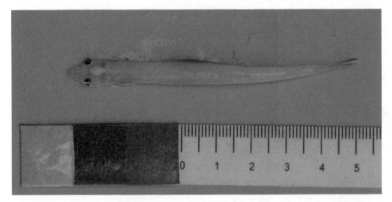

大银鱼 *Protosalanx hyalocranius*

马口鱼 *Opsariichthys bidens*

洛氏鱥 *Phoxinus lagowskii*

瓦氏雅罗鱼 *Leuciscus waleckii*

红鳍原鲌 *Culter erythropterus*

北京鳊 *Parabramis pekinensis*

银鲴 *Xenocypris argentea*

黄尾鲴 *Xenocypris davidi*

鲢鱼 *Hypophthalmichthys molitrix*

麦穗鱼 *Pseudorasbora parva*

棒花鱼 *Abbottina rivularis*

白河鱊 *Acheilognathus peilhoensis*

斑条鱊 *Acheilognathus taenianalis*

兴凯鱊 *Acheilognathus chankaensis*

彩石鳑鲏 *Rhodeus lighti*

中华鳑鲏 *Rhodeus sinensis*

高体鳑鲏 *Rhodeus ocellatus*

鲫 *Carassius anratus*

达里湖高原鳅 *Triplophysa dalaica*

花鳅 *Cobitis taenia*

泥鳅 *Misgurnus anguillicaudatus*

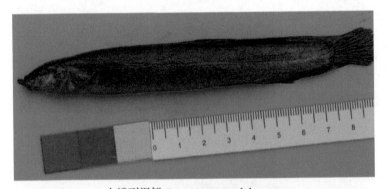

大鳞副泥鳅 *Paramisgurnus dabryanus*

鲇 *Parasilurus asotus*

黄颡鱼 *Pelteobagrus fulvidraco*

鱵 *Hyporhamphus sajori*

乌鳢 *Channa argus*

林氏吻虾虎鱼 *Rhinogobius lindbergi*

黄黝鱼（鱼幼）*Hy pseleotris swinhonis*

圆尾斗鱼 *Macropodus ocellatus*